土壤生态学研究前沿

丛书主编　朱永官
丛书执行主编　徐建明

有机污染土壤中
丛枝菌根真菌环境效应

王　建　高彦征　周　贤
秦　超　凌婉婷　胡小婕　著

ZHEJIANG UNIVERSITY PRESS
浙江大学出版社
·杭州·

图书在版编目（CIP）数据

有机污染土壤中丛枝菌根真菌环境效应 / 王建等著.
杭州 : 浙江大学出版社，2024. 12. --（土壤生态学研
究前沿）. -- ISBN 978-7-308-25756-5

Ⅰ. Q949.32；X53

中国国家版本馆CIP数据核字第20242YB117号

有机污染土壤中丛枝菌根真菌环境效应

王　建　高彦征　周　贤　秦　超　凌婉婷　胡小婕　著

策划编辑	许佳颖
责任编辑	潘晶晶
责任校对	金佩雯
封面设计	浙信文化
出版发行	浙江大学出版社
	（杭州市天目山路148号　邮政编码310007）
	（网址：http://www. zjupress. com）
排　　版	杭州晨特广告有限公司
印　　刷	浙江海虹彩色印务有限公司
开　　本	710mm×1000mm　1/16
印　　张	17.25
字　　数	250千
版 印 次	2024年12月第1版　2024年12月第1次印刷
书　　号	ISBN 978-7-308-25756-5
定　　价	128.00元

"土壤生态学研究前沿"
编委会

总　序

　　土壤圈是联系大气圈、岩石圈、水圈和生物圈的纽带,是维系陆地生态系统功能和服务的基础。土壤中的生物类群复杂多样、数量庞大,不同的土壤生物类群相互作用并形成复杂的营养级和食物网。土壤生物和环境相互作用,从而构成自然界中最为复杂的生态系统——土壤生态系统。土壤生态学正是以土壤生态系统为研究对象,探讨土壤生物多样性及其生态功能,以及土壤生物与环境相互作用的学科。

　　土壤生态学的研究有着悠久的历史,早在 1881 年,查尔斯·达尔文(Charles Darwin)就开创性地研究了蚯蚓活动对土壤的发生、风化和有机质形成过程的影响,并发现了蚯蚓活动对土壤肥力和植物生长具有重要作用。由于土壤中蕴藏着难以估量的生物数量和生物多样性,同时土壤生物之间以及土壤生物和环境之间存在着复杂的相互作用,在相当长的历史时期,土壤生态学发展非常缓慢。但随着人们对土壤生态系统重要性的认知和相关研究方法及技术的不断发展,土壤生态学研究的深度和广度不断拓展,逐步成为现代土壤学、生态学和环境科学研究领域的热点及前沿。人类大约90%的食物直接或间接来源于土壤,土壤生态过程影响着有机质积累和养分循环,并且为植物促生、抗病虫、抗逆等提供支持,因此土壤生态过程对粮食安全至关重要。土壤是地球上最大的陆地碳库,土壤微生物驱动的碳循环在生物固碳、温室气体排放等生态过程中发挥着不可替代的作用,是实现"双碳"目标的重要途径。土壤有机污染物与重金属生物转化也是土壤中重要的生态过程,是污染土壤自净和生态修复的重要驱动力。虽然土壤中存在人类和动植物的不少病原生物,但近年来研究发现健康的土壤微生物群落可以提高人体对疾病的抵抗力,并且可以预防过敏、哮喘、自身免疫性疾病、抑郁症等健康问题。此外,土壤生物多样性是开发新药所需的化学和遗传资源的重要基础。人类使用的大部分抗生素来源于土壤,弗莱明和瓦克斯曼分别因发现青霉素和链霉素这两种重要抗生素而获诺贝尔生理学或医学奖。因此,土壤生态学研究有助于客观认识土壤生物多样性的发生、分布规律及其生态功能维持机制,发掘和利用土壤生物资源,为应对环境和气候变化、恢复退化生态系统、促进土地资源的可持续利用提供科学支撑。

过去20年,得益于分子生物学和基因组学技术的进步,土壤生态学研究快速发展,很大程度上更新了我们对土壤生态系统的认识。然而,由于土壤生态系统的复杂性,目前我们对土壤生态过程机制的认知仍较为粗浅,且现有的理论多借鉴宏观生态学研究,因此亟须发展土壤生态学的自有理论体系,提升研究水平和深度。首先,为解析微生物组的复杂性,土壤生态学的研究应更多地"拥抱"新技术新方法,并从宏基因组学(metagenomics)向宏表型组学(meta-phenomics)发展,探索微生物组的原位生态功能,跨越当前基于基因组和宏基因组的功能预测研究。其次,考虑到地上与地下生态过程的耦合及其环境和尺度依赖性,野外定位实验配合大尺度的监测和联网研究势在必行,并应在此过程中加强不同学科间的交叉融合,拓展土壤生态学研究的尺度。最后,在全球变化的大背景下,土壤生态学与其他生态环境和资源学科一样,面临着应对全球变化与环境污染、维持资源可持续利用等一系列重大挑战。如何利用土壤生态学理论及其最新成果发展土壤生态调控技术,发掘和利用土壤生物资源,修复退化土壤,维持土壤健康,支撑生态文明建设和可持续发展国家战略,已成为当前土壤生态学研究的重要任务。因此,有必要对最新发展的土壤生态学理论和研究成果进行全面总结,为后续土壤生态学研究与技术开发提供前沿和系统的知识储备,为提升土壤生态系统的可持续发展和人类"一体化健康"(One Health)提供重要依据。

"土壤生态学研究前沿"丛书涵盖了土壤生态学研究领域多个前沿方向,

包括土壤健康与表征、土壤污染与生态修复、元素循环与养分调控、土壤生物互作与效应、全球变化与土壤生态演变、土壤生态学研究技术与应用等前沿理论和创新方法,提供了全面、系统、前沿的土壤生态学知识体系。这套丛书凝聚了土壤微生物、土壤生物化学、土壤生态学等相关领域专家的智慧,具有较强的前沿性、实用性,可为土壤生态学研究提供借鉴和参考。希望"土壤生态学研究前沿"丛书的出版,能够对从事土壤学研究的人员和社会各界有所启发,促进土壤生态领域的人才培养和技术发展,同时为推动土壤健康行动目标的实现奠定基础。

由于编著者的学术水平有限,丛书尚存进步和完善的空间,编著者也希望和广大读者一起开展交流讨论,不断提升丛书的学术水平。

是以为序!

前　言

　　丛枝菌根真菌(AMF)是一类重要的土壤微生物,能够与90%以上的陆生植物建立共生关系。丛枝菌根被认为是陆地生态系统中分布最广泛的互惠共生体,在维持土壤健康、植物多样性和生态系统稳定等方面具有重要作用。AMF广泛分布于污染土壤中,能够增强宿主植物对无机/有机污染物胁迫的抵御能力,影响植物吸收和转运污染物,提高植物抗逆性,在保障农产品安全方面也具有较大的应用潜力。

　　土壤是农业生产的基础,当前许多国家仍存在土壤污染问题。尽管"十三五"期间全国土壤环境风险基本得到管控,但《2023中国生态环境状况公报》显示,我国仍有8%以上的受污染耕地未达到安全利用标准。一些地方土壤中污染物还在持续累积,污染地块开发再利用的环境风险仍然存在。土壤有机污染是我国土壤典型环境问题之一。农药、多环芳烃(PAHs)等有机污染物具有急性毒性、致畸性、致癌性和致突变性等特点,易在土壤中积累,并通过食物链危及生态安全和人类健康。显然,如何消减土壤有机污染风险,以保障农产品安全、实现污染土壤的资源化利用,是我国当前急需着力解决的一个重要科学和技术问题。

　　利用AMF来调控污染区土壤有机污染、降低污染风险已受到业界广泛关注。相比一些化学或物理手段,AMF修复有机污染土壤具有经济、安全、高效等诸多优势。然而,一方面,人们对AMF在有机污染土壤中的分布及功能尚缺乏系统深入的了解;另一方面,AMF对土壤中有机污染物的去除机制尚未得到全面解析,这制约了有机污染土壤AMF修复技术的发展。显然,探究有机污染土壤中AMF-植物共生关系及AMF功能响应,阐明其修复有机污染土壤的作用机制,将为发展高效的有机污染土壤治理技术提供重要科技支撑。

在国家杰出青年科学基金项目"土壤有机污染过程与控制"(41925029),国家重点研发计划"污染场地土壤功能重构与持续利用新技术"(2023YFC3708104),国家重点研发计划政府间科技合作项目"固定化协同菌群用于典型有机污染土壤'固碳消污'的新技术及原理"(2023YFE0110800),国家自然科学基金面上项目"球囊霉素相关土壤蛋白(GRSP)对土壤中PAHs植物可利用性的影响及机制"(41877125)、"球囊霉素相关土壤蛋白影响土壤中PAHs结合态残留降解的作用机制"(41977121)、"丛枝菌根真菌分泌球囊霉素对植物吸收PAHs的影响及机制"(21577056)、"丛枝菌根根外菌丝对土壤中多环芳烃的吸收和传输作用"(21077056)和国家自然科学基金青年科学基金项目"丛枝菌根修复多环芳烃污染土壤的生物和化学过程及机理"(20507009)等资助下,本书作者团队针对土壤有机污染问题及其治理的重大科技需求,较系统地开展了有机污染土壤中AMF环境效应相关研究,提出了利用AMF来消减土壤PAHs污染风险的新思路。本书是"有机污染土壤中丛枝菌根真菌环境效应"相关研究成果的总结,介绍了AMF结构特征、生态分布及其环境功能,分析了有机污染土壤中AMF多样性和生物学性状,剖析了AMF影响土壤中PAHs等代表性有机污染物环境行为的基本规律及机制。本书不仅有助于人们认识和了解有机污染土壤中AMF环境功能,也为利用AMF修复有机污染土壤、保障生态安全和人类健康、实现污染土壤资源化安全利用等提供了重要依据。在此特向参加课题研究的刘娟、程兆霞、李秋玲、孙艳娣、肖敏、阙弘、宗炯、周紫燕、陈爽、蒋怡、冷港华等表示衷心感谢。

目前,由于国内外与有机污染土壤中AMF环境效应相关的研究工作仍在进行,可供参考的资料有限,书中部分内容尚不够深入和完善,仍有待后续研究补充。本书抛砖引玉,期望引起读者对该领域研究的关注和重视。由于作者水平有限,书中不足和错误之处在所难免,欢迎读者批评指正。

作者

2024 年 7 月

目　录

第1章 丛枝菌根真菌及其环境功能

丛枝菌根真菌(arbuscular mycorrhizal fungi,AMF)是一类专性共生真菌,其主要结构包括丛枝(arbuscule)、泡囊(vesicle)、菌丝(hyphae)、孢子(spore)和辅助细胞(auxiliary cell)等(苗伟云,2013)。这些典型的菌根结构是判断 AMF 与宿主建立共生关系与否的重要依据。AMF 早在 4.6 亿年前就已出现,在土壤中广泛分布,且能与地球上 90% 以上的陆生植物形成共生体。近年来,大量研究表明,AMF 在稳定土壤结构、促进土壤养分循环、提高宿主植物逆境下的生存能力及修复土壤污染等方面具有重要的环境意义。本章主要对 AMF 的定义、分类及其环境功能进行系统概述。

1.1 AMF概述

1.1.1 AMF的定义及分类

1.1.1.1 菌根的定义及分类

菌根(mycorrhiza)是指土壤真菌侵染植物根系的表皮和皮层部分后所形成的共生体。菌根真菌生活在植物根的皮层内、根的表面或根的表皮细胞周围。菌根是自然界普遍存在的,由土壤中的菌根真菌与高等植物根系建立的相互有利的一种共生体。据统计,自然界中 95% 的植物可以形成菌根(王发园等,2015)。早在1885年,德国植物生理学和森林学家弗兰克(Frank)首次发现一些真菌菌丝与树木根系正常的共生结合,并将其观察到的真菌与树木根系共生体命名为"菌根"(fungus-root,即mycorrhiza)。此后,人们开始对菌根进行深入研究。

根据菌根的结构特征,以及菌根真菌和宿主的种类,可将菌根划分为外生菌根(ectomycorrhiza,EM)、丛枝菌根(arbuscular mycorrhiza,AM)、内外生菌根(ectendomycorrhiza)、兰科菌根(ericoid mycorrhiza)、浆果鹃类菌根(arbutoid mycorrhiza)、水晶兰类菌根(monotropoid mycorrhiza)和欧石楠类菌根(orchid mycorrhiza)七种类型(谭灿灿等,2023)。还有一些特殊类型的菌根,如混合菌根、假菌根及外围菌根等。但目前外生菌根和丛枝菌根因其具有较好的经济价值和环境效益而备受关注。

外生菌根是菌根真菌菌丝体侵染宿主植物尚未木栓化的营养根而形成的。外生菌根主要由菌套、外延菌丝、哈氏网、菌核和菌索组成。外生菌根菌丝(真菌的营养体呈丝状)大部分着生在幼根的表面,少量菌丝侵入幼根皮层细胞间隙并形成密质的网状结构(称为哈氏网,Harting net),缠绕在幼根外面的菌丝形成一个菌丝套。菌丝代替不发达的根毛起作用,帮助植物吸收营养元素、水分和碳水化合物,同时帮助植物抵抗病原菌的侵染。菌丝套会随着宿主植物种类及环境条件的不同而有所变化,因此,可通过形态差异来判断和辨别不同的菌根。菌根的形态主要包括棒状、二叉分支状、羽状、珊瑚状、块状等。据统计,大约有6000种植物和20000~25000种真菌可以形成外生菌根。在生态和经济上较重要的灌木和乔木,如松、苏铁、山毛榉科、桦木等的根系均可与真菌形成外生菌根,同时它们也是温带森林、亚热带森林及热带森林中的优势树种(van der Heijden et al.,2015)。

丛枝菌根(AM)是由球囊菌门(Glomeromycota)真菌侵入植物的根系细胞形成的互惠共生体。AMF是一类内生真菌。它不仅能够着生在根系皮层细胞间隙之中,还能够侵入皮层细胞内,与细胞原生质膜直接接触,进行信息和物质交换。AMF能在植物根细胞内产生泡囊和丛枝两大典型结构(图

1.1）。研究表明,AMF 可以与大多数草本植物、树木和苔类植物建立共生关系（van der Heijden et al.,2015）。

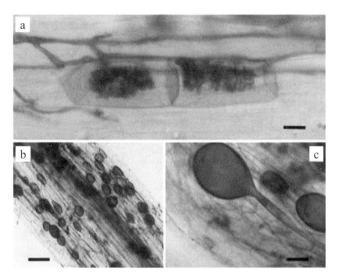

图 1.1　AMF 侵染宿主植物根系典型结构形态（a、b 和 c 分别为丛枝、根内泡囊和孢子）

1.1.1.2　AMF 的分类

1845 年,蒂拉纳（Tulasne）兄弟建立球囊霉属（*Glomus*）,并对该属中包含的两个物种（*Glomus microcarpum* 和 *Glomus macrocarpum*）进行了描述,拉开了 AMF 分类系统发展的序幕（刘永俊等,2010）。至今,AMF 分类系统的发展经历了复杂多变的过程（图 1.2）。AMF 早期的分类比较混乱,主要根据孢子的形态特征,如孢子的大小、颜色、孢壁结构及连孢菌丝等。由于人们对多数 AMF 的生活史不清楚,且孢子特征会因年龄、地区和宿主而异,因此其鉴定工作较为困难,从而造成分类混乱（表 1.1）。直到 20 世纪 60 年代,"纯盆培养法"和"湿筛倾析法"相继被使用,AMF 分类学才开始进入快速发展阶段。

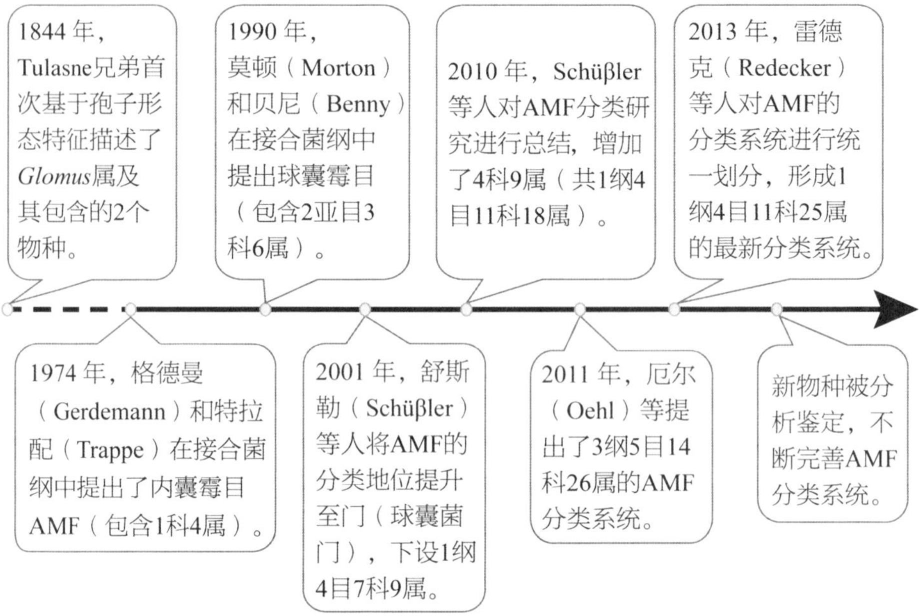

图1.2　AMF分类系统的发展历史（刘永俊等，2010）

随着现代分子生物学和生化技术在分类学中的广泛应用，AMF分类概念、分类方法和分类系统均有了长足发展。在AMF分类地位的修订历史中，Schüßler等人先后对AMF的小亚基核糖体RNA（SSU rRNA）基因序列进行系统分析。他们发现，AMF与接合菌门、子囊菌门和担子菌门中的真菌具有同源性，因此将AMF从接合菌门中移除，建立了具有同等分类地位的球囊菌门，下设1纲4目7科9属，成为AMF分类系统发展的一个重要转折点。近些年，AMF分类系统不断更新，逐渐出现了基于形态学和分子生物学两种不同形式的AMF分类系统，这无疑给AMF多样性研究带来了极大困扰。Oehl等（2011）根据AMF的DNA序列[包括核糖体DNA（rDNA）和β-微管蛋白基因序列]及形态学特征的综合分析，进一步将AMF分类系统调整为3纲5目14科26属。Redecker等（2013）删除了一些分类单位，对AMF分类系统进行了统一划分并形成了1纲4目11科25属的最新分类系统。该分类系统得到了全球AMF研究人员的广泛认可。目前，随着新AMF物种的分析与鉴定，该分类系统已包含1纲4目11科29属约300种AMF（表1.2）。

表 1.1 AMF 的分类系统的历史演变过程(Stürmer, 2012)

分类系统创建者(年份)	门	纲	目	科	属
Gerdemann 和 Trappe (1974年)	Zygomycota 接合菌门	Zygomycetes 接合菌纲	Endogonales 内囊霉目	Endogonaceae 内囊霉科	Glomus 球囊霉属 Sclerocystis 硬囊霉属 Acaulospora 无梗囊霉属 Gigaspora 巨孢囊霉属
Morton 和 Benny (1990年)	Zygomycota 接合菌门	Zygomycetes 接合菌纲	Glomerales 球囊霉目	Glomeraceae 球囊霉科	Glomus 球囊霉属 Sclerocystis 硬囊霉属
				Acaulosporaceae 无梗囊霉科	Acaulospora 无梗囊霉属 Entrophospora 内养囊霉属
				Gigasporaceae 巨孢囊霉科	Gigaspora 巨孢囊霉属 Scutellospora 盾巨孢囊霉属

5

续表

分类系统创建者(年份)	门	纲	目	科	属
Schüßler等人(2001年)	Glomeromycota 球囊菌门	Glomeromycetes 球囊菌纲	Glomerales 球囊霉目	Glomeraceae 球囊霉科	Glomus 球囊霉属
				Gigasporaceae 巨孢囊霉科	Gigaspora 巨孢囊霉属
					Scutellospora 盾巨孢囊霉属
			Diversisporales 多孢囊霉目	Acaulosporaceae 无梗囊霉科	Acaulospora 无梗囊霉属
					Entrophospora 内养囊霉属
				Diversisporaceae 多形囊霉科	Diversispora 多孢囊霉属
			Paraglomerales 类球囊霉目	Paraglomeraceae 类球囊霉科	Paraglomus 类球囊霉属
			Archaeosporales 原囊霉目	Archaeosporaceae 原囊霉科	Archaeospora 原囊霉属
				Geosiphonaceae 地管囊霉科	Geosiphon 地管囊霉属

续表

分类系统创建者（年份）	门	纲	目	科	属
Schüßler等人（2010年）	Glomeromycota 球囊菌门	Glomeromycetes 球囊菌纲	Glomerales 球囊霉目	Glomeraceae 球囊霉科	Glomus 球囊霉属
					Funneliformis 管柄囊霉属
					Sclerocystis 硬囊霉属
					Rhizophagus 根生囊霉属
				Claroideoglomeraceae 近明球囊霉科	Claroideoglomus 近明球囊霉属
			Diversisporales 多孢囊霉目	Gigasporaceae 巨孢囊霉科	Gigaspora 巨孢囊霉属
					Racocetra 叶盾囊霉属
					Scutellospora 盾巨孢囊霉
				Acaulosporaceae 无梗囊霉科	Acaulospora 无梗囊霉属
				Entrophosporaceae 内养囊霉科	Entrophospora 内养囊霉属
				Pacisporaceae 和平囊霉科	Pacispora 和平囊霉属

续表

分类系统创建者（年份）	门	纲	目	科	属
Schüßler等人（2010年）	Glomeromycota 球囊菌门	Glomeromycetes 球囊菌纲	Diversisporales 多孢囊霉目	Diversisporaceae 多孢囊霉科	*Diversispora* 多孢囊霉属
					Otospora 耳孢囊霉属
					Redeckera 雷德克囊霉属
			Paraglomerales 类球囊霉目	Paraglomeraceae 类球囊霉科	*Paraglomus* 类球囊霉属
			Archaeosporales 原囊霉目	Archaeosporaceae 原囊霉科	*Archaeospora* 原囊霉属
				Ambisporaceae 两性囊霉科	*Ambispora* 两性囊霉属
				Geosiphonaceae 地管囊霉科	*Geosiphon* 地管囊霉属
Oehl等人（2011年）	Glomeromycota 球囊菌门	Glomeromycetes 球囊菌纲	Glomerales 球囊霉目	Glomeraceae 球囊霉科	*Glomus* 球囊霉属
					Funneliformis 管柄囊霉属
					Simiglomus
					Septoglomus 隔球囊霉属

续表

分类系统创建者(年份)	门	纲	目	科	属
Oehl 等人(2011年)	Glomeromycota 球囊菌门	Glomeromycetes 球囊菌纲	Glomerales 球囊霉目	Claroideoglomeraceae 近明球囊霉科	Claroideoglomus 近明球囊霉属
					Viscospora 黏质球囊霉属
				Diversisporaceae 多孢囊霉科	Diversispora 多孢囊霉属
					Redeckera 德雷克囊霉属
					Otospora 耳孢囊霉属
			Diversisporales 多孢囊霉目	Entrophosporaceae 内养囊霉科	Entrophospora 内养囊霉属
				Acaulosporaceae 无梗囊霉科	Acaulospora 无梗囊霉属
					Kuklospora 环孢囊霉属
			Gigasporales 巨孢囊霉目	Pacisporaceae 和平囊霉科	Pacispora 和平囊霉属
				Gigasporaceae 巨孢囊霉科	Gigaspora 巨孢囊霉属
				Scutellosporaceae 盾巨孢囊霉科	Scutellospora 盾巨孢囊霉属

续表

分类系统创建者(年份)	门	纲	目	科	属
Oehl等人(2011年)	Glomeromycota 球囊菌门	Glomeromycota 球囊菌纲	Gigasporales 巨孢囊霉目	Scutellosporaceae 盾巨孢囊霉科	Orbispora
				Racocetraceae 叶盾囊霉科	Racocetra 叶盾囊霉属
					Cetraspora 盾孢囊霉属
				Dentiscutataceae 齿盾囊霉科	Dentiscutata 齿盾囊霉属
					Fuscutata
					Quatunica
		Archaeosporales 原囊霉纲	Archaeosporales 原囊霉目	Archaeosporaceae 原囊霉科	Archaeospora 原囊霉属
					Intraspora 内生囊霉属
				Ambisporaceae 两性囊霉科	Ambispora 两性囊霉属
				Geosiphonaceae 地管囊霉科	Geosiphon 地管囊霉属
		Paraglomeromycetes 类球囊霉菌纲	Paraglomerales 类球囊霉目	Paraglomeraceae 类球囊霉科	Paraglomus 类球囊霉属

表1.2 球囊菌纲(Glomeromycetes)AMF的最新分类系统(王幼珊等,2017)

目	科	属
Glomerales 球囊霉目	Glomeraceae 球囊霉科	*Dominkia* 多氏囊霉属
		Funneliformis 斗管囊霉属
		Glomus 球囊霉属
		Kamienskia 卡氏囊霉属
		Rhizophagus 根孢囊霉属
		Sclerocystis 硬囊霉属
		Septoglomus 隔球囊霉属
	Claroideoglomeraceae 近明球囊霉科	*Claroideoglomus* 近明球囊霉属
Diversisporales 多孢囊霉目	Gigasporaceae 巨孢囊霉科	*Bulbospora* 葱状囊霉属*
		Cetraspora 盾孢囊霉属
		Dentiscutata 齿盾囊霉属
		Gigaspora 巨孢囊霉属
		Intraornatospora 内饰孢囊霉属**
		Paradentiscutata 类齿盾囊霉属**
		Racocetra 裂盾囊霉属
		Scutellospora 盾巨孢囊霉属
	Acaulosporaceae 无梗囊霉科	*Acaulospora* 无梗囊霉属
	Pacisporaceae 和平囊霉科	*Pacispora* 和平囊霉属
	Diversisporaceae 多孢囊霉科	*Corymbiglomus* 伞房球囊霉属**
		Diversispora 多孢囊霉属
		Otospora 耳孢囊霉属**
		Redeckera 雷德克囊霉属
		Tricispora 三孢囊霉属**
	Sacculosporaceae 囊孢囊霉科	*Sacculospora* 囊孢囊霉属**
Paraglomerales 类球囊霉目	Paraglomeraceae 类球囊霉科	*Paraglomus* 类球囊霉属
Archaeosporales 原囊霉目	Geosiphonaceae 地管囊霉科	*Geosiphon* 地管囊霉属
	Ambisporaceae 两性囊霉科	*Ambispora* 两性囊霉属
	Archaeosporaceae 原囊霉科	*Archaeospora* 原囊霉属
未确定分类地位	Entrophosporaceae 内养囊霉科	*Entrophospora* 内养囊霉属

注:带*者为证据不足;带**者为证据不足且无正式认可。

根据上述最新的分类系统,全世界范围内已探明的AMF种类已有300多种,宿主植物种类超过30万种。随着国内对AMF研究的兴起,我国已经分离得到AMF共7属113种,其中球囊霉属65种、无梗囊霉属22种、盾巨孢囊霉属15种、巨孢囊霉属4种、原囊霉属3种、内养囊霉属3种和类球囊霉属1种。非洲地区共分离得到70种AMF。调查显示,球囊霉属在全球土壤中广泛存在,其中以 *Glomus clarum*、*G. etunicatum*、*G. geosporum*、*G. intraradices*、*G. mosseae*、*G. sinuosum* 物种出现频率最高(刘润进等,2009)。

1.1.2　AMF的结构特征

丛枝菌根是内生菌根最主要的类型,也是分布最广泛的一类菌根。一般情况下,其菌丝可以在根细胞内形成典型的泡囊和丛枝结构。因此,在研究初期,它被称为泡囊-丛枝菌根(或VA菌根)。后来研究发现,一些真菌,如巨孢囊霉科(Gigasporaceae)在植物根内不产生泡囊,但具有丛枝结构。因此,将这类真菌统称为丛枝菌根真菌(AMF)。如图1.3所示,AMF的形态学结构主要有菌丝、丛枝、泡囊、孢子等。

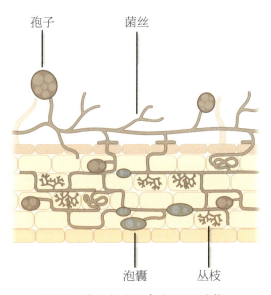

图 1.3　宿主根皮层中的 AMF 结构

1.1.2.1 菌丝

AMF含有丰富的菌丝,其可分为根外菌丝和根内菌丝。根外菌丝(图1.4)在根的外面扩散,发达时可在根的外围形成松散的菌丝网,甚至将根遮掩,但不会像外生菌根那样形成菌套。大多数根外菌丝可存活5~6天(Staddon et al.,2003)。根外菌丝又可分为厚壁菌丝和薄壁菌丝两种类型:前者粗糙、壁厚、细胞质稠密,菌丝直径可达20~30μm,有双叉分枝;后者多从厚壁菌丝上长出,较细,直径为2~7μm,穿透力强,具有吸收功能。当薄壁菌丝吸收的营养物质耗尽后,菌丝中的细胞质可回缩至厚壁菌丝内,并长出横隔,随后凋萎。与厚壁菌丝相比,薄壁菌丝存活时间较短。两种菌丝都有入侵根部的能力,它们与土壤密切接触,有助于扩大根的吸收范围,是AMF从土壤中摄取养分的器官。

根外菌丝的发展受土壤条件,尤其是通气条件的影响很大。根外菌丝可以通过物理缠绕和分泌球囊霉素相关土壤蛋白(glomalin-related soil protein, GRSP;简称球囊霉素,glomalin)保持土壤结构的稳定。菌丝在土壤中的密度、活性及其分布状态,直接关系到AMF的环境功能。

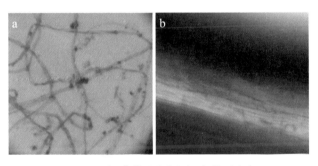

图1.4 根外菌丝(a)和根内菌丝(b)

根外菌丝穿透根的表皮进入皮层细胞间或细胞内,即为根内菌丝。根内菌丝又可分为胞间菌丝和胞内菌丝。根内菌丝可在皮层组织内纵向或横向延伸,也可盘曲于皮层细胞内,是植物-AMF共生体进行物质、信息和能量交流的界面,具有运输管道的功能。

1.1.2.2 丛枝

丛枝是丛枝菌根的核心结构,是根外菌丝侵入根皮层细胞后经过连续的双叉分枝形成的灌木状结构(图1.5)。丛枝是AMF侵染根细胞组织后进一步延伸的端点,被认为是AMF与宿主植物进行物质交换的重要场所(王发园等,2015),因此,丛枝的丰富程度与发生强度被广泛用作反映菌根共生体中功能单位的数量及真菌代谢和功能潜力的指标。丛枝的寿命很短,一般从形成到消亡仅几天,在野外采集的根中通常不存在或难以观察(Brundrett,2017)。

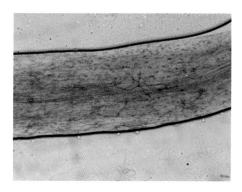

图1.5 *Glomus intraradices* 侵染紫花苜蓿根部的丛枝

丛枝的定殖类型一般可分为疆南星型(Arum)和重楼型(Paris)两类(图1.6)。前者是在根系皮层内形成大量胞间菌丝,侧生的二叉状丛枝直接透过皮层细胞壁形成典型的丛枝结构,胞间菌丝一般沿着根系伸长方向生长;后者主要通过根内菌丝圈传播,从一个细胞直接进入另一个细胞,丛枝在菌丝圈上产生而很少在细胞间产生。丛枝的形态在不同的AMF物种间存在差异。通过显微镜可观察到在细胞内缠绕的(如 *Scutellospora*)、"云"状的(如 *Glomus*)或在酸性试剂存在下染色弱的(如 *Acaulospora* 和 *Paraglomus*)丛枝形态。

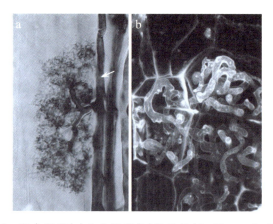

图1.6　疆南星型(a)和重楼型(b)的丛枝(Smith et al.,2010)

1.1.2.3　泡囊

除多孢囊霉目中一些菌属(如*Gigaspora*和*Scutellospora*)外,大多数AMF都能产生泡囊结构。泡囊由侵入根细胞末端或根间、根细胞内部或根细胞之间的内生菌丝末端或中部膨大而形成,直径30~100μm,形状一般呈球形、椭圆球形、不规则浅裂或粗糙形状等(如*Glomus*、*Pacispora*、*Acaulospora*和*Entrophospora*)(Redecker et al.,2013)。通常有一层非常薄的泡囊壁使泡囊与菌丝隔开,但有时泡囊也与菌丝相通(图1.7)。泡囊内含有较多的脂质和糖原,是AMF储存养分的重要场所。在某些情况下,泡囊具有一定的繁殖功能,可以充当繁殖体而形成孢子。泡囊的形成迟于丛枝,但它的寿命较丛枝长,一般可在根中存在数月或数年,它们的数量在扩散后会显著增加。

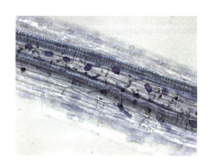

图1.7　根内泡囊

当根的初生皮层脱落时,少数泡囊可以从根组织中释放出来,在土壤中萌发并侵染植物。通常在植物成熟的季节泡囊的数量最多,不同种的菌根真菌,其泡囊的形状、壁的结构、内含物及其数量均有不同。

1.1.2.4 孢子

孢子是AMF发育到一定阶段在菌丝顶端形成的厚壁无性繁殖器官,内含脂肪、细胞质和大量细胞核,是AMF储存脂类的重要结构(图1.8)。孢子一般为球形或椭圆球形,其大小、形状、颜色和壁的构造均因种而异,不同种类孢子壁的层数、厚度、颜色也都不相同。因此,孢子的结构和形态特征都是其种类判别的重要依据。多数AMF孢子的直径在100~200μm,最大的孢子直径可达500μm。AMF孢子的形成通常发生在菌根定殖开始后的3~4周,并随根的生长而结束,在土壤中可存活数年。

图1.8 (a)从一块废弃的农业用地的草地上分离到的AMF孢子;(b)青霉孢子,可见半透明的孢子囊附在其中一个孢子上(箭头所指);(c)苔藓球囊菌属孢子群;(d)巨孢囊霉属的孢子群(Smith et al.,2008)

孢子常见于根外土壤中,但有些菌种也常在根内形成根内孢子,如 *Glomus intraradices*。数个集合在一起的孢子被菌丝包被可形成孢子果

（sporocarp），但孢子果能否形成、孢子果的性状、孢子的排列方式等与AMF的种类有关。例如，*Glomus* 常形成孢子果，其直径一般约1mm。

不同属AMF的产孢方式存在差异，其中，*Glomus* 在菌丝顶端产孢，*Acaulospora* 则在菌丝侧端形成产孢子囊。不同属AMF的孢子发芽方式也存在差异，如 *Glomus* 的芽管（germ tube）通过连孢菌丝腔发芽，*Acaulospora* 和 *Entrophospora* 的孢子从最内层与韧性双层内壁相连的球形"发芽环面"（germination orb）伸出芽管，*Gigaspora* 的芽管从层状壁中的一层具疣的发芽层（germinal wall）伸出，*Scutellospora* 的芽管形成于最内层韧性壁的发芽盾室（germination shield）。

1.1.3　AMF的生态分布

AMF的地理分布十分广泛，几乎遍布每一陆地板块（Smith et al.，2008）。迄今为止，在从热带雨林到极地冰原绝大多数类型的生态系统中均发现了AMF的存在。大量研究分别报道了森林、草原、农田、高原、高山草甸、沙漠、河谷、盐碱地、工业污染区、滨海红树林等生态系统中AMF与宿主植物的共生关系（Zhang et al.，2021）。AMF丰富的寄主和生境多样性充分证明它们对不同生境类型的强适应性，以及对部分胁迫环境的高耐受能力。

在不同生态系统中，AMF分布表现出明显的差异。Öpik等（2006）通过对26篇文献中AMF物种分布进行总结，发现热带森林地区中AMF丰富度较高，其次是草地、温带森林、受人为干扰的农田和污染区。Treseder等（2006）研究发现，温带草地生态系统中AMF丰富度是北方针叶林地区的63倍。刘润进等（2009）发现，不同生态系统中AMF的香农–维纳指数（Shannon-Weiner index）存在显著差异，其中污染区生态系统中的香农–维纳指数最低（1.67），森林生态系统中的最高（2.75）。在山地生态系统中，海拔梯度对AMF群落分布和多样性具有较大的影响（Zhang et al.，2021）。Liu等（2015）和Vieira等（2019）研究发现，在温带气候区，AMF的多样性随海拔的升高呈下降趋势。然而，在巴西热带生态系统中，随着海拔的升高，AMF多样性呈增加趋势

(Coutinho et al.,2015)。在全球尺度上,Öpik等(2013)通过对6个洲(南极洲除外)的25个样点的96种植物进行高通量测序,发现不同大洲和气候带间AMF群落组成存在显著差异,而这种差异与AMF不同的生态需求有关。Davison等(2015)在全球尺度下对AMF空间分布格局进行调查,发现AMF在全球范围的分布并未形成明显的空间格局,但空间距离影响了AMF的群落组成,即扩散限制对AMF的地理分布具有重要作用。这一系列的研究结果进一步暗示了AMF在全球尺度上可能存在某种特殊的地带性分布特征,相关的研究有待进一步展开。

　　AMF生态分布受到许多环境因素,如土壤类型和质地、扰动、湿度、温度和养分有效性等的影响(Kivlin et al.,2011)。目前,可将这些环境因子分为非生物因子和生物因子(向丹等,2017)。其中,非生物因子包括土壤因子、地理因子和气候因子。土壤因子包括土壤类型、土壤pH、土壤养分、土壤质地等;地理因子包括地理经纬度、海拔;气候因子主要有温度、降水、光照、气候类型等。生物因子主要包括宿主植物及人为干扰(土地利用等)。值得注意的是,各生态因子并不是独立地对AMF生态分布产生影响,而是作为一个整体综合发挥作用(图1.9)。

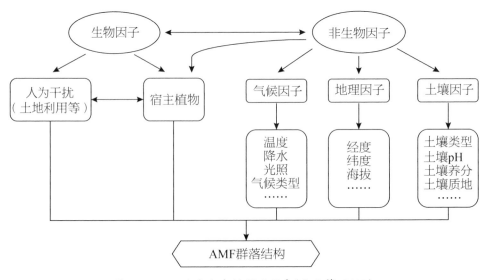

图1.9　AMF生态分布的影响因素(向丹等,2017)

1.2　AMF 环境功能

AMF 是一类非常特殊且重要的土壤微生物,能与大部分陆生植物根系形成互惠共生体,是地上地下生态系统相互联系的重要节点(蒋胜竞等,2014),影响着许多陆地生态系统过程。AMF 是专性营养共生菌,宿主植物为其提供碳水化合物。AMF 帮助植物吸收 P、N 等矿质元素以及增加抗逆抗病能力(Wang et al.,2021;Liao et al.,2023);AMF 也可影响植物群落结构及其生产力、土壤细菌群落,稳定土壤结构;此外,它们对污染土壤具有生物修复功能,可减轻土壤污染压力(Chen et al.,2023)。本节介绍了近年来 AMF 在环境生态系统中的作用。

1.2.1　AMF 对土壤结构的影响

AMF 对土壤结构的作用是其在生态系统中的一个重要功能。土壤结构是指分布于三维空间的有机–矿物复合体(团聚体)的空间结构。它直接影响着水分的入渗和滞留、气体交换、土壤有机质和养分循环,以及土壤微生物多样性和活性,对土壤质量及其生态功能的调节起着举足轻重的作用。土壤团聚体是土壤的重要组成部分、土壤结构的基本单元,对土壤生态功能(如碳固存和养分保持等)的维持至关重要。许多物理、化学和生物因素能够对土壤团聚体产生重要作用。在生物方面,AMF 发挥着极其重要的作用。

1.2.1.1　AMF 在不同尺度上影响土壤结构

AMF 能够通过调控植物群落、植物个体和植物根部的变化影响土壤团聚体形成(宋福强,2019)。首先,AMF 能够对植物群落组成及初级生产产生影响(群落水平)。AMF 通过为植物提供矿质元素影响着植物群落组成的变化,而这种变化会间接影响土壤结构。

其次,AMF 对植物个体水平有重要影响。AMF 通过对植物根际生物量的控制影响植物根部物理作用力/渗透、土壤水分变化、根际沉积、根部分解以及根部与土壤颗粒的缠绕等过程,从而导致土壤结构的变化。许多因素会产生强烈的协同作用,如根际沉积有助于微生物的活动,可以为缠绕形态的根部提供物理网络和局部干燥的空间,从而增强根部与土壤之间的接触。但是在实际生物过程中,这些因素很难通过实验进行分离。外生菌根通常能够通过形成根尖包围幔来改变植物根部结构。AMF的侵染可能导致植物根系形态发生变化,使根部产生压力和剪切应力,从而造成土壤局部压缩。

1.2.1.2 AMF菌丝介导作用

AMF菌丝主要通过生物化学、生物、生物物理作用影响土壤团聚。不同作用可独立发挥,也可相互联系。①生物化学作用:不论是AMF菌丝分泌物还是其所含的菌丝壁,对土壤团聚体形成均有重要作用。例如,GRSP是由AMF菌丝分泌并释放到土壤中的一种疏水性糖蛋白,具有胶黏性,可以将土壤中的微团聚体黏结在一起,形成稳定的大团聚体。菌丝体分泌的具有各种功能的小分子蛋白可附着于生物或非生物体的表面,改造其表面特性,降低水张力,从而促进土壤团聚体的形成。②生物作用:真菌对土壤团聚的作用不是单独发生的,而是与其他有机群体相互作用的结果。AMF能够影响土壤微生物群落,改变微生物群落结构与多样性。AMF主要通过菌丝体产物及其沉积分泌物(作为细菌等土壤微生物生长的基质)来改变土壤微生物的群落组成,还可通过改变土壤微生物群落食物网来改变微生物群落。③生物物理作用:AMF菌丝通过根部缠绕、捕获和改变水分分配来改变土壤持水量,从而进一步改善土壤团聚。与根部活动相似,尽管其规模不大,但菌丝有助于缠绕土壤初级粒子、有机物和小团聚体,促进团聚体的形成。与此同时,菌丝也可成为"隧道机器",消除微团聚体形成时的空间限制。

1.2.2 AMF对土壤碳、氮循环的作用

1.2.2.1 AMF对土壤碳循环的作用

AMF对土壤碳循环有显著贡献。AMF对土壤碳循环的贡献主要体现在以下几个方面。①AMF的生物量:真菌菌丝组成、数量和周转率直接影响土壤碳动态。AMF菌丝具有较大的生物量,占土壤生物量的20%,占土壤有机碳库的15%,因此,AMF本身的含碳量对土壤碳循环具有重要贡献(Leake et al.,2004)。据估计,1g草地土壤中含有总长约100m的AMF菌丝(Johnson et al.,2007)。通常,菌丝细胞壁主要由几丁质组成,这是一种性质相对稳定的碳水化合物,可以在土壤中保持49年±19年。此外,AMF共生体是一个巨大的碳流动站。据估算,全球每年大约$5×10^9$t的碳被AMF消耗。AMF菌丝对土壤中有机碳的贡献在$54～900kg/hm^2$,这对碳固存具有重要意义。除此之外,土壤颗粒与AMF菌丝生物量的相互作用形成了水稳性团聚体,并为土壤碳提供了免受微生物降解的物理保护(Zhu et al.,2003)。②AMF分泌到土壤中的代谢产物:除AMF的生物量作为重要的碳汇外,其分泌物也对土壤碳汇具有重要贡献。如GRSP是AMF分泌的一类含有金属离子的耐热糖蛋白,含有30%～40%的碳,其丰富的芳香碳结构使其可以持续稳定地存在于土壤中。土壤中含有丰富的GRSP,但在不同的生态系统中其含量存在差异。研究表明,GRSP对土壤有机碳(soil organic carbon,SOC)的贡献是微生物生物量碳的20倍。GRSP随着AMF的衰亡和降解被释放到土壤中,并可在土壤中维持6～42年,是土壤主要有机物质之一,同时也是维持土壤团粒结构的重要有机分子,具有重要的碳汇功能及维持土壤结构和土壤肥力的功能。③土壤团聚体的形成:AMF菌丝及其糖蛋白的产生是土壤团聚体形成所不可缺少的。土壤团聚体的形成可以用"粘绳袋"机制来解释,其中真菌菌丝缠绕土壤颗粒,并通过形成大团聚体来减少碳水化合物的降解,从而增加土壤有机质的稳定性(Rillig,2004)。土壤团聚体为大量菌丝生物量提供了物理保护。Wright等

(1998)发现,GRSP含量、菌丝长度与团聚体稳定性密切相关,GRSP含量越高、菌丝长度越长,团聚体稳定化程度越高。此外,Rillig等(2002)还比较了植物覆盖度、根重和根长、AMF菌丝长度、GRSP浓度对直径1~2mm的土壤团聚体的影响,发现GRSP的直接作用远比AMF菌丝的间接作用明显,从而提出了菌丝介导的土壤团聚体稳定机制。但菌丝周转与GRSP含量之间的关系及其对土壤稳定机制的影响仍有待进一步研究。④宿主植物多样性:AMF具有决定植物多样性及其群落结构的潜力。AMF可促进贫瘠环境中的植物生长和光合作用,增加植被的碳固定能力;与此同时,宿主植物可将10%~20%的光合产物转移至AMF。然而,宿主植物的响应程度可能因AMF物种而异,不同植物分配给AMF的碳并不相等(Hartnett et al.,2002),而且一些植物完全依赖AMF来获取碳。Merckx等(2013)发现,近230种被子植物完全依赖AMF来满足对碳的需求。总的来说,大约有23000种陆地植物在其生命的某个阶段依赖真菌来满足它们对碳的需求。真菌异养是指无叶绿素植物从菌根真菌中获得碳,这种真菌与附近的自养植物有关(Leake,1994)。C和N同位素富集特征研究表明,大多数真菌异养植物与AMF有关(Gomes et al.,2020),而一半被认为完全光自养的AMF宿主植物可以从真菌中获得碳。Giesemann等(2020)基于植物的稳定同位素组成发现,绿生木贼属植物可从AMF处获得的碳增益比例达50%。

1.2.2.2 AMF对土壤氮循环的作用

(1)AMF促进植物对不同氮源的利用和再分配

氮(N)元素是植物生长的重要营养元素。在自然生态系统中,氮元素可分为无机氮和有机氮。植物可直接利用土壤中无机的铵态氮(NH_4^+-N)和硝态氮(NO_3^--N),并可利用一小部分有机氮。在大多数的生境中,氮成为植物生长的限制性因素。AMF在土壤中大量延伸的根外菌丝网可有效地提高宿主植物对氮源的吸收利用。Toussaint等(2004)通过原位试验发现,植物根部吸收的氮至少有21%来源于AMF根外菌丝。在原位试验条件下,研究人员发现 AMF 对宿主植物的氮贡献率可达 30%～50%（Govindarajulu et al.，2005；Jin et al.，2005）。Tanaka 等（2005）发现玉米中高达 75%的氮是通过 AMF 吸收而获得的。此外，AMF 也可以通过分解土壤中的有机物而获得氮，甚至可以从有机氮源中获得无机氮源。虽然 AMF 可利用无机氮，以及氨基酸、酰胺、尿素和蛋白质等有机氮，但是不同的 AMF 对不同氮源种类的利用程度有很大差异。

除了直接促进宿主植物对氮的吸收外，AMF 也可以通过地下菌丝网络系统，有效调节植物间氮的再分配，包括固氮植物与非固氮植物间、草本与木本植物间的氮流动，进而影响到植物间的生长和竞争。例如，豆科植物可将固定的氮通过 AMF 菌丝网络运输到邻近的草本植物上，其传递的氮量可达到草本植物全氮量的 2.5%。环境中氮营养的贫瘠与否，以及外界供应无机氮源的多少和种类对 AMF 生长发育起到一定的调控作用。同时，AMF 对宿主植物氮吸收的影响不但与氮源有关，也与根际微生物的组成、结构和功能息息相关。因此，在揭示菌根真菌促进植物氮吸收和再分配机制时，要综合考虑宿主植物、土壤微生物和环境因子的关系（郭良栋等，2013）。

（2）AMF 的氮传输和代谢途径

大量实验结果证实，氮在丛枝菌根共生体中的传输经历了一个"无机—有机—无机"的转变过程（郭良栋等，2013）。通常，从土壤中吸收的无机氮（NH_4^+-N 或 NO_3^--N）首先在真菌的作用下转化成有机氮——精氨酸，并从根外菌丝传递到根内菌丝，然后分解释放出无机氮以供宿主植物细胞利用。其中，来自土壤的硝酸盐被根外菌丝吸收后，首先在硝酸还原酶、亚硝酸还原酶的作用下转化成铵态氮，再经过谷氨酰胺合成酶（GS）和谷氨酸合酶（GOGAT）的联合作用，以及脲循环途径合成鸟氨酸。此外，铵态氮可在有烟酰胺腺嘌呤二核苷酸（磷酸）[NAD(P)]参与的谷氨酸脱氢酶（GIDH）作用下合成有机氮，但这条途径还需要更多的研究数据支持。在根外菌丝中，同化的氮转化成精氨酸后传送到根内菌丝中，再经过脲循环释放出 NH_4^+-N，并在真菌氮运输离子泵的作用下把 NH_4^+-N 转运到丛枝、泡囊和植物皮层细胞之间的空隙,然后在植物离子泵的作用下,完成植物细胞对氮的吸收过程(Tian et al.,2010)。

1.2.3 AMF对土壤微生物的影响

AMF与土壤微生物的相互作用是最重要和最具影响力的过程之一,因为它们显著影响植物生长和土壤结构特性。它们的相互作用可能对植物生态系统的可持续发展至关重要(Bao et al.,2022)。AMF与植物共生可以改变根系分泌物或真菌分泌物(组成和数量),直接或间接地影响根际微生物种群——"菌根际效应"。AMF的定殖可以增加、不影响或减少根际需氧细菌的总数。此外,AMF的定殖可能通过增加和减少某些类群来影响土壤微生物群落的物种组成。

在水稻土壤中,AMF与土壤微生物群落可以相互影响,从而影响土壤生产效率,提高水稻产量。Fitter等(1994)和Ye等(2015)发现,AMF与土壤微生物之间的相互作用可能是抑制作用,也可能是促进作用。当AMF与植物根际促生菌(PGPR)和菌根辅助细菌(MHB)相互作用时,其作用关系可能正相关。AMF可以通过以下途径对微生物群落产生积极影响:①通过菌丝提供C化合物;②刺激根生长;③改变根系分泌物;④产生球囊霉素,从而改善土壤结构(Zhang et al.,2018;Al-Maliki et al.,2020)。同时,土壤微生物群落也可以通过以下途径对AMF产生积极影响,包括:①产生植物激素;②提高土壤养分的生物有效性;③促进真菌繁殖体的萌发和真菌的生长;④促进植物的生长(Park et al.,2021;Chen et al.,2019)。然而,在有益微生物间可能存在着"功能竞争",导致微生物间营养的争夺,产生不利的化学物质,影响植物的生长发育(Hashem et al.,2016)。这取决于菌根际条件,如AMF生长发育、微生物生长阶段和环境条件等(Larimer et al.,2014)。

一些研究表明,AMF可以减轻寄生线虫、真菌、细菌等土传病原体对作物的病害作用。其作用机制主要包括:①寄生病原菌;②对定殖位点和寄主光合产物的竞争加剧,从而限制病原微生物的生长;③促进并诱导宿主植物合成酚类物质、黄酮类和异黄酮类物质、精氨酸等次生代谢物或生防物质,并提高植物几丁质酶、多酚氧化酶(PPO)、过氧化物酶(POD)等抗氧化酶活性,促进宿主植物产生病虫防御体系;④修饰微生物群落;⑤改善宿主植物对N、P、K等营养元素的需求,促进植物营养吸收;⑥诱导与植物防御反应相关的基因(如 $PAL5$ 基因、几丁质酶基因 $hib1$)的表达,或通过调控各种抗病基因的表达量和特异性表达来增强宿主植物的抗病性(Panneerselvam et al., 2017);⑦AMF-植物共生体系的建立使宿主植物根系形态结构发生变化,如植物根系增长增粗、分枝增加等,从而有效减缓病原体侵染根系的进程。由于 AMF和土壤微生物在影响土壤性质及植物生长方面发挥着重要作用,从可持续的角度了解它们之间的相互作用具有重要意义。

1.2.4　AMF对宿主植物生理生化特征的影响

1.2.4.1　AMF对植物生长发育的影响

AMF与宿主植物形成互惠共生体,在植物代谢过程中通过不同途径和方式影响宿主植物的生长发育,提高植物的品质与产量。Liu 等(2007)研究发现,接种AMF使甘草的株高、鲜重和干重均显著增加,但对根系长度、侧根数无显著影响。李敏等(2002)在 AMF 对蔬菜品质影响的研究中发现,接种AMF提高了西瓜、黄瓜、芋头和菜豆叶绿素含量及光合速率,促进其对养分的累积,改善蔬菜品质。此外,接种AMF宿主植物对矿质养分的吸收量明显增加,进而改善植物的营养状况。大部分研究也证实,AMF 有助于幼苗的建植。AMF与宿主植物共生形成菌丝网络,植物幼苗通过菌丝网络提高其对养分和水分的吸收能力,最终促进幼苗的生长发育。不同AMF的结构特性不同,对宿主植物幼苗生长建植的影响也不同。在对冷蒿、羊草的接种试验中发现,AMF促进了羊草幼苗的建植而抑制了冷蒿幼苗的生长(Zhen et al.,2014)。接种AMF显著促进了红车轴草的生长,对直立雀麦、短柄草和夏枯草幼苗生长的影响较小。近年来,研究学者利用不同AMF对不同植物进行接种试验,测定 AMF 对植物的侵染状况、植物的生长指标,均证实 AMF 有助于提高植物的品质和产量,促进幼苗的栽培建植,这为筛选植物-AMF 最优组合提供理论支持(van der Heijden,2004)。

1.2.4.2 AMF 对植物矿质养分吸收的影响

AMF 是一类专性活体营养共生真菌,只有与宿主植物根系形成共生关系,才能正常地生长发育。AMF 促进植物对土壤中矿质养分的吸收,从而有效促进植物的生长。在养分贫瘠的土壤中,AMF 可以为植物生长发育提供所需要的 N、P、K 等矿质养分。营养物质的交换是 AMF 和植物互利共生的基础。宿主植物将部分光合作用的产物输送至 AMF,作为菌丝生长和孢子发育所需的碳源和能量;与此同时,AMF 促进宿主植物吸收土壤中矿质养分,进而促进植物生长发育。因此,AMF 也被誉为"生物肥料"。随着 AMF 进一步侵染根系,植物根系的吸收面积增加,根际范围扩大,吸收根寿命延长,能够更好地利用土壤养分,减少土壤养分的淋失。

磷是植物生长发育必需的大量元素之一,是植物生长代谢必不可少的矿质养分。土壤中含有较高的有机磷和无机磷。由于磷元素移动性差,极易被固定,与土壤中的阳离子结合形成难溶性磷酸盐,导致土壤中大量的磷元素无法被植物直接吸收利用,从而抑制植物的生长。相关研究表明,AMF 可促进植物对磷的吸收,其主要包括以下几个途径:①AMF 在根外形成大量菌丝,扩大了宿主植物根对养分的吸收面积。②AMF 的侵染促进了植物根际有机酸的分泌,这些分泌的有机酸与土壤中的金属阳离子形成螯合物,降低金属阳离子浓度,使难溶性磷酸盐解离,促进磷的吸收利用。③AMF 菌丝具有强大的吸收和运输能力,其对磷的运输速率是植物运输速率的 10 倍,且其主要以多聚磷酸盐的形式将土壤中吸收的磷快速转移至丛枝,然后分解成无机磷供植物体吸收利用。此外,菌丝内储存磷的量远超于根系,从而有利于磷不断地向根系运输。④AMF 菌丝中磷酸盐转运基因的广泛存在有利于土壤中磷的运输。Sokolski 等(2011)从球囊霉属的 25 个菌株中鉴定出磷酸盐转运基因。此外,AMF对植物组织中的磷酸盐转运基因(如 *LePT1*、*GiPT*、*PhPT1* 等)具有一定的调控作用,从而促进植物对磷的吸收。

土壤中绝大部分的氮元素为有机态,只有通过微生物将其分解成为无机氮,才能被植物吸收利用。AMF可以从复杂的有机氮中吸收氮并加快其降解过程,促进植物对氮的吸收和转移,从而提高作物的产量和品质。AMF促进植物对氮的吸收机制主要包括:①AMF中广泛存在的 NH_4^+ 转运蛋白基因(如 *GintAMT1*、*GintAMT2*)能够促进氮的运输;②AMF菌丝扩大了植物根系的吸收面积,增加了根系与土壤的接触位点,促进了宿主植物对土壤中 NH_4^+-N 的吸收利用;③AMF与宿主植物形成共生关系后,菌丝可以产生果胶酶、磷酸酶、木聚糖酶和纤维素酶等水解酶,提高植物体内硝酸还原酶的数量和活性,从而提高植物对硝酸盐的利用率;④AMF侵染植物根系后,改变根系分泌物组成,提高某些固氮微生物的活性;⑤对于豆科植物来说,AMF可以促进豆科植物根瘤的生长发育,增加植物根瘤数,提高植物固氮能力。

钾是植物生长发育必需的三大营养元素之一,在植物体内以离子形式存在,具有很强的移动性,是细胞渗透调节物质的重要组成成分和细胞内多种酶的活化剂。钾在土壤中的移动速度快于磷,但在植物生长的根系周围同样易形成钾亏缺区,限制植物对钾的吸收。AMF菌丝可以直接吸收根际以外的钾并将其转运给宿主植物,提高植物对钾的吸收能力;此外,AMF在改善宿主植物体内的氮、磷营养状况,促进植物生物量的同时,也会间接提高植物对钾的需求。由于植物种类、AMF种类、土壤条件等外界环境的不同,AMF对植物钾吸收影响的研究结果也存在差异。一些研究认为,接种AMF可以促进植物对钾的吸收,提高植物体内钾含量。比如,接种 *Glomus mosseae* 和 *G. versiforme* 后,黄花蒿根、茎、枝、叶内的钾含量显著提高。也有一些研究发现,接种AMF对植物钾吸收无显著影响。目前,关于AMF促进植物对钾吸收的作用机制有待于进一步的研究。

1.2.4.3 AMF对植物抗逆性的影响

国内外大量研究证实,AMF能够提高植物的抗逆能力,如抗盐碱、抗酸、抗旱、抗重金属等。在盐胁迫条件下,AMF通过提高 CO_2 交换率、蒸腾作用和气孔导度,保护酶活性,促进水分吸收,进而调节植物体内渗透平衡和碳水化合物组成,提高植物的耐盐性,因此AMF也被认为是盐渍土的"生物改良剂"。在干旱条件下,接种AMF可以提高植物对养分的吸收,使植物能够有效利用水分,提高根系水分传导率,调节植物与水分关系,提高植物抗旱能力。

1.2.5 AMF对污染物的修复作用

自1983年以来,AMF对污染土壤的修复作用得到了广泛研究(Verma et al.,2021)。研究表明,AMF不仅能够保护植物免受污染物的毒害,提高植物在污染土壤中的生长和生存能力,而且能通过刺激土壤微生物活性和改善土壤结构来增强土壤的生物修复能力(Lenoir et al.,2016)。

以有机污染物为例,AMF定殖对有机污染物消减的贡献是有争议的。根据文献,AMF对污染物消减的影响可能归因于AMF种类、植物种类、有机污染物的性质和浓度、培养时间、污染物与根部的距离,以及具有降解能力的微生物的数量等(Liu et al.,2009)。一些研究表明,添加菌根接种剂并没有促进污染物的消减。例如,黑麦草、茄和玉米有菌根和无菌根对多环芳烃(PAHs)消减的影响没有显著性差异(Binet et al.,2000;Rabie,2005;Corgié et al.,2006;Wu et al.,2011)。Cabello(1999)发现,污染区的AMF可有效刺激植物生长和提高植物修复石油烃污染土壤的能力。

相比之下,一些研究发现,在人工污染土壤中进行的盆栽试验,对紫花苜蓿、黑麦草、三叶草、小麦、玉米、胡萝卜、菜豆和高羊茅等植物接种AMF,可增加根际土壤中有机污染物的消减量(表1.3)。Joner等(2001)首次证明了AMF可增加土壤中多环芳烃的消减量。与无菌根对照组相比,蒽(ANT)和二苯并[a,h]蒽的消减率分别提高了15.2%和50%。在多氯联苯(PCBs)老化污染土壤(475μg/kg)中,培养25周后,菌根黑麦草对多氯联苯的消减量(74%)高于非菌根黑麦草处理组(58%)(Lu et al.,2014)。许多研究也表明,与非菌根植物相比,不同菌根植物(紫花苜蓿、三叶草、黑麦草和高羊茅)在土壤中对多环芳烃和多氯联苯的消减效果较好(Zhang et al.,2010;Lu et al.,2014,2015)。然而,这些文献中的描述主要基于人工污染土壤,仅有少数实验基于长期污染土壤,且有关原位污染场地中AMF对有机污染物的消减效果如何,鲜有报道。

表 1.3　AMF 对人工或老化污染土壤中有机污染物消减的作用(改自 Lenoir et al.,2016)

土壤	污染物	污染物含量/(mg/kg)	宿主植物	AMF 种类	培养时间(周)	污染物消减量	参考文献
人工污染土壤	蒽	5000	黑麦草	*Glomus mosseae*[a]	6	=[b]	Binet et al.,2000
		50~150	黄麻	*G. mosseae*、*G. intraradices*	5	+	Cheung et al.,2008
		10~50	胡萝卜	*Rhizophagus custos*	7	+	Aranda et al.,2013
	菲	500	黑麦草	*G. mosseae*	6	−	Corgié et al.,2006
		2~10	紫花苜蓿	*G. etunicatum*	8	+	Wu et al.,2008a
	苯并[a]芘	1~100	紫花苜蓿	*G. caledonium*	13	+	Liu et al.,2004
	蒽和菲	0.003~0.0105	韭菜	*G. intraradices*	12	+	Liu et al.,2009
	菲和芘	100+74	紫花苜蓿	*G. mosseae*、*G. etunicatum*	10	+	Gao et al.,2011
		100+100	黑麦草	*G. mosseae*	8	PHE:+; PYR:=	Yu et al.,2011
		12+7	玉米	*G. mosseae*	8	=	Wu et al.,2011

续表

土壤	污染物	污染物含量/(mg/kg)	宿主植物	AMF种类	培养时间(周)	污染物消减量	参考文献
人工污染土壤	蒽、菌和二苯并[a,h]蒽	500+500+50	三叶草、黑麦草	G. mosseae	16	+	Joner et al., 2001
	菲、芘和二苯并[a,h]蒽	500+500+50	紫花苜蓿、高羊茅、黑麦草	G. intraradices	6	紫花苜蓿 PHE：-； PYR：-； DahA：=。 其他物种 PHE：+； PYR：+； DahA：=	Zhou et al., 2013
	蒽、芘、菌和苯并[a,h]蒽	500+500+500+50	小麦、绿豆、茄	G. mosseae	9	小麦和绿豆+； 茄子=	Rabie，2005
	蒽、菲、荧蒽和菌	每种污染物200	黑麦草	G. mosseae	6	=	Binet et al., 2000
	16种PAHs	总含量620	高羊茅	G. caledonium	17	+	Lu et al.，2015
	柴油	7500	甜菜豆	G. caledonium、G. diaphanus、G. albidum	9	+	Hernández-Ortega et al.，2012
	原油	2%、4%和8%	菜豆	G. mosseae	10	+	Nwoko，2014
	21种PCBs	0.475	黑麦草	G. caledonium	26	+	Lu et al.，2014
	十溴联苯醚	—	黑麦草	G. mosseae	9	+	Wang et al.，2011
	阿特拉津	0.5～50	玉米	G. caledonium	8	+	Huang et al.，2009

续表

土壤	污染物	污染物含量/ (mg/kg)	宿主植物	AMF种类	培养时间(周)	污染物消减量	参考文献
人工污染土壤	氯化三联苯	25	南瓜	*Acaulospora laevis*（AL）、 *G. caledonium* （GC） *G. mosseae* （GM）	9	AL：+； GC：=； GM：+	Qin et al., 2014
老化污染土壤	16种 PAHs	620	细叶草	*G. caledoniun*	17	+	Lu et al.,2015
		405～2030	三叶草, 黑麦草	*G. mosseae*	13	+	Joner et al., 2003
		210	小麦	*G. intraradices*	16	+	Lenoir et al., 2016
		12.85	紫花苜蓿	*G. caledonium*	12	+	Zhang et al., 2010
	21种 PCBs同系物	0.000475	黑麦草	*G. caledoniun*	26	+	Lu et al.,2014
		0.556～0.575	紫花苜蓿	*G. caledoniun*	26	+	滕应等,2008

注：a.所有 AMF 物种都已按照目前的分类进行命名（Redecker et al., 2013；Sieverding et al.,2014）。b.+、-、=分别表示与非菌根植物相比,菌根植物中持久性有机污染物的消减量更大、更小、相等。PHE,菲;PYR,芘;DahA,二苯并[a,h]蒽。

1.2.5.1 AMF 结构对污染物植物累积的影响

对于大多数有机污染物,如有机氯农药和PAHs,其疏水性和亲脂性限制了它们被植物吸收并转运到地上部(Rajtor et al.,2016)。由于土壤和(或)根表面的强吸附作用,PAHs在茎部组织中的含量很低,甚至无法被检测到(Zhou et al.,2013)。与非菌根植物相比,接种AMF的植物根部可以积累更高含量的有机污染物。Nelson 等(1992)利用^{14}C标记的阿特拉津(atrazine)首次发现,AMF菌丝可以从土壤中去除阿特拉津并将其转移到玉米植株上。

Gao 等(2010)研究结果证实,AMF 根外菌丝可以吸收和运输 PAHs 到植物根中,导致根中 PAHs 的积累。AMF 定殖可以提高 AM 中这些有机污染物的生物利用度,这可能与根系分泌物的改变有关(Lenoir et al.,2016)。Wu 等(2008b)发现,菌根型紫花苜蓿根部对双对氯苯基三氯乙烷(滴滴涕,DDT)的积累量高于非菌根型紫花苜蓿根。他们认为这是由于接种 AMF 后,紫花苜蓿根上形成了丰富的对疏水有机化合物具有高亲和力的根外菌丝。

有机污染物在土壤、水和根系之间的分配作用被认为是决定植物吸收有机污染物的关键(Gao et al.,2011)。AMF 定殖可以通过以下几种方式影响植物根对污染物的吸收:①AMF 定殖可以增加根生物量、长度和表面积;②AMF 菌丝比表面积较大,可以大大增加根–土界面面积,从而增加根与污染物的接触机会;③污染物(如 PAHs)向 AMF 菌丝的分配要比向根的分配强得多(Gao et al.,2011)。Gao 等(2010)研究表明,AMF 菌丝对芴(FLU)或菲的分配系数比根高 270%~356%。

最重要的是,AMF 比植物根系具有更高的同化亲脂性化学物质的能力(Gao et al.,2010)。也就是说,AMF 可以将污染物隔离在自身内部结构中,限制污染物向植物体内运输。先前的研究分别在 AMF 孢子、菌丝的脂质体中检测到 PAHs(Verdin et al.,2006;Aranda et al.,2013)。Rajtor 等(2016)在 AMF 定殖的植物根表皮细胞中发现了 PAHs 的积累,这不仅抑制了 PAHs 向根内部的运输,也抑制了其向地上部的转运。

此外,AMF 根外菌丝被认为有助于降低根际土壤中有机污染物的生物利用度(Wu et al.,2008a;曾跃春等,2010)。曾跃春等(2010)研究发现,苜蓿接种 AMF,可减少土壤中可提取态芘(ACE)的残留,降低芘的植物毒性。AMF 结构对污染物的固定可降低这些污染物在根周围的含量及其在土壤中的生物利用度,这对减少作物根系污染物的积累具有重要意义。

1.2.5.2　污染物降解相关酶活性增强

AMF 菌丝可以产生水解有机磷化合物的磷酸酶(Koide et al.,2000),调节土壤有机磷的利用,促进宿主植物对磷的吸收。Wang等(2011)研究发现,接种AMF提高了土壤磷酸酶活性,加速有机磷农药的降解,减少其在蔬菜和土壤中的残留。此外,AMF还产生其他水解酶,如果胶酶、纤维素酶、半纤维素酶、木聚糖酶和几丁质酶等(Varma,1999),这些酶可能参与有机污染物降解和矿化的关键步骤。

植物可以产生一些氧化还原酶(如过氧化物酶、漆酶、双加氧酶等)来促进植物体内PAHs等有机污染物的降解和转化。Song等(2016)对阿特拉津胁迫下由 *G. mosseae* 定殖的苜蓿根进行转录组分析发现,与非菌根的苜蓿根相比,5种漆酶基因的表达量提高,表明AMF提高了植物体内漆酶表达水平,从而促进了阿特拉津的降解。同时,AMF定殖可提高植物根部过氧化物酶、过氧化氢酶(CAT)、多酚氧化酶和超氧化物歧化酶(SOD)等氧化还原酶的活性(Xun et al.,2015),从而促进植物修复/污染物消减。在PAHs污染土壤中,*Glomus irregulare* 定殖的小麦植株的过氧化物酶活性远高于非菌根根系(Lenoir et al.,2016)。值得注意的是,这些酶不仅参与污染物的降解过程,而且保护植物免受污染物氧化胁迫损伤,有助于植物的生长。

由于大多数土壤酶是由微生物释放的,因此土壤酶活性越高,通常意味着微生物生长越快,代谢活性越高。在污染条件下,AMF普遍增强土壤酶的活性。大量研究表明,菌根化增加了菌丝和菌根际各种氧化还原酶的活性,如脱氢酶、CAT、PPO、POD和SOD(Rajtor et al.,2016)。在石油烃污染的土壤中,接种 *G. intraradices* 可提高燕麦叶片中SOD、CAT和POD的活性以及土壤中脲酶、蔗糖酶和脱氢酶的活性(Xun et al.,2015)。Huang等(2009)发现,接种AMF刺激磷酸酶和脱氢酶的活性,促进阿特拉津降解。在甲胺磷污染的土壤中,接种AMF可增强番茄根际土壤甲胺脱氢酶活性,从而促进甲胺磷的降解(Wang et al.,2020)。综上,AMF可以通过提高土壤酶活性来促进各种污染物的降解。

1.2.5.3 AMF-植物共生导致分泌物种类和含量的变化

一些研究表明,AMF-植物共生会引起植物根系分泌物的种类和含量变化。例如,Hage-Ahmed 等(2013)发现, *G. mosseae* 定殖的番茄根系分泌物中有较多的糖类和较少的有机酸类。根据根系分泌物的性质,植物物种可以不同程度地改变根际微生物群落结构与组成。此外,AMF 还可能改变微生物的生物降解过程。这种影响可能通过植物根系传递,因为菌根的建立可以改变根系分泌物的化学组成,而这些化学组成通常是菌根际相关微生物的碳和能量等营养物质来源。土壤中某些微生物与 AMF 具有特异性(Artursson et al.,2005)。这些微生物可以被特定物种的真菌分泌物激活。Joner 等(2001)通过磷脂脂肪酸(phospholipid fatty acid,PLFA)分析发现,AMF 可以改变 PAHs 污染土壤中微生物群落结构,他们认为菌根相关的微生物群的改变可能是菌根际 PAHs 含量降低的原因。众所周知,菌根会分泌出高浓度的酚类化合物(如桑椹素、桑椹醇和桑黄酮等),这些化合物与 PAHs 具有相似的化学结构,并能激活参与污染物降解途径的基因(Segura et al.,2009)。

GRSP 广泛存在于土壤中,被认为是由 AMF 菌丝分泌的、相对分子质量为 60000、具有良好化学和热稳定性的疏水性糖蛋白(Irving et al.,2021)。土壤中 GRSP 的含量可能高达土壤微生物总量的 10~20 倍(Rillig et al.,2001)。GRSP 可以作为土壤颗粒的稳定疏水胶,减少大团聚体的破坏,增加土壤颗粒的疏水性和保水能力(陈保冬等,2024)。GRSP 对土壤结构的影响对土壤中有机污染物的命运、行为、生物有效性和生态毒性具有重要意义(Rajtor et al.,2016)。杨振亚等(2016)在多环芳烃污染的土壤中种植苜蓿,发现土壤中 PAHs 的去除率与 AMF 菌丝密度和总 GRSP 含量显著正相关,表明 AMF 对多环芳烃降解的促进过程与 GRSP 含量有关。Gao 等(2017)首次证明了 GRSP 提高土壤中菲的有效性,并且添加 GRSP 可增加土壤中可萃取态菲含量和解吸量。苜蓿接种 AMF,可提高芘污染土壤中 GRSP 含量,促进芘从土壤固相向溶液释放,从而提高 PAHs 的去除率(Gao et al.,2017)。Chen 等(2018)通过水培试验发现,GRSP增强了黑麦草根系中多环芳烃的积累,这种积累受GRSP浓度影响。这些发现表明,AMF分泌的GRSP可能会引起污染物生物有效性的变化,从而进一步影响土壤中污染物的降解与植物积累过程。然而,对于GRSP对污染物积累的影响,也有相互矛盾的解释。White等(2006)发现,接种AMF减少了植物对滴滴伊(DDE)的积累,而滴滴伊生物利用度的下降可能是由于GRSP驱动的污染物微聚集。据推测,GRSP对污染物在植物体内的生物有效性和积累的影响会随其在土壤中的含量、污染物性质、土壤条件及植物特性等因素而变化。

1.2.5.4　AMF提高功能微生物种群数量

AMF定殖可以诱导根系分泌物的种类及含量变化,使菌根际细菌碳和能量来源发生改变,刺激根际微生物的生长繁殖,改变根际微生物群落结构,从而促进污染物的降解(Lenoir et al.,2016)。由于AMF降解有机污染物的能力有限,它主要通过影响根际和菌根际的土壤微生物,特别是细菌来促进污染物的降解(Korade et al.,2009)。Andrews等(2000)表明菌根际微生物数量比非菌根际微生物数量多100倍。Corgié等(2006)研究发现,*G. mosseae* BEG69可增加土壤中多环芳烃降解细菌的数量,并且当*G. mosseae*存在时,双加氧酶转录组(*bphA*和*bphC*基因)在菌根际活性增加。PAHs降解率的提高可能是由于菌根诱导根系分泌物化学成分变化,使菌根际细菌碳和能量来源发生改变,从而刺激根际微生物对污染物的降解(Lenoir et al.,2016)。

Huang等(2009)利用磷脂脂肪酸(PFLA)分析发现,玉米植株的AM和根外菌丝促进了土壤中阿特拉津的降解,并改变了土壤磷酸酶和脱氢酶活性以及PLFA谱。Joner等(2003)发现向PAHs污染土壤中接种*G. mosseae*后,土壤根际微生物群落结构发生显著差异,并认为菌根相关菌群可能有助于增强菌根际PAHs的消减。在老化的PAHs污染土壤中,AMF定殖的小麦根际的革兰氏阴性菌和革兰氏阳性菌的生物量分别比未接种植物的高37%和56%(Lenoir et al.,2016)。Qin等(2016)通过根箱培养发现,AMF菌丝可以通过改变菌根际细菌生长和群落组成来影响土壤中多氯联苯的消减。在石油烃污染土壤中,种植 AM 植物的土壤中的微生物数量,特别是烃类降解细菌数量明显高于未种植 AM 植物的土壤(Rajtor et al.,2016)。综上所述,AMF 通常会增加菌根际污染物降解细菌的数量。

对根际细菌编码降解酶基因的刺激作用,是 AMF 增强污染物生物降解的因素之一。PAHs 环羟基化双加氧酶催化是负责 PAHs 有氧代谢的第一步。Zhou 等(2013)发现接种 *G. intraradices* 可增强菲的去除,并增加 AMF 接种土壤中 PAHs 环羟基化双加氧酶基因拷贝数。*nidA* 基因是测定芘降解细菌的生物标志物。在 PAHs 污染土壤中,接种 AMF 使土壤中 *nidA* 基因拷贝数和 PAHs 降解细菌数量增加(Ren et al.,2017)。Qin 等(2014)研究表明,AMF 可通过刺激 *bph* 基因丰度和特定细菌的生长来促进土壤中多氯联苯的消减。AMF 对这些具有降解酶编码基因的微生物的促进作用有助于土壤及作物体内有机污染物的降解。

1.2.5.5 提高土壤的物理稳定性

AMF 直接连接土壤和根,即使在胁迫条件下,也可通过根外菌丝与菌丝分泌物(如 GRSP)的联合作用增强土壤团聚和稳定性(Hartmann et al.,2023;Wang,2017)。AMF 菌丝可以直接或间接促进水稳性团聚体的形成以维持健康的土壤结构,如通过 AMF 根外菌丝对土壤颗粒的缠结作用,菌丝体代谢物(GRSP、黏液、多糖和其他细胞外化合物)的产生,或菌丝体诱导的微生物群变化等机制(Rillig et al.,2006)。土壤稳定性的提高可以减少土壤侵蚀以及养分和有机质的流失,从而增加土壤通气性和持水能力,并促进植物的生长(Wang et al.,2022)。改善土壤结构不仅影响有机污染物在土壤中的环境行为,而且有助于保持较高的微生物活性,加速污染物的生物降解过程,最终提高作物的安全性。

参考文献

Al-Maliki, S., Ebreesum, H., 2020. Changes in soil carbonmineralization, soil microbes, roots density and soil structure following the application of the arbuscular mycorrhizal fungi and green algae in the arid saline soil. Rhizosphere, 14: 100203.

Andrews, J. H., Harris, R. F., 2000. The ecology and biogeography of microorganisms on plant surfaces. Annual Review of Phytopathology, 38(1): 145-180.

Aranda, E., Scervino, J. M., Godoy, P., Reina, R., Ocampo, J. A., Wittich, R. M., García-Romera, I., 2013. Role of arbuscular mycorrhizal fungus Rhizophagus custos in the dissipation of PAHs under root-organ culture conditions. Environmental Pollution, 181: 182-189.

Artursson, V., Finlay, R. D., Jansson, J. K., 2005. Combined bromodeoxyuridine immunocapture and terminal-restriction fragment length polymorphism analysis highlights differences in the active soil bacterial metagenome due to *Glomus mosseae* inoculation or plant species. Environmental Microbiology, 7(12): 1952-1966.

Bao, X., Zou, J., Zhang, B., Wu, L., Yang, T., Huang, Q., 2022. Arbuscular mycorrhizal fungi and microbes interaction in rice mycorrhizosphere. Agronomy, 12(6): 1277.

Binet, P., Portal, J. M., Leyval, C., 2000. Fate of polycyclic aromatic hydrocarbons (PAH) in the rhizosphere and mycorrhizosphere of ryegrass. Plant and Soil, 227: 207-213.

Brundrett, M. C., 2017. Global diversity and importance of mycorrhizal and nonmycorrhizal plants//Tedersoo, L. Biogeography of Mycorrhizal Symbiosis. Ecological Studies, vol 230. Springer.

Cabello, M. N., 1999. Effectiveness of indigenous arbuscular mycorrhizal fungi

（AMF）isolated from hydrocarbon polluted soils. Journal of Basic Microbiology: An International Journal on Biochemistry, Physiology, Genetics, Morphology, and Ecology of Microorganisms, 39(2): 89-95.

Chen, L., Wang, F., Zhang, Z., Chao, H., He, H., Hu, W., Zeng, Y., Duan, C., Liu, J., Fang, L., 2023. Influences of arbuscular mycorrhizal fungi on crop growth and potentially toxic element accumulation in contaminated soils: A meta-analysis. Critical Reviews in Environmental Science & Technology, 53(20): 1795-1816.

Chen, S., Wang, J., Waigi, M. G., Gao, Y., 2018. Glomalin-related soil protein influences the accumulation of polycyclic aromatic hydrocarbons by plant roots. Science of the Total Environment, 644: 465-473.

Chen, X. W., Wu, L., Luo, N., Mo, C. H., Wong, M. H., Li, H., 2019. Arbuscular mycorrhizal fungi and the associated bacterial community influence the uptake of cadmium in rice. Geoderma, 337: 749-757.

Cheung, K. C., Zhang, J. Y., Deng, H. H., Ou, Y. K., Leung, H. M., Wu, S. C., Wong, M. H., 2008. Interaction of higher plant (jute), electrofused bacteria and mycorrhiza on anthracene biodegradation. Bioresource Technology, 99(7): 2148-2155.

Corgié, S. C., Fons, F., Beguiristain, T., Leyval, C., 2006. Biodegradation of phenanthrene, spatial distribution of bacterial populations and dioxygenase expression in the mycorrhizosphere of *Lolium perenne* inoculated with *Glomus mosseae*. Mycorrhiza, 16(3): 207-212.

Coutinho, E. S., Fernandes, G. W., Berbara, R. L. L., Valério, H. M., Goto, B. T., 2015. Variation of arbuscular mycorrhizal fungal communities along an altitudinal gradient in rupestrian grasslands in Brazil. Mycorrhiza, 25: 627-638.

Davison, J., Moora, M., Öpik, M., Adholeya, A., Ainsaar, L., Bâ, A., Burla, S., Diedhiou, A. G., Hiiesalu, I., Jairus, T., Johnson, N. C., Kane, A., Koorem, K., Kochar, M., Ndiaye, C., Pärtel, M., Reier, Ü., Saks, Ü., Singh, R., Vasar, M., Zobel,

M., 2015. Global assessment of arbuscular mycorrhizal fungus diversity reveals very low endemism. Science, 349(6251):970-973.

Fitter, A. H., Garbaye, J., 1994. Interactions between mycorrhizal fungi and other soil organisms. Plant and Soil, 159:123-132.

Gai, J. P., Christie, P., Feng, G., Li, X. L., 2006. Twenty years of research on community composition and species distribution of arbuscular mycorrhizal fungi in China: A review. Mycorrhiza, 16:229-239.

Gao, Y., Cheng, Z., Ling, W., Huang, J., 2010. Arbuscular mycorrhizal fungal hyphae contribute to the uptake of polycyclic aromatic hydrocarbons by plant roots. Bioresource Technology, 101(18):6895-6901.

Gao, Y., Li, Q., Ling, W., Zhu, X., 2011. Arbuscular mycorrhizal phytoremediation of soils contaminated with phenanthrene and pyrene. Journal of Hazardous Materials, 185(2-3):703-709.

Gao, Y., Zhou, Z., Ling, W., Hu, X., Chen, S., 2017. Glomalin-related soil protein enhances the availability of polycyclic aromatic hydrocarbons in soil. Soil Biology and Biochemistry, 107:129-132.

Gao, Y., Zong, J., Que, H., Zhou, Z., Xiao, M., Chen, S., 2017. Inoculation with arbuscular mycorrhizal fungi increases glomalin-related soil protein content and PAH removal in soils planted with *Medicago sativa* L. Soil Biology and Biochemistry, 115, 148-151.

Giesemann, P., Eichenberg, D., Stöckel, M., Seifert, L. F., Gomes, S. I., Merckx, V. S., Gebauer, G., 2020. Dark septate endophytes and arbuscular mycorrhizal fungi (*Paris*-morphotype) affect the stable isotope composition of 'classically' non-mycorrhizal plants. Functional Ecology, 34(12):2453-2466.

Gomes, M. P., Marques, R. Z., Nascentes, C. C., Scotti, M. R., 2020. Synergistic effects between arbuscular mycorrhizal fungi and rhizobium isolated from As-contaminated soils on the As-phytoremediation capacity of the tropical woody legume *Anadenanthera peregrina*. International Journal of Phytoremediation, 22(13):1362-1371.

Govindarajulu, M., Pfeffer, P. E., Jin, H., Abubaker, J., Douds, D. D., Allen, J. W., Bücking, H., Lammers, P. J., Shachar-Hill, Y., 2005. Nitrogen transfer in the arbuscular mycorrhizal symbiosis. Nature, 435:819−823.

Hage-Ahmed, K., Moyses, A., Voglgruber, A., Hadacek, F., Steinkellner, S., 2013. Alterations in Root exudation of intercropped tomato mediated by the arbuscular mycorrhizal fungus *Glomus mosseae* and the soilborne pathogen *Fusarium oxysporum* f. sp. lycopersici. Journal of Phytopathology, 161(11-12): 763-773.

Hartmann, M., Six, J., 2023. Soil structure and microbiome functions in agroecosystems. Nature Reviews Earth & Environment, 4(1):4-18.

Hartnett, D. C., Wilson, G. W., 2002. The role of mycorrhizas in plant community structure and dynamics: Lessons from grasslands. Plant and Soil, 244:319-331.

Hashem, A., Abd Allah, E. F., Alqarawi, A. A., Al-Huqail, A. A., Wirth, S., Egamberdieva, D., 2016. The interaction between arbuscular mycorrhizal fungi and endophytic bacteria enhances plant growth of *Acacia gerrardii* under salt stress. Frontiers in Microbiology, 7:1089.

Hernández-Ortega, H. A., Alarcón, A., Ferrera-Cerrato, R., Zavaleta-Mancera, H. A., López-Delgado, H. A., Mendoza-López, M. R., 2012. Arbuscular mycorrhizal fungi on growth, nutrient status, and total antioxidant activity of Melilotus albus during phytoremediation of a diesel-contaminated substrate. Journal of Environmental Management, 95:S319-S324.

Huang, H., Zhang, S., Wu, N., Luo, L., Christie, P., 2009. Influence of *Glomus etunicatum/Zea mays* mycorrhiza on atrazine degradation, soil phosphatase and dehydrogenase activities, and soil microbial community structure. Soil Biology and Biochemistry, 41(4):726-734.

Irving, T. B., Alptekin, B., Kleven, B., Ané, J. M., 2021. A critical review of 25 years of glomalin research: A better mechanical understanding and robust quantification techniques are required. New Phytologist, 232(4):1572-1581.

Jin, H., Pfeffer, P. E., Douds, D. D., Piotrowski, E., Lammers, P. J., Shachar-Hill, Y., 2005. The uptake, metabolism, transport and transfer of nitrogen in an arbuscular mycorrhizal symbiosis. New Phytologist, 168(3):687-696.

Johnson, N. C., Gehring, C. A., 2007. Mycorrhizas: Symbiotic mediators of rhizosphere and ecosystem processes//Cardon, Z. G., Whitbeck, J. L., The rhizosphere. Academic Press, 73-100.

Joner, E. J., Johansen, A., Loibner, A. P., dela Cruz, M. A., Szolar, O. H., Portal, J. M., Leyval, C., 2001. Rhizosphere effects on microbial community structure and dissipation and toxicity of polycyclic aromatic hydrocarbons(PAHs) in spiked soil. Environmental Science & Technology, 35(13):2773-2777.

Joner, E. J., Leyval, C., 2003. Rhizosphere gradients of polycyclic aromatic hydrocarbon(PAH) dissipation in two industrial soils and the impact of arbuscular mycorrhiza. Environmental Science & Technology, 37(11):2371-2375.

Kivlin, S. N., Hawkes, C. V., Treseder, K. K., 2011. Global diversity and distribution of arbuscular mycorrhizal fungi. Soil Biology and Biochemistry, 43(11):2294-2303.

Koide, R. T., Kabir, Z., 2000. Extraradical hyphae of the mycorrhizal fungus *Glomus intraradices* can hydrolyse organic phosphate. New Phytologist, 148(3):511-517.

Korade, D. L., Fulekar, M. H., 2009. Rhizosphere remediation of chlorpyrifos in mycorrhizospheric soil using ryegrass. Journal of Hazardous Materials, 172(2-3):1344-1350.

Larimer, A. L., Clay, K., Bever, J. D., 2014. Synergism and context dependency of interactions between arbuscular mycorrhizal fungi and rhizobia with a prairie legume. Ecology, 95(4): 1045-1054.

Leake, J. R., 1994. The biology of myco-heterotrophic('saprophytic') plants. New Phytologist, 127(2): 171-216.

Leake, J., Johnson, D., Donnelly, D., Muckle, G., Boddy, L., Read, D., 2004. Networks of power and influence: The role of mycorrhizal mycelium in controlling plant communities and agroecosystem functioning. Canadian Journal of Botany, 82(8): 1016-1045.

Lenoir, I., Lounes-Hadj Sahraoui, A., Fontaine, J., 2016. Arbuscular mycorrhizal fungal-assisted phytoremediation of soil contaminated with persistent organic pollutants: A review. European Journal of Soil Science, 67(5): 624-640.

Liao, X., Zhao, J., Yi, Q., Li, J., Li, Z., Wu, S., Zhang, W., Wang, K., 2023. Metagenomic insights into the effects of organic and inorganic agricultural managements on soil phosphorus cycling. Agriculture, Ecosystems & Environment, 343: 108281.

Lin, K., Limpens, E., Zhang, Z., Ivanov, S., Saunders, D. G., Mu, D., Pang, E., Cao, H., Cha, H., Lin, T., Zhou, Q., Shang, Y., Li, Y., Sharma, T., van Velzen, R., de Ruijter, N., Aanen, D. K., Win, J., Kamoun, S., Bisseling, T., Geurts, R., Huang, S., 2014. Single nucleus genome sequencing reveals high similarity among nuclei of an endomycorrhizal fungus. PLoS Genetics, 10(1): e1004078.

Liu, A., Dalpé, Y., 2009. Reduction in soil polycyclic aromatic hydrocarbons by arbuscular mycorrhizal leek plants. International Journal of Phytoremediation, 11(1): 39-52.

Liu, J., Wu, L., Wei, S., Xiao, X., Su, C., Jiang, P., Song Z., Wang, T., Yu, Z., 2007. Effects of arbuscular mycorrhizal fungi on the growth, nutrient uptake and glycyrrhizin production of licorice(Glycyrrhiza uralensis Fisch). Plant Growth Regulation, 52: 29-39.

Liu, L., Hart, M. M., Zhang, J., Cai, X., Gai, J., Christie, P., Li, X., Klironomos, J. N., 2015. Altitudinal distribution patterns of AM fungal assemblages in a Tibetan alpine grassland. FEMS Microbiology Ecology, 91(7): 078.

Liu, S. L., Luo, Y. M., Cao, Z. H., Wu, L. H., Ding, K. Q., Christie, P., 2004. Degradation of benzo [a]pyrene in soil with arbuscular mycorrhizal alfalfa. Environmental Geochemistry and Health, 26: 285-293.

Lu, Y. F., Lu, M., 2015. Remediation of PAH-contaminated soil by the combination of tall fescue, arbuscular mycorrhizal fungus and epigeic earthworms. Journal of Hazardous Materials, 285: 535-541.

Lu, Y. F., Lu, M., Peng, F., Wan, Y., Liao, M. H., 2014. Remediation of polychlorinated biphenyl-contaminated soil by using a combination of ryegrass, arbuscular mycorrhizal fungi and earthworms. Chemosphere, 106: 44-50.

Merckx, V. S., Freudenstein, J. V., Kissling, J., Christenhusz, M. J., Stotler, R. E., Crandall-Stotler, B., Wickett, N., Rudall, P. J., Maas-van de Kamer, H., Maas, P. J. M., 2013. Taxonomy and classification//Merckx, V. S. F. T. Mycoheterotrophy: The Biology of Plants Living on Fungi. Springer, 19-101.

Nelson, S. D., Khan, S. U., 1992. Uptake of atrazine by hyphae of *Glomus* vesicular-arbuscular mycorrhizae and root systems of corn(*Zea mays* L.). Weed Science, 40(1): 161-170.

Nwoko, C. O., 2014. Effect of arbuscular mycorrhizal (AM) fungi on the physiological performance of *Phaseolus vulgaris* grown under crude oil contaminated soil. Journal of Geoscience and Environment Protection, 2: 9-14.

Oehl, F., Schneider, D., Sieverding, E., Burga, C. A., 2011. Succession of arbuscular mycorrhizal communities in the foreland of the retreating Morteratsch glacier in the Central Alps. Pedobiologia, 54(5-6): 321-331.

Öpik, M., Moora, M. A. R. I., Liira, J. A. A. N., Zobel, M., 2006. Composition of root - colonizing arbuscular mycorrhizal fungal communities in different ecosystems around the globe. Journal of Ecology, 94 (4): 778-790.

Öpik, M., Zobel, M., Cantero, J. J., Davison, J., Facelli, J. M., Hiiesalu, I., Jairus, T., Kalwij, J. M., Koorem, K., Leal, M. E., Liira, J., Metsis, M., Neshataeva, V., Paal, J., Phosri, C., Põlme, S., Reier, Ü., Saks, Ü., Schimann, H., Thiéry, O., Vasar, M., Moora, M., 2013. Global sampling of plant roots expands the described molecular diversity of arbuscular mycorrhizal fungi. Mycorrhiza, 23: 411-430.

Panneerselvam, P., Kumar, U., Sugitha, T. C. K., Parameswaran, C., Sahoo, S., Binodh, A. K., Jahan, A., Anandan, A., 2017. Arbuscular mycorrhizal fungi (AMF) for sustainable rice production//Adhya, T. K., Mishra, B. B., Annapurna, K., Verma, D. K., Kumar, U. Advances in Soil Microbiology: Recent Trends and Future Prospects: Volume 2: Soil-Microbe-Plant Interaction. Springer, 99-126.

Park, Y. S., Ryu, C. M., 2021. Understanding plant social networking system: Avoiding deleterious microbiota but calling beneficials. International Journal of Molecular Sciences, 22 (7): 3319.

Qin, H., Brookes, P. C., Xu, J., 2016. Arbuscular mycorrhizal fungal hyphae alter soil bacterial community and enhance polychlorinated biphenyls dissipation. Frontiers in Microbiology, 7: 939.

Qin, H., Brookes, P. C., Xu, J., Feng, Y., 2014. Bacterial degradation of Aroclor 1242 in the mycorrhizosphere soils of zucchini (*Cucurbita pepo* L.) inoculated with arbuscular mycorrhizal fungi. Environmental Science and Pollution Research, 21: 12790-12799.

Rabie, G. H., 2005. Role of arbuscular mycorrhizal fungi in phytoremediation of soil rhizosphere spiked with poly aromatic hydrocarbons. Mycobiology, 33: 41-50.

Rajtor, M., Piotrowska-Seget, Z., 2016. Prospects for arbuscular mycorrhizal fungi (AMF) to assist in phytoremediation of soil hydrocarbon contaminants. Chemosphere, 162: 105-116.

Redecker, D., Schüßler, A., Stockinger, H., Stürmer, S. L., Morton, J. B., Walker,

C., 2013. An evidence-based consensus for the classification of arbuscular mycorrhizal fungi(*Glomeromycota*). Mycorrhiza, 23:515-531.

Ren, C. G., Kong, C. C., Bian, B., Liu, W., Li, Y., Luo, Y. M., Xie, Z. H., 2017. Enhanced phytoremediation of soils contaminated with PAHs by arbuscular mycorrhiza and rhizobium. International Journal of Phytoremediation, 19(9): 789-797.

Rillig, M. C., 2004. Arbuscular mycorrhizae and terrestrial ecosystem processes. Ecology Letters, 7:740-754.

Rillig, M. C., Mummey, D. L., 2006. Mycorrhizas and soil structure. New Phytologist, 171:41-53.

Rillig, M. C., Wright, S. F., Eviner, V. T., 2002. The role of arbuscular mycorrhizal fungi and glomalin in soil aggregation: Comparing effects of five plant species. Plant and Soil, 238:325-333.

Rillig, M. C., Wright, S. F., Nichols, K. A., Schmidt, W. F., Torn, M. S., 2001. Large contribution of arbuscular mycorrhizal fungi to soil carbon pools in tropical forest soils. Plant and Soil, 233:167-177.

Segura, A., Rodríguez-Conde, S., Ramos, C., Ramos, J. L., 2009. Bacterial responses and interactions with plants during rhizoremediation. Microbial Biotechnology, 2(4):452-464.

Sieverding, E., da Silva, G. A., Berndt, R., Oehl, F., 2014. Rhizoglomus, a new genus of the *Glomeraceae*. Mycotaxon, 129(2):373-386.

Smith, S. E., Read, D. J., 2008. Mycorrhizal symbiosis. Amsterdam: Elsevier.

Sokolski, S., Dalpé, Y., Piché, Y., 2011. Phosphate transporter genes as reliable gene markers for the identification and discrimination of arbuscular mycorrhizal fungi in the genus *Glomus*. Applied and Environmental Microbiology, 77(5): 1888-1891.

Song, F., Li, J., Fan, X., Zhang, Q., Chang, W., Yang, F., Geng, G., 2016.

Transcriptome analysis of *Glomus mosseae/Medicago sativa* mycorrhiza on atrazine stress. Scientific Reports, 6(1): 20245.

Staddon, P. L., Ramsey, C. B., Ostle, N., Ineson, P., Fitter, A. H., 2003. Rapid turnover of hyphae of mycorrhizal fungi determined by AMS microanalysis of ^{14}C. Science, 300: 1138-1140.

Stürmer, S. L., 2012. A history of the taxonomy and systematics of arbuscular mycorrhizal fungi belonging to the phylum Glomeromycota. Mycorrhiza, 22(4): 247-258.

Tanaka, Y., Yano, K., 2005. Nitrogen delivery to maize via mycorrhizal hyphae depends on the form of N supplied. Plant, Cell and Environment, 28: 1247-1254.

Tian, C., Kasiborski, B., Koul, R., Lammers, P. J., Bücking, H., Shachar-Hill, Y., 2010. Regulation of the nitrogen transfer pathway in the arbuscular mycorrhizal symbiosis: Gene characterization and the coordination of expression with nitrogen flux. Plant Physiology, 153(3): 1175-1187.

Toussaint, J. P., St-Arnaud, M., Charest, C., 2004. Nitrogen transfer and assimilation between the arbuscular mycorrhizal fungus *Glomus intraradices* Schenck & Smith and Ri T-DNA roots of *Daucus carota* L. in an in vitro compartmented system. Canadian Journal of Microbiology, 50(4): 251-260.

Treseder, K. K., Cross, A., 2006. Global distributions of arbuscular mycorrhizal fungi. Ecosystems, 9: 305-316.

van der Heijden, M. G. A., 2004. Arbuscular mycorrhizal fungi as support systems for seedling establishment in grassland. Ecology Letters, 7(4): 293-303.

van der Heijden, M. G., Martin, F. M., Selosse, M. A., Sanders, I. R., 2015. Mycorrhizal ecology and evolution: The past, the present, and the future. New Phytologist, 205(4): 1406-1423.

Varma, A., 1999. Hydrolytic enzymes from arbuscular mycorrhizae: The current status//Varma, A., Hock, B. Mycorrhiza. Heidelberg: Springer Berlin.

Verdin, A., Lounès-Hadj Sahraoui, A., Fontaine, J., Grandmougin-Ferjani, A., Durand, R., 2006. Effects of anthracene on development of an arbuscular mycorrhizal fungus and contribution of the symbiotic association to pollutant dissipation. Mycorrhiza, 16:397-405.

Verma, P., Kumar, S., Shakya, M., Sandhu, S. S., 2021. VAM: An alternate strategy for bioremediation of polluted environment//Panpatte, D. G., Jhala, Y. K. Microbial Rejuvenation of Polluted Environment. Microorganisms for Sustainability, vol 25. Singapore: Springer.

Vieira, L. C., da Silva, D. K. A., de Melo, M. A. C., Escobar, I. E. C., Oehl, F., da Silva, G. A., 2019. Edaphic factors influence the distribution of arbuscular mycorrhizal fungi along an altitudinal gradient of a tropical mountain. Microbial Ecology, 78:904-913.

Wang, F., 2017. Occurrence of arbuscular mycorrhizal fungi inmining-impacted sites and their contribution to ecological restoration: Mechanisms and applications. Critical Reviews in Environmental Science & Technology, 47(20):1901-1957.

Wang, F., Adams, C. A., Yang, W., Sun, Y., Shi, Z., 2020. Benefits of arbuscular mycorrhizal fungi in reducing organic contaminant residues in crops: Implications for cleaner agricultural production. Critical Reviews in Environmental Science & Technology, 50(15):1580-1612.

Wang, F. Y., Shi, Z. Y., Tong, R. J., Xu, X. F., 2011. Dynamics of phoxim residues in green onion and soil as influenced by arbuscular mycorrhizal fungi. Journal of Hazardous Materials, 185(1):112-116.

Wang, F., Zhang, L., Zhou, J., Rengel, Z., George, T.S., Feng, G., 2022. Exploring the secrets of hyphosphere of arbuscular mycorrhizal fungi: Processes and ecological functions. Plant and Soil, 48:1-22.

Wang, J., Wang, J., He, J., Zhu, Y., Qiao, N., Ge, Y., 2021. Arbuscular mycorrhizal fungi and plant diversity drive restoration of nitrogen-cycling microbial communities. Molecular Ecology, 30(16):4133-4146.

Wang, S., Zhang, S., Huang, H., Christie, P., 2011. Behavior of decabromodiphenyl ether(BDE-209) in soil: Effects of rhizosphere and mycorrhizal colonization of ryegrass roots. Environmental Pollution, 159(3):749-753.

White, J. C., Ross, D. W., Gent, M. P., Eitzer, B. D., Mattina, M. I., 2006. Effect of mycorrhizal fungi on the phytoextraction of weathered p, p-DDE by *Cucurbita pepo*. Journal of Hazardous Materials, 137(3):1750-1757.

Wright, S. F., Upadhyaya, A., 1998. A survey of soils for aggregate stability and glomalin, a glycoprotein produced by hyphae of arbuscular mycorrhizal fungi. Plant and Soil, 198:97-107.

Wu, F. Y., Yu, X. Z., Wu, S. C., Lin, X. G., Wong, M. H., 2011. Phenanthrene and pyrene uptake by arbuscular mycorrhizal maize and their dissipation in soil. Journal of Hazardous Materials, 187(1-3):341-347.

Wu, N., Zhang, S., Huang, H., Christie, P., 2008a. Enhanced dissipation of phenanthrene in spiked soil by arbuscular mycorrhizal alfalfa combined with a non-ionic surfactant amendment. Science of the Total Environment, 394(2-3): 230-236.

Wu, N., Zhang, S., Huang, H., Shan, X., Christie, P., Wang, Y., 2008b. DDT uptake by arbuscular mycorrhizal alfalfa and depletion in soil as influenced by soil application of a non-ionic surfactant. Environmental Pollution, 151(3):569-575.

Xun, F., Xie, B., Liu, S., Guo, C., 2015. Effect of plant growth-promoting bacteria (PGPR) and arbuscular mycorrhizal fungi(AMF) inoculation on oats in saline-alkali soil contaminated by petroleum to enhance phytoremediation. Environmental Science and Pollution Research, 22:598-608.

Ye, S., Yang, Y., Xin, G., Wang, Y., Ruan, L., Ye, G., 2015. Studies of the Italian ryegrass-rice rotation system in southern China: Arbuscular mycorrhizal symbiosis affects soil microorganisms and enzyme activities in the *Lolium mutiflorum* L. rhizosphere. Applied Soil Ecology, 90, 26-34.

Yu, X. Z., Wu, S. C., Wu, F., Wong, M. H., 2011. Enhanced dissipation of PAHs from soil using mycorrhizal ryegrass and PAH-degrading bacteria. Journal of Hazardous Materials, 186(2-3):1206-1217.

Zhang, J., Yin, R., Lin, X., Liu, W., Chen, R., Li, X., 2010. Interactive effect of biosurfactant and microorganism to enhance phytoremediation for removal of aged polycyclic aromatic hydrocarbons from contaminated soils. Journal of Health Science, 56(3):257-266.

Zhang, L., Shi, N., Fan, J., Wang, F., George, T. S., Feng, G., 2018. Arbuscular mycorrhizal fungi stimulate organic phosphate mobilization associated with changing bacterial community structure under field conditions. Environmental Microbiology, 20(7):2639-2651.

Zhang, M., Shi, Z., Yang, M., Lu, S., Cao, L., Wang, X., 2021. Molecular diversity and distribution of arbuscular mycorrhizal fungi at different elevations in Mt. Taibai of Qinling Mountain. Frontiers in Microbiology, 12:609386.

Zhen, L., Yang, G., Yang, H., Chen, Y., Liu, N., Zhang, Y., 2014. Arbuscular mycorrhizal fungi affect seedling recruitment: A potential mechanism by which N deposition favors the dominance of grasses over forbs. Plant and Soil, 375: 127-136.

Zhou, X., Zhou, J., Xiang, X., Cébron, A., Béguiristain, T., Leyval, C., 2013. Impact of four plant species and arbuscular mycorrhizal(AM) fungi on polycyclic aromatic hydrocarbon(PAH) dissipation in spiked soil. Polish Journal of Environmental Studies, 22(4):1239-1245.

Zhu, Y. G., Miller, R. M., 2003. Carbon cycling by arbuscular mycorrhizal fungi in soil-plant systems. Trends in Plant Science, 8:407-409.

陈保冬,付伟,伍松林,朱永官,2024.菌根真菌在陆地生态系统碳循环中的作用.植物生态学报,48(1):1-20.

郭良栋,田春杰,2013.菌根真菌的碳氮循环功能研究进展.微生物学通报,40（1）:158-171.

蒋胜竞,刘永俊,石国玺,潘建斌,冯虎元,2014.丛枝菌根真菌物种多样性及其群落构建机制研究进展.生命科学,26(2):169-180.

李敏,刘润进,2002.AM真菌对蔬菜品质的影响.中国生态农业学报,10(4):66-68.

刘润进,焦惠,李岩,李敏,朱新产,2009.丛枝菌根真菌物种多样性研究进展.应用生态学报,20(9):2301-2307.

刘永俊,冯虎元,2010.丛枝菌根真菌系统分类及群落研究技术进展.应用生态学报,21(6):1573-1580.

苗伟云,2013.除草剂和杀菌剂对丛枝菌根真菌和毛状根共生体系的影响.合肥:安徽农业大学.

宋福强,2019.丛枝菌根对阿特拉津胁迫生理及分子响应.1版.北京:科学出版社.

谭灿灿,聂稳,刘逸夫,王亚,袁艳超,刘建锋,常二梅,肖文发,贾子瑞,2023.外生菌根真菌对宿主植物耐胁迫能力的影响研究进展.世界林业研究,36(6):26-31.

滕应,骆永明,高军,李振高,2008.多氯联苯污染土壤菌根真菌-紫花苜蓿-根瘤菌联合修复效应.环境科学,29(10):2925-2930.

王发园,林先贵,2015.丛枝菌根与土壤修复.1版.北京:科学出版社.

王幼珊,刘润进,2017.球囊菌门丛枝菌根真菌最新分类系统菌种名录.菌物学报,36(7):820-850.

向丹,徐天乐,李欢,陈保冬,2017.丛枝菌根真菌的生态分布及其影响因子研究进展.生态学报,37(11):3597-3606.

杨振亚,宗炯,朱雪竹,凌婉婷,2016.接种丛枝菌根真菌的种植紫花苜蓿土壤中球囊霉素含量与PAHs去除的关系.农业资源与环境学报,33(4):349-354.

曾跃春,李秋玲,高彦征,凌婉婷,肖敏,2010.丛枝菌根作用下土壤中多环芳烃的残留及形态研究.土壤,42(1):106-110.

第2章　丛枝菌根真菌对土壤中有机污染物的响应

　　随着石油化工产业的迅速发展,生产和使用的有机化合物也逐年增加。据统计,每年新发现和新合成的有机化合物已超过万种,其中许多是潜在的土壤污染物。这些有机污染物进入土壤产生的土壤有机污染问题对人类健康和生态环境造成了严重威胁。目前,土壤有机污染主要包括有机农药污染、塑化剂污染、PAHs污染、多氯联苯污染、石油烃污染等。大量的有机污染物残留于土壤中,不仅影响了土壤的正常结构和功能,更抑制了植物的生长和发育。研究表明,AMF修复污染土壤是一种经济、有效、无害的修复方法。AMF具有增强植物的耐受性和抗逆性、促进植物对土壤养分的吸收、提高土壤微生物活性、改善土壤结构等环境功能。这些作用可以通过直接或间接的方式促进土壤中各种有机污染物的降解、传输和植物吸收,从而有效提高被污染土壤的修复效率(Lenoir et al.,2016)。然而,土壤中的有机污染物可能会在一定程度上对AMF的形成、结构和功能等产生负面效应,从而影响AMF的接种和修复效果(Hassan et al.,2014;Iffis et al.,2016;Lee et al.,2020)。因此,研究AMF在有机污染土壤中的生物学性状,合理地选择AMF种类对提高土壤有机污染修复效能具有重要意义。

2.1 土壤中有机污染物来源及危害

有机污染在全球范围内的发生及其负面影响已引起了研究人员的广泛关注。许多有机污染物,如有机氯农药(OCPs)、多氯联苯、石油烃、邻苯二甲酸酯(PAEs)和多环芳烃,具有高毒性、持久性和生物蓄积性等特点,已在土壤和水体等环境介质中被广泛检出(Sun et al.,2016)。土壤是有机污染物重要的汇。由于土壤结构和性质的复杂性,有机污染物进入土壤后极易累积,难以被生物降解。这些污染物可被植物吸收并经食物链影响农产品安全和人类健康(Sun et al.,2018)。因此,安全、有效地控制土壤有机污染对于缓解环境压力、保障人类健康具有重要意义。

2.1.1 土壤中有机污染物来源

目前,土壤中常见的有机污染物主要是农药、石油烃、多环芳烃、多氯联苯、邻苯二甲酸酯等。此外,日常生产和使用的有机化合物也以每年上千种的速度增加,其中许多是潜在的土壤有机污染物。

2.1.1.1 农药

农药是在各种农业实践中用于控制植物害虫、杂草和疾病的天然或合成化学品。据统计,全世界每年农药使用量约350万吨。其中,中国是主要贡献国,其次是美国和阿根廷(Sharma et al.,2019)。农药种类繁多,主要包括各种除草剂、杀虫剂、杀菌剂、杀鼠剂、杀线虫剂及植物生长调节剂等。农药可按毒性程度、作用方式、化学成分、施用方法等进行分类。然而,最统一的农药分类方法是根据化学成分分类(表2.1),一般农药可分为有机氯类、有机磷类、氨基甲酸酯类、新烟碱类(NEOs)和拟除虫菊酯类(Ore et al.,2023)。中国农药生产量和出口量位居世界首位,消费量占世界第二位。农药的广泛使用对提高农产品产量、保证农产品质量起到至关重要的作用。然而,农药的实际利用率较低,仅有不到1%的农药会有效沉积在病虫害危害部位。大部分农药在土壤中残留,并随食物链的传递在不同生物体内富集,进而对整个生态系统的结构和功能产生危害(姜朵朵,2021)。

表2.1　根据化学成分对农药进行分类

农药种类	化学成分
氨基甲酸酯类	速灭威、西维因、涕灭威、克百威、叶蝉散、抗蚜威、草氨酰等
有机氯类	滴滴涕、甲氧滴滴涕、狄氏剂、氯丹、毒杀芬、六氯苯、七氯等
有机磷类	甲胺磷、敌敌畏、氧化乐果、甲拌磷、乐果、二嗪农、甲基对硫磷、马拉硫磷、对硫磷、水胺硫磷和喹硫磷等
新烟碱类	吡虫啉、噻虫嗪、噻虫胺和啶虫脒等
拟除虫菊酯类	氯氰菊酯、高效氯氰菊酯、顺式氯氰菊酯、甲氰菊酯、溴氰菊酯、氰戊菊酯、联苯菊酯、氯氟氰菊酯、高效氯氟氰菊酯、精高效氯氟氰菊酯、氟氯氢菊酯、高效氟氯氢菊酯、醚菊酯和氯菊酯等

我国土壤中普遍存在着农药污染问题。其中,以《土壤环境质量　农用地土壤污染风险管控标准(试行)》(GB 15618—2018)和《土壤环境质量　建设用地土壤污染风险管控标准(试行)》(GB 36600—2018)中规定的有机氯农药为例,在我国农田土壤中可检测到20多种有机氯农药(Sun et al.,2018),其含量范围为ND(未检出)～3515μg/kg。其中,DDT和六氯环己烷(HCH,六六六)的含量范围分别为ND～3515μg/kg(41.6μg/kg±57.2μg/kg,样本 $n=68$)和ND～760μg/kg(11.4μg/kg±18.2μg/kg, $n=64$)。在DDT中, p,p'-DDE的含量最高(14.6μg/kg±20.7μg/kg, $n=66$),其次是 p,p'-DDT(12.7μg/kg±15.8μg/kg, $n=66$)和氯丹(8.36μg/kg±26.7μg/kg, $n=15$)。

新烟碱类(NEOs)农药是继有机磷类、氨基甲酸酯类、拟除虫菊酯类杀虫剂之后的新一代杀虫剂,由于其具有高选择性、广泛适用性和对脊椎动物的低毒性,已成为全世界使用最广泛的杀虫剂。土壤是NEOs的重要汇。环境中的NEOs只有一小部分可被作物吸收,大约90%的NEOs会进入土壤。由于NEOs在土壤中的半衰期长达1000天,其进入土壤后极易在土壤中持续积累(Hladik et al.,2018)。Bonmatin等(2015)研究发现,连续使用NEOs两年的土壤中的NEOs残留量明显高于连续使用一年的土壤。中国是NEOs的最大生产国和消费国,在我国农田土壤中普遍检测到NEOs。其中,海南农田土壤中NEOs含量较高,其含量在3.2～9643.9μg/kg(Tan et al.,2023)。在NEOs中,吡虫啉在土壤中的检出频率和含量较高,在我国9个主要农业生产区的土壤中,其检出频率可达100%,检出含量高于美国(0.42μg/kg)、瑞士(1.8μg/kg)、法国(4.3μg/kg)等国家农田土壤的检出含量。

土壤中农药污染的来源主要包括:①以拌种、浸种和毒谷等形式直接施入土壤;②向作物喷洒农药时,一部分直接落在地面上;③附着在作物上的农药,经风吹雨淋进入土壤中;④部分农药随喷洒过程进入大气,悬浮在大气中的农药颗粒或以气态形式存在的农药,经雨水溶解和淋失,沉降到土壤中;⑤含有农药的动植物残体经分解将农药带入土壤中;⑥污水灌溉将农药等有机化学品带入土壤。

2.1.1.2　多环芳烃

多环芳烃(PAHs)是由两个或多个苯环稠合形成的有毒有机化合物,因其具有致癌、致畸、致突变的"三致"效应而受到广泛关注。1976年,美国国家环境保护局(USEPA)将16种PAHs列为优先控制污染物,其理化特征见表2.2。其中,7种PAHs(BaA、CHR、BbF、BkF、BaP、DahA和InPy)已被证实具有致癌性。环境中PAHs来源广泛,主要分为人为来源和自然来源两种。PAHs大多通过人类活动产生,如工业活动、生物质的不完全燃烧、石油泄漏、垃圾焚烧、车辆尾气排放和家庭取暖等。PAHs的自然来源主要包括火山活动、石油和煤炭矿床的自然损失或渗漏、丛林和草原火灾等。中国因燃烧化石燃料和生物质而受到严重的PAHs污染。据报道,2007年全球16种优先控制的PAHs排放总量为5.04×10^5t,人均排放量为76g。其中,中国PAHs排放总量达1.06×10^5t,占全球PHAs排放总量的20%以上。如此大的PAHs排放量,势必会给生态环境和人类健康带来严重的威胁。

表2.2　16种优先控制PAHs的理化特征

PAHs	化学式	苯环数	结构式	相对分子质量	溶解度/(mg/L)	TEF	lgK_{ow}	致癌性
萘(NAP)	$C_{10}H_8$	2		128	31.00	0.001	3.30	不致癌
苊烯(ANY)	$C_{12}H_8$	3		152	16.10	0.001	3.94	不致癌
苊(ACE)	$C_{12}H_{10}$	3		154	3.90	0.001	3.92	不致癌
芴(FLU)	$C_{13}H_{10}$	3		166	1.90	0.001	4.18	不致癌
菲(PHE)	$C_{14}H_{10}$	3		178	1.15	0.001	4.46	不致癌
蒽(ANT)	$C_{14}H_{10}$	3		178	0.045	0.01	4.54	不致癌
荧蒽(FLA)	$C_{16}H_{10}$	4		202	0.26	0.001	5.16	弱致癌
芘(PYR)	$C_{16}H_{10}$	4		202	0.132	0.001	4.88	不致癌
苯并[a]蒽(BaA)	$C_{18}H_{12}$	4		228	0.0094	0.1	5.76	弱致癌
䓛(CHR)	$C_{18}H_{12}$	4		228	0.002	0.01	5.81	弱致癌
苯并[b]荧蒽(BbF)	$C_{20}H_{12}$	5		252	0.0015	0.1	5.80	致癌
苯并[k]荧蒽(BkF)	$C_{20}H_{12}$	5		252	0.0008	0.1	6.00	致癌
苯并[a]芘(BaP)	$C_{20}H_{12}$	5		252	0.0016	1	6.13	强致癌
二苯并[a,h]蒽(DahA)	$C_{22}H_{14}$	5		278	0.0006	1	6.75	致癌
苯并[g,h,i]苝(BghiP)	$C_{22}H_{12}$	6		276	0.00026	0.1	6.63	不明
茚并[1,2,3-cd]芘(InPy)	$C_{22}H_{12}$	6		276	0.0002	0.01	6.70	致癌

注:lgK_{ow}为PAHs正辛醇-水分配系数;TEF为多环芳烃与苯并[a]芘的换算系数。

由于PAHs具有强疏水性、稳定性、难降解等特征,其在环境中可通过大气干湿沉降、生活及工业废水排放、污水灌溉、地表径流等途径汇集到土壤中,造成土壤污染。Vane等(2014)对英国76个城市土壤中PAHs含量进行检测,发现PAHs总含量为4~67mg/kg,平均含量为18mg/kg;梁羽媛(2021)对北极新奥尔松地区土壤PAHs含量进行测定,发现土壤中16种优先控制的PAHs总含量为85.13~5769.65μg/kg。中国土壤PAHs污染问题严重,呈东北高、西南低的趋势(邓绍坡等,2015)。2014年4月17日,环境保护部和国土资源部发布了《全国土壤污染状况调查公报》,PAHs点位超标率达1.4%。尚庆彬等(2019)分析了文献中12060个土壤采样点调查数据,发现我国表层土壤中PAHs含量为ND~65500μg/kg,平均含量为1217μg/kg。杨帆等(2021)对宁东能源化工基地核心区表层土壤中PAHs含量进行检测分析,发现16种优先控制的PAHs均在土壤中检出,其总含量高达123.12mg/kg。另外,土壤中PAHs多以混合物形式存在。由于分子量及性质差异,各PAHs在土壤中分布不同。其中,低分子量PAHs易挥发、易被生物利用,在土壤中占比较低;中、高分子量PAHs疏水性强、性质稳定、难以被微生物利用,极易在土壤中富集,一般可占PAHs总含量的73.2%。以PAHs单体在土壤中的含量而言,我国土壤中荧蒽和芘含量占比高,分别为97.8μg/kg和93.7μg/kg(尚庆彬等,2019),低环的苊烯和苊含量仅占PAHs总量的1.6%和2.0%。Sun等(2018)的调查显示,我国农田土壤中存在PAHs污染情况。其中,总PAHs含量为LOD(最低检出限)~27580.9μg/kg,平均含量为772μg/kg±895μg/kg(表2.3),致癌性PAHs总含量范围为LOD~7940μg/kg,平均含量为464μg/kg±889μg/kg。土壤中的PAHs不仅影响土壤的正常功能,而且还可以通过生物富集进入食物链,对农产品安全和人类健康产生潜在威胁。

表2.3　中国农田土壤中PAHs含量

单位:μg/kg

地区	致癌性PAHs总含量		16种PAHs总含量		总PAHs含量	
	范围	平均值	范围	平均值	范围	平均值
东部地区	4.9~3040	387.1	18.8~6320	485.2	21.5~27580.9	993.8
南部地区	ND~3125	249.7	—		ND~4079	396.2
北部地区	ND~658.6	223.3	—		ND~14722.14	654.7
中部地区	ND~961	30.1	—		1.86~3810	195
东北地区	3~236	33.7	—		50~4390.2	1189.3
西南地区	72.08~1800.81	309.9	—		277.4~3301	752.6
西北地区	22~7940	1959	—		17.2~9057	1200.2

注:ND表示未检出;—表示空值,缺少有效数据;表格改自Sun et al.,2018。

2.1.1.3　石油烃

石油烃是多种烃类(如正烷烃、支链烷烃、环烷烃、芳烃等)和少量其他有机物(如硫化物、氮化物、环烷酸类等)的混合物,其在石油中的占比相当大,约占石油总量的75%。石油烃的这些成分具有毒性、诱变性和致癌性等特点,因而受到广泛关注。由于石油烃的疏水性特征,其极易在土壤中积累并进入食物链,导致植物、动物和人体组织受损。随着石油工业的不断发展,石油烃污染可破坏土壤结构、影响土壤入渗能力、改变土壤有机质组成,对土壤生态系统构成重大风险。

油田开发是石油工业发展的重要一环。目前,国内一些油田作业区域的土壤存在严重的石油烃污染问题。吴蔓莉等(2018)对甘肃庆阳某油井周围土壤进行研究,发现总石油烃(TPH)含量为18800mg/kg;张薇(2020)采集了中原油田区采矿井内土壤,测得石油烃含量为327.81mg/kg;Yuan等(2023)调查发现,长庆油田土壤中TPH和石油烃(C_{10}~C_{40})含量分别为1960.29mg/kg和96.13mg/kg,且土壤中TPH的含量随着土壤深度和油井距离的增加而降低;Li

等(2020)对中国浮山油田的30个土壤样品进行分析,发现该油田周边土壤已受到轻微的石油烃污染,其中,C_{10}～C_{40}组分含量为617～15348mg/kg,平均含量为5848mg/kg,其中以C_{17}～C_{34}组分含量最高(438～14280mg/kg)。上述研究表明,大量原油在油田和采油厂等区域工作过程中滴落,易对表层土壤、周围水源和植物造成污染,进一步通过富集作用和食物链传递对生态环境和人类健康造成极大危害。

2.1.1.4　邻苯二甲酸酯

邻苯二甲酸酯(PAEs)一般为无色油状黏稠液体,难溶于水,易溶于有机溶剂,常温下不易挥发,主要用作塑料和橡胶的增塑剂,少量用于生产化妆品、涂料、香料、农药载体、驱虫剂等。表2.4列举了目前已报道的常见PAEs化学信息和物化性质参数。

PAEs具有内分泌干扰特性,在极低的浓度下便会干扰人和动物的内分泌系统,从而影响有机体的繁殖、新陈代谢、成长等生物过程,并产生致突变、致畸和致癌等效应(李鹏飞等,2024)。为了有效保护生态环境和人类健康,美国环保署和欧盟已将DMP、DEP、DnOP、DBP、DEHP、BBP这6种PAEs列入优先控制污染物。2018年,我国生态环境部颁布的《土壤环境质量　建设用地土壤污染风险管控标准(试行)》(GB36600—2018)已经将DBP、DEHP、DnOP作为优先污染物列入控制名单。

表2.4　常见PAEs化学信息和物化性质参数(李鹏飞等,2024)

中文名	英文名	缩写	化学式	相对分子质量	CAS	lgK_{ow}	沸点/℃
邻苯二甲酸二(2－乙基己基)酯	di-(2-ethylhexyl) phthhalate	DEHP	$C_{24}H_{38}O_4$	390.56	117-81-7	7.50	384.9
邻苯二甲酸二异壬酯	diisononyl phthalate	DINP	$C_{26}H_{42}O_4$	418.61	68515-48-0	9.0	405.7
邻苯二甲酸二异癸酯	diisodecyl phthalate	DIDP	$C_{28}H_{46}O_4$	446.66	68515-49-1	10.0	420

中文名	英文名	缩写	化学式	相对分子质量	CAS	lgK_{ow}	沸点/℃
邻苯二甲酸二甲酯	dimethyl phthalate	DMP	$C_{10}H_{10}O_4$	194.18	131-11-3	1.61	282
邻苯二甲酸二乙酯	diethyl phthalate	DEP	$C_{12}H_{14}O_4$	222.24	84-66-2	2.38	298
邻苯二甲酸二正丁酯	di-*n*-butyl phthalate	DBP	$C_{16}H_{22}O_4$	278.34	84-74-2	4.45	337
邻苯二甲酸丁基苄基酯	benzyl butyl phthalate	BBP	$C_{19}H_{20}O_4$	312.36	85-68-7	4.59	370
邻苯二甲酸二正辛酯	di-*n*-octyl phthalate	DnOP	$C_{24}H_{38}O_4$	390.56	117-84-0	8.06	340

环境中的PAEs可通过大气干湿沉降、污水灌溉等途径进入农田土壤。此外,农用污泥、化肥、农用塑料地膜等的使用使得农田土壤成为环境中PAEs主要的汇。其中,农用塑料地膜的使用是我国农田土壤受PAEs污染的主要原因(He et al.,2015)。当前,我国各地农田土壤都受到了不同程度的PAEs污染,其含量量级一般在μg/kg到mg/kg之间(Li et al.,2022)。不同区域、省份农田土壤中的PAEs浓度存在较大的差异(表2.5)。例如,天津市菜地土壤中6种优先控制PAEs总含量为0.050~10.40mg/kg,广州市菜地土壤中6种优先控制PAEs总含量最高仅为1.140mg/kg,而宁夏菜地土壤、贵州烟草地土壤和新疆棉田土壤中6种优先控制PAEs的总含量远超其他地区。不同农田用地类型中的PAEs含量存在一定差异。其中,菜地土壤中的PAEs含量通常高于稻田和果园地,其差异性主要源于城市化水平、农用塑料地膜的使用和污水灌溉等因素(黄伟等,2019)。冯艳红等(2022)分析了江苏省蔬菜样品中PAEs的含量,结果发现,蔬菜样品中PAEs以DEHP和DnOP为主。对于高分子量的DEHP和DnOP来说,由于其具有较高的辛醇-水分配系数,稳定性高、疏水性强,且不易挥发,进入土壤后容易吸附于土壤颗粒物上,较难被微生物降解,故更易在土壤中积累。

表2.5　国内部分地区农田土壤中PAEs污染现状(李鹏飞等,2024)

单位:mg/kg

地点	土地类型	DMP	DEP	DBP	BBP	DEHP	DnOP	∑PAEs	参考文献
辽宁	菜地	ND~0.350	ND~0.33	0.18~0.88	ND~0.24	0.190~0.580	ND~0.200	0.520~1.730	李玉双等,2017
广州	菜地	ND~0.080	ND~0.020	ND~0.590	ND~0.080	ND~0.740	ND~0.080	0.210~1.140	李彬等,2015
	稻田	ND~0.050	ND~0.020	ND~0.570	ND~0.030	0.030~0.350	ND~0.040	0.180~0.900	
	果园地	ND~0.030	ND~0.020	ND~0.680	ND~0.020	0.030~0.100	ND~0.020	0.140~0.670	
天津	菜地	0.002~0.101	0.002~0.114	0.013~0.285	0.000~0.358	0.028~4.170	0.000~9.780	0.050~10.400	Kong et al.,2012
	稻田	0.003~0.088	0.003~0.081	0.007~0.189	0.000~1.790	0.039~2.370	ND~0.647	0.091~2.740	
	果园地	0.003~0.032	0.003~0.030	0.020~0.138	0.000~0.125	0.026~0.358	ND~0.728	0.053~1.080	
山东	菜地	0.022~0.052	0.014~0.035	0.099~0.227	0.066~0.080	0.076~0.972	0.086~0.116	0.396~1.284	周斌,2020
陕西	菜地	ND~0.085	ND~0.182	0.009~0.385	ND~0.388	0.040~0.845	ND~0.853	0.032~0.860	李国秀等,2021
河南	稻田	ND	0.002~0.003	0.017~0.030	0.002~0.004	0.016~0.025	0.004~0.008	0.045~0.062	冯艳红等,2022
河北	稻田	ND	0.002~0.003	0.023~0.035	0.002~0.003	ND~0.028	ND~0.006	0.034~0.073	
江苏	菜地	ND	0.000~0.015	0.016~0.187	ND~0.055	ND~0.118	0.003~0.009	0.035~0.277	
浙江	菜地	ND	0.050~1.490	0.14~0.350	0.030~0.160	0.810~2.200	0.100~0.250	1.900~4.360	Chen et al.,2011

地点	土地类型	DMP	DEP	DBP	BBP	DEHP	DnOP	∑PAEs	参考文献
甘肃	菜地	0.003~0.044	0.004~0.655	0.165~1.098	NA	0.186~1.135	ND~0.596	0.395~2.962	陈玉玉等，2022
安徽	菜地	ND~0.050	ND~0.050	0.1258~0.1356	ND~0.050	0.1259~0.1359	ND~0.050	NA	王梅等，2015
北京	表层土壤	ND~0.070	ND~0.050	ND~0.450	ND~0.400	0.020~0.760	ND~0.590	0.020~1.360	Cheng et al.，2015
	深层土壤	ND~0.060	ND~0.410	ND~0.340	ND~0.270	ND~0.800	ND~0.180	ND~1.190	
新疆	瓜田	ND~0.019	0.051~0.077	ND~0.012	ND~0.005	ND~0.464	NA	0.051~0.563	玛合巴丽·托乎塔尔汗等，2020
	棉田	0.000~0.040	0.030~0.130	0.150~1.560	0.350~0.550	0.360~1.570	0.470~0.810	NA	易鸳鸯等，2020
	棉田	ND~3.010	ND~2.415	9.275~1022.000	11.15~57.70	ND~0.391	103.5~149.000	123.9~1232.000	郭冬梅等，2011
宁夏	菜地	0.089~3.293	0.210~1.381	0.139~2.653	ND~1.055	0.033~6.017	ND~1.713	1.997~11.659	梁浩花等，2018
重庆	稻田	ND~0.037	ND~0.048	0.014~0.346	ND~0.001	0.044~0.282	ND~0.027	NA	He et al.，2018
贵州	烟草地	0.020~0.200	ND~0.470	0.180~2.240	ND~0.090	0.420~25.05	ND~0.080	0.840~25.680	Guo et al.，2011
台湾	稻田	0.000~0.001	ND	0.010~0.020	ND	0.440~0.950	0.200~0.450	NA	Kaewlaoyoong et al.，2018
海南	稻田	ND~0.003	ND~0.002	0.009~0.075	ND~0.022	0.025~0.424	ND~0.006	0.028~0.509	王晓燕，2022
黑龙江	稻田	ND~0.003	ND~0.301	ND~1.850	ND~0.290	ND~8.577	ND~0.950	ND~10.300	李永亮，2014

注：∑PAEs 表示 6 种优先控制 PAEs（DMP、DEP、DBP、BBP、DEHP、DnOP）的浓度之和；ND 为未检出；NA 为未分析。

2.1.2 土壤中有机污染物危害

2.1.2.1 有机污染物对人类的危害

土壤中有机污染物可通过食物链传递、皮肤接触和呼吸吸入等途径进入人体,超过安全摄入量阈值可增加人类患癌和心血管疾病的风险,并产生免疫毒性和生殖发育毒性。有机污染物进入人体后,可通过新陈代谢转化成其他致癌代谢物或形成有机污染物-脱氧核糖核酸(DNA)加合物。而有机污染物-DNA 加合物,如 PAHs-DNA 加合物可能导致基因突变和肿瘤疾病的发生,成为化学物致癌的最初阶段。流行病学研究表明,PAHs 职业暴露会增加肺癌、膀胱癌、前列腺癌等癌症发生风险,并提高呼吸系统疾病的发病率(朱媛媛,2023)。此外,PAHs 膳食暴露也会增加患癌风险。接触有机污染物还会造成免疫毒性、生殖疾病和神经毒性,如孕妇暴露于二噁英可能导致其男性后代的生育能力降低。Yang 等(2017)分析了 933 名男性尿液中 12 种羟基 PAHs,发现 9-羟基菲含量与精液体积和精子直线移动速度负相关,1-羟基菲、2-羟基菲、3-羟基菲、4-羟基菲及 9-羟基菲含量之和与精子数量成反比,这进一步证明了 PAHs 对男性生殖功能的损害。同时,高剂量的 PAHs 可诱导程序性细胞死亡,从而引起淋巴组织的萎缩;而较低剂量的 PAHs 虽然可以诱导免疫抑制,却无明显的细胞毒性。接触高浓度的 DDE 和四氯二苯并-p-二噁英(TCDD)与乳腺癌、白血病和甲状腺癌等癌症的发生有关。

终生致癌风险值(incremental lifetime cancer risk valus, ILCRs)通常用来评价土壤中 PAHs 对当地居民的健康风险。根据 USEPA《多环芳烃(PAHs)定量风险评估暂行指南》,当 ILCRs 小于 10^{-6} 时,没有风险;当 ILCRs 在 10^{-6} 和 10^{-4} 之间时,有低致癌风险;当 ILCRs 大于 10^{-4} 时,有较高的致癌风险。Wang 等(2017)通过该方法评价了长三角三类污染区周边人体暴露于土壤 PAHs 的三种途径(皮肤接触、土壤摄取和呼吸摄入土壤颗粒)对人群的终身致癌风险。根据土壤 PAHs 浓度(C,mg/kg),土壤不同途径 ILCRs 的计算公式如下:

$$\text{ILCRs}_{\text{摄取}} = \frac{C \times \text{CSF}_{\text{摄取}} \times \sqrt[3]{\text{BW}/70} \times \text{IR}_{\text{摄取}} \times \text{EF} \times \text{ED}}{\text{BW} \times \text{AT} \times 10^6} \quad (2\text{-}1)$$

$$\text{ILCRs}_{\text{皮肤接触}} = \frac{C \times \text{CSF}_{\text{皮肤接触}} \times \sqrt[3]{\text{BW}/70} \times \text{SA} \times \text{AF} \times \text{ABS} \times \text{EF} \times \text{ED}}{\text{BW} \times \text{AT} \times 10^6}$$

$$(2\text{-}2)$$

$$\text{ILCRs}_{\text{吸入}} = \frac{C \times \text{CSF}_{\text{吸入}} \times \sqrt[3]{\text{BW}/70} \times \text{IR}_{\text{吸入}} \times \text{EF} \times \text{ED}}{\text{BW} \times \text{AT} \times \text{PEF}} \quad (2\text{-}3)$$

上述公式中参数意义及取值见表2.6。

表2.6　土壤终生致癌风险评价相关参数

参数	儿童		青少年		成年人	
	男	女	男	女	男	女
体重（BW）/kg	21.44	20.55	48.08	45.42	62.82	54.73
接触频率（EF）/(D/a)	350	350	350	350	350	350
接触年限（ED）/a	9	9	7	7	43	43
呼吸摄入量（IR$_{\text{吸入}}$）/(m³/d)	20	20	20	20	20	20
土壤摄取量（IR$_{\text{摄取}}$）/(mg/d)	200	200	114	114	114	114
皮肤接触（SA）/(cm²/d)	2800	2800	5700	5700	5700	5700
附着因子（AF）/(mg/cm²)	0.2	0.2	0.2	0.2	0.07	0.07
吸附分数（ABS）	0.13	0.13	0.13	0.13	0.13	0.13
平均寿命（AT）/a	70	70	70	70	70	70
排放因子（PEF）/(m³/kg)	1.36×10^9					
苯并芘摄入癌斜率因子（CSF$_{\text{摄取}}$）/[kg/(d·mg)]	7.3					
苯并芘皮肤接触癌斜率因子（CSF$_{\text{皮肤接触}}$）/[kg/(d·mg)]	25					
苯并芘吸入癌斜率因子（CSF$_{\text{吸入}}$）/[kg/(d·mg)]	3.85					

注：数据来源于Wang et al.，2017。

　　为进一步分析长三角三类污染区周边土壤PAHs污染风险,对不同人群食用PAHs污染作物引起的终身致癌风险进行计算。计算过程如下:

$$\text{BEC}_j = \sum_{i=1} C_i \times \text{TEF}_i \quad (2\text{-}4)$$

式中,BEC_j 为作物 j 体内 PAHs 含量（μg/kg,苯并芘当量）,TEF 见表2.2。

$$E_{Dj} = BEC_j \times IR_j \tag{2-5}$$

式中,E_{Dj} 为人体每天因食用作物 j 暴露的 PAHs 量（ng/d）,IR_j 为作物 j 摄入量（g/d,表2.7）。

$$E_D = \sum_{j=1}^{4} BEC_j \times IR_j \tag{2-6}$$

式中,E_D 为人体每天因食用 PAHs 污染作物（上海青、苋菜、韭菜、水稻）而摄入的 PAHs 总量（g/d）。

$$ILCR_s = \frac{(E_D \times EF \times ED \times CSF_{摄取} \times CF)}{BW \times AT} \tag{2-7}$$

式中,CF 为换算系数,10^{-6}mg/ng。

表2.7　长三角人均体重及每天大米和蔬菜摄入量

性别	人群类别	体重/kg	摄入量/(g/d)	
			稻米	蔬菜
男	儿童	21.44±6.11	130.23±21.39	165.23±41.13
	青少年	48.08±9.07	254.17±21.37	264.70±30.27
	成年人	62.82±2.30	250.75±25.21	289.30±21.67
女	儿童	20.55±5.98	145.20±34.40	159.47±38.37
	青少年	45.42±6.58	212.63±10.67	245.53±22.26
	成年人	54.73±2.44	219.38±22.32	266.18±28.34

根据上述公式计算结果,研究发现长三角三类污染区 PAHs 污染土壤对当地居民健康存在潜在低致癌风险,ILCRs 在 3.63×10^{-5} 和 1.60×10^{-4} 之间。其中,钢铁、石化、热电三类污染区周边土壤 PAHs 污染对男性儿童、青少年、成年人平均 ILCRs 分别为 2.19×10^{-5}～4.19×10^{-5}、9.43×10^{-6}～1.81×10^{-5}、3.05×10^{-5}～5.79×10^{-5};对女性儿童、青少年、成年人平均 ILCRs 分别为 2.21×10^{-5}～4.25×10^{-5}、9.87×10^{-6}～1.89×10^{-5}、3.29×10^{-5}～6.31×10^{-5};且石化污染区周边土壤 PAHs 平均 ILCRs 高于其他两个工业污染区（表2.8）。

表2.8　长三角三类污染区PAHs污染土壤对不同人群的ILCRs

采样点	儿童		青少年		成年人	
	男	女	男	女	男	女
钢铁1	3.31×10^{-5}	3.36×10^{-5}	1.43×10^{-5}	1.50×10^{-5}	4.85×10^{-5}	4.98×10^{-5}
钢铁2	1.96×10^{-5}	1.99×10^{-5}	8.48×10^{-6}	8.87×10^{-6}	2.71×10^{-5}	2.95×10^{-5}
钢铁3	2.60×10^{-5}	2.63×10^{-5}	1.12×10^{5}	1.17×10^{-5}	3.59×10^{-5}	3.91×10^{-5}
钢铁4	2.29×10^{-5}	2.31×10^{-5}	9.86×10^{-6}	1.03×10^{-5}	3.16×10^{-5}	3.44×10^{-5}
钢铁5	7.72×10^{-6}	7.82×10^{-5}	3.33×10^{-6}	3.48×10^{-6}	1.07×10^{-5}	1.16×10^{-5}
钢铁污染区采样点平均值	2.19×10^{-5}	2.21×10^{-5}	9.43×10^{-6}	9.87×10^{-6}	3.05×10^{-5}	3.29×10^{-5}
石化1	1.60×10^{-5}	1.62×10^{-5}	6.91×10^{-6}	7.23×10^{-6}	2.21×10^{-5}	2.41×10^{-5}
石化2	9.01×10^{-5}	9.12×10^{-5}	3.89×10^{-5}	4.07×10^{-5}	1.24×10^{-4}	1.35×10^{-4}
石化3	2.07×10^{-5}	2.10×10^{-5}	8.95×10^{-6}	9.37×10^{-6}	2.87×10^{-5}	3.12×10^{-5}
石化4	1.67×10^{-5}	1.69×10^{-5}	7.21×10^{-6}	7.54×10^{-6}	2.31×10^{-5}	2.51×10^{-5}
石化5	2.22×10^{-5}	2.25×10^{-5}	9.58×10^{-6}	1.00×10^{-5}	3.07×10^{-5}	3.34×10^{-5}
石化6	2.15×10^{-5}	2.18×10^{-5}	9.27×10^{-6}	9.70×10^{-6}	2.97×10^{-5}	3.23×10^{-5}
石化7	1.06×10^{-4}	1.08×10^{-4}	4.59×10^{-5}	4.80×10^{-5}	1.47×10^{-4}	1.60×10^{-4}
石化污染区采样点平均值	4.19×10^{-5}	4.25×10^{-5}	1.81×10^{-5}	1.89×10^{-5}	5.79×10^{-5}	6.31×10^{-5}
热电1	2.61×10^{-5}	2.65×10^{-5}	1.13×10^{-5}	1.18×10^{-5}	3.61×10^{-5}	3.93×10^{-5}
热电2	2.02×10^{-5}	2.05×10^{-5}	8.72×10^{-6}	9.12×10^{-6}	2.79×10^{-5}	3.04×10^{-5}
热电3	4.97×10^{-5}	5.03×10^{-5}	2.14×10^{-5}	2.24×10^{-5}	6.86×10^{-5}	7.47×10^{-5}
热电4	8.42×10^{-6}	8.53×10^{-6}	3.63×10^{-6}	3.80×10^{-6}	1.16×10^{-5}	1.27×10^{-5}
热电污染区采样点平均值	2.61×10^{-5}	2.64×10^{-5}	1.13×10^{-5}	1.18×10^{-5}	3.61×10^{-5}	3.93×10^{-5}

　　食用PAHs污染食品是人类暴露于PAHs的另一重要途径。表2.9反映了长三角三类污染区PAHs污染作物对当地居民健康的影响。研究发现,食用PAHs污染作物会对当地居民健康造成潜在致癌风险。其中,石化污染区PAHs污染蔬菜和水稻对当地儿童、青少年和成年人的ILCRs在5.67×10^{-6}和

5.12×10^{-4} 之间；钢铁污染区 PAHs 污染蔬菜和水稻对当地儿童、青少年和成年人的 ILCRs 在 6.11×10^{-6} 和 9.34×10^{-4} 之间；热电污染区 PAHs 污染蔬菜和水稻对当地儿童、青少年和成年人的 ILCRs 在 9.27×10^{-7} 和 1.40×10^{-4} 之间。

表2.9　长三角三类污染区PAHs污染水稻和蔬菜对不同人群的ILCRs

作物类型	儿童		青少年		成年	
	男	女	男	女	男	女
苋菜（石化）	1.74×10^{-4}	1.75×10^{-4}	9.66×10^{-5}	9.49×10^{-5}	4.85×10^{-4}	5.12×10^{-4}
蕹菜（热电）	3.17×10^{-4}	3.19×10^{-4}	1.76×10^{-4}	1.73×10^{-4}	8.84×10^{-4}	9.34×10^{-4}
韭菜（钢铁）	4.75×10^{-5}	4.79×10^{-6}	2.64×10^{-5}	2.59×10^{-6}	1.33×10^{-4}	1.40×10^{-4}
稻米（石化）	9.45×10^{-6}	1.10×10^{-5}	6.40×10^{-6}	5.67×10^{-6}	2.90×10^{-5}	2.91×10^{-5}
稻米（热电）	1.02×10^{-5}	1.19×10^{-5}	6.90×10^{-6}	6.11×10^{-6}	3.13×10^{-5}	3.14×10^{-5}
稻米（钢铁）	1.54×10^{-6}	1.79×10^{-6}	1.04×10^{-6}	9.27×10^{-7}	4.73×10^{-6}	4.75×10^{-6}

Wang 等（2017）对长三角污染区 PAHs 污染土壤和作物对人群的总 ILCRs 进行计算。结果显示，石化污染区 PAHs 污染土壤和作物对当地居民的 ILCRs 在 1.19×10^{-4} 和 5.53×10^{-4} 之间；热电污染区 PAHs 污染土壤和作物对当地居民的 ILCRs 在 2.41×10^{-4} 和 1.00×10^{-3} 之间；钢铁污染区 PAHs 污染土壤和作物对当地居民的 ILCRs 在 6.93×10^{-5} 和 1.71×10^{-4} 之间。这表明，长三角三类污染区 PAHs 污染土壤和作物对当地居民健康产生一定的风险，PAHs 污染土壤和作物对成年人的 ILCRs 高于青少年和儿童，且热电污染区 PAHs 污染土壤和作物的总 ILCRs 高于石化和钢铁污染区。

2.1.2.2　有机污染物对动物的危害

土壤中有机污染物具有亲脂性和高分子量等特点，容易在生物体的脂肪组织中积累。因此，尽管它们通常以低浓度存在，但持续接触产生的不良影响也是值得关注的问题。一些有机污染物能够作为内分泌干扰物，危害野生动物的生殖系统和发育。例如，由于从食物中摄入了多氯联苯，波罗的海的海豹出现生殖异常、免疫功能障碍和甲状腺缺陷等症状。同时，接触多氯联苯还会导致动物幼崽死亡率和畸形率的增加。污水处理厂和工业废水的排放使鱼类幼体的生存能力降低,导致雄性鳟鱼、鲤鱼、比目鱼和鲈鱼血液中的卵黄原蛋白(即卵黄蛋白的前体)增加,并引起鲑鱼的甲状腺损伤。在无脊椎动物中,接触多氯联苯和三丁基锡会导致不同种类的雌性海洋腹足动物雄性化。在爬行动物中,海龟的雌性化和发育异常情况的增加,短吻鳄性器官发育和功能的改变,都与接触氯化物有关。

2.1.2.3　有机污染物对植物的危害

诸多研究已经证实,植物对土壤中残留有毒有机物的吸收积累过程是污染物导致植物毒性的主要途径。近几十年来,国内外学者已系统地揭示了植物对土壤中PAHs、农药等有机污染物的吸收、积累、传输和代谢行为(Deng et al.,2018;Tao et al.,2009)。通常,植物以被动或主动方式吸收有机污染物,土壤中有机污染物进入植物体内的途径有两种:①根系从土壤中吸收污染物,污染物随蒸腾流沿木质部向茎叶传输;②在污染物从土壤挥发到大气后,植物地上部分吸收空气中的污染物。持久性有机污染物主要通过被动吸收进入植物根系,其迁移动力来源于蒸腾拉力。土壤中分子量大的PAHs主要通过植物根部被吸收,并在根部积累,难以向地上部分传输;分子量小的PAHs易从土壤中挥发,根系和地上部对它的吸收作用显著,经根部吸收后,这类PAHs可伴随蒸腾流向地上部传输(Zhan et al.,2010)。植物根系积累的PAHs与其脂质含量显著正相关(Gao et al.,2005),脂质的存在有利于植物吸收、积累土壤有机污染物。然而,有机污染物在植物细胞中的积累可能导致植物毒性,主要表现为细胞内活性氧(ROS)水平的升高、关键细胞内蛋白质的功能障碍,以及基因和蛋白质表达水平的变化(Xu et al.,2023)。氧化损伤是植物最主要的毒性机制,ROS水平是植物氧化应激的重要指标。当植物正常生长时,机体内ROS始终维持动态平衡,而当环境中存在污染物时,ROS的过量表达会引起氧化应激,进而对植物造成严重的氧化损伤,如导致膜活性降低和脂质过氧化(Liu et al.,2020)。为了维持植物健康,植物细胞激活抗氧化酶（包括 CAT、POD 和 SOD）防御系统（Kaushik et al., 2014）。Pašková 等（2006）报道了 PAHs 引起的植物毒性。高曦（2014）通过彗星实验证实了菲、芘能够触发蚕豆抗氧化反应并引起蚕豆根尖细胞 DNA 的损伤，且这种损伤程度与菲、芘在蚕豆体内的含量有关。

2.1.2.4 有机污染物对土壤微生物群落的危害

土壤是一个复杂的生物群落栖息地，土壤微生物的活性在很大程度上决定了土壤的化学和物理性质。在肥沃的土壤中，土壤微生物的生物量可超过20t/ha。具有不同生物活性的有机污染物（有机农药、PAHs、多氯联苯、呋喃、二噁英、石油产品等）的大量存在可以破坏土壤微生物群落演替，抑制或杀死一些微生物，刺激另一些微生物的生长繁殖，这将导致土壤生态系统整体抵抗力改变（Donkova et al., 2008）。研究发现，DDT 对土壤微生物的生长和活性有负面影响（Donkova et al., 2008），它可以显著抑制土壤中细菌、放线菌、真菌的生长。当 DDT 含量高于 5μg/kg 时，土壤中硝化杆菌（Nitrobacter）、亚硝化单胞菌（Nitrosomonas）及土壤原生动物的生长受到明显抑制。在芘污染土壤中，当芘含量在 1~500mg/kg 时，土壤细菌、古菌、真菌群落的丰度受到明显抑制，且这种抑制作用随芘浓度的升高而增强（Dong et al., 2022）。此外，PAHs 会选择性地导致耐受微生物（以降解微生物为主）的富集与敏感微生物丰度的下降（戴叶亮等，2018）。这是由于降解微生物能够将 PAHs 作为碳源用于生长繁殖，而敏感微生物则逐渐失去竞争力，其生长和活性受到抑制。在沉积物中，芘促进了分枝杆菌（Mycobacterium）、假单胞菌（Pseudomonas）等降解微生物的富集，降低了类单胞菌（Alteromonas）等的丰度（Ahmad et al., 2021）。

此外，土壤中的有机污染物还会对土壤微生物功能产生影响（易美玲，2022）。在微生物介导功能中，氮循环是土壤最重要的基本养分循环之一，决定着土壤的营养水平。研究发现，土壤中 PAHs 对土壤固氮菌、硝化潜势和氨氧化微生物存在影响。在低浓度条件下（1mg/kg），芘和菲对固氮菌有一定的刺激作用，但当浓度升高后（10mg/kg 和 100mg/kg），萘、芘和菲均会抑制固氮菌的数量。其中,萘的短期毒性最强,而芘的长期毒性最强(Sun et al.,2012)。当土壤中 PAHs 浓度>30mg/kg 时,土壤硝化潜势受到抑制,且抑制强度与 PAHs 的生物可利用性相关(易美玲,2022)。

2.2　有机污染土壤中 AMF 的多样性

AMF 占土壤中微生物总生物量的 5%~50%(刘润进等,2007),并且可与地球上绝大多数植物共生,对农业及生态环境具有十分重要的意义,在保持土壤物质循环、能量流动中发挥着不可替代的作用。以往的研究表明,土壤中微量元素和石油烃、PAHs、农药等有机污染物可以改变 AMF 的多样性(Hassan et al.,2014;Iffis et al.,2016;Lee et al.,2020)。这些因素影响着 AMF 群落结构,使 AMF 原位应用具有挑战性和不可预测性。通过进一步了解有机污染土壤中 AMF 多样性及优势类群,我们可以利用这些对污染胁迫具有较强耐受性的 AMF 优势类群,将其作为植物管理的生物接种剂,增强污染土壤修复效能。因此,了解有机污染土壤中 AMF 的多样性对污染土壤修复和保持土壤生态稳定具有重要意义。

2.2.1　有机污染土壤中 AMF 多样性研究方法

AMF 多样性已引起国内外学者的极大关注。随着各种新技术的不断发展及 AMF 分子信息的不断完善,研究人员对自然生态系统中 AMF 多样性的研究日益增多,研究方法也在不断改进。从国内外采用的研究方法来看,AMF 多样性的研究方法包括传统形态学方法、磷脂脂肪酸(PLFA)法和分子生物学方法。

2.2.1.1　传统形态学方法

传统形态学鉴定是研究 AMF 多样性最常用的方法,其主要基于从宿主植物根际土壤分离出的 AMF 孢子,或者是利用菌根敏感型植物(如玉米、红车轴草)共生培养之后获得的AMF孢子(王辰,2015)。传统形态学鉴定应用湿筛倾析–蔗糖离心法从土壤中分离出不同属种的AMF孢子,通过体视显微镜观察并记录孢子颜色、形状、大小,孢子囊形态,孢壁厚度及类型,连孢菌丝宽度等形态特征。综合以上镜检结果,根据《VA菌根真菌鉴定手册》和国际丛枝菌根真菌保藏中心(International Mycorrhizal Fungi Preservation Center,INVAM)的真菌种类描述和图片,同时参考最新发表的新种和新记录种对AMF孢子进行形态学鉴定。

随后,计算AMF的孢子密度、物种丰度、相对多度、种频度以评价AMF多样性,并通过香农–维纳指数和辛普森指数(Simpson index),描述AMF的物种多样性。

迄今为止,绝大多数AMF是通过AMF孢子的形态鉴定发现的。该方法甚至可以将AMF精确分类到种,但是仍存在很多不足。首先,根际土壤中AMF孢子的群落结构无法准确反映宿主植物根内的AMF群落结构。由于存在部分不产孢子的AMF种类,基于根际土壤中的AMF孢子形态进行鉴定,往往低估了宿主植物根内AMF多样性。自然环境中存在一些以AMF孢子为食物或寄主的生物,使得AMF孢子属种与共生植物根内AMF属种存在较大差异(王辰,2015)。其次,从土壤中分离到的AMF孢子存在降解和老化现象,难以用形态学鉴定,分离过程中还会有不同程度的损失。而且,AMF的形态学鉴定较为依赖科研人员的知识储备及大量的文献。

但是对于野外大量土壤样本中的AMF群落的调查来说,以孢子的形态学特征为依据的鉴定方法是一种最经济、最快速的方法,也是一种非常适用的方法。因此,这种方法近几年在关于AMF群落组成和多样性的研究中仍被使用。

2.2.1.2 磷脂脂肪酸法

磷脂脂肪酸(PLFA)是构成活体细胞膜重要且含量相对稳定的组分。不同类群的微生物能形成不同的PLFA,部分PLFA总是出现在同一类群的微生物中,而在其他类群的微生物中很少出现。在细胞死亡数分钟到数小时内,PLFA 就被降解。因此,PLFA 图谱变化代表着微生物种群变化。

AMF 有几种其他微生物不常有的 PLFA,并且不同 AMF 的 PLFA 组成不同,有些类群所形成的 PLFA 具有特异性。根据从孢子、泡囊或菌根中所获得的 PLFA 的差异,可以区分不同种类的 AMF。因此,近几年,PLFA 法也被引入菌根研究领域(李凌飞等,2011)。Olsson 等(1997)观察了土壤和根系中 AMF 的 PLFA,发现施磷后,土壤和根系的 PLFA 16:1ω9 水平下降,这与他们用显微镜观察到的根中 AMF 侵染率和土壤中菌丝量降低的结果一致。Sakamoto 等(2004)对巨孢囊霉属的 4 种 AMF 的磷脂脂肪酸进行分析,发现 20:1ω9 是 *Gigaspora rosea* 所特有的磷脂脂肪酸标志物,因此该磷脂脂肪酸可以用于 *Gi. rosea* 的鉴定和定量分析。然而,并不是所有的 AMF 都具有特异性的磷脂脂肪酸,因此,PLFA 法在 AMF 多样性的研究中尚未得到广泛应用。

2.2.1.3　分子生物学方法

随着现代分子技术扩展至 AMF 的研究领域,高通量测序、蛋白质组学等技术在 AMF 的遗传和鉴定中发挥着越来越重要的作用。与传统的形态学鉴定方法相比,分子生物学方法可以直接对宿主植物根内的 AMF 群落结构和多样性进行原位研究,并且操作更简捷,结果更具说服力。

（1）分子标记基因

核糖体 RNA(rRNA)基因不仅含有高度保守区域,还含有变异区域。高度保守区域便于设计扩增引物,而变异区域的碱基突变分析可以在不同水平上对 AMF 进行区分。因此,在 AMF 多样性研究中,rRNA 基因是非常理想的目标基因。AMF 的核糖体基因由 SSU rDNA、内转录间隔区(internal transcribed spacer,ITS)以及大亚基核糖体(LSU rDNA)三个部分组成。目前,在植物根内 AMF 多样性研究中,采用这三部分基因片段为分子标记的报道较多。其中,ITS 多用于外生菌根的研究。在 AMF 中,ITS 序列具有很高的多态性,对于同种 AMF 甚至同一个孢子,ITS 序列也可能存在很大差异。SSU

作为分子标记在AMF多样性的研究中应用最多,在已发表的文章中,有70%以上的研究基于SSU序列。一些研究也发现,基于LSU序列构建的AMF系统发育关系与基于SSU序列构建的AMF系统发育关系相似。

(2)常用的AMF特异性引物

引物的选择对于环境样品中AMF多样性的研究非常重要。引物特异性太强,会将一些AMF的种类排除在外,特异性太差则会扩增出很多非AMF种类,干扰AMF的鉴别。因此,为了研究AMF的自然群落,我们需要找到既能扩增出所有AMF,又能将植物和其他真菌排除在外的引物。目前,在AMF多样性研究中常用的引物如表2.10所示。

表2.10 常用的AMF扩增引物

引物	序列	长度/kb	参考文献
GeoA2	5'CCAGTAGTCATATGCTTGTCTC3'	1.8	Schwarzott et al., 2001
Geo11	5'ACCTTGTTACGACTTTTACTTCC3'		
AM1	5'GTTTCCCGTAAGGCGCCGAA3'	0.55	Helgason et al., 1998
NS31	5'TTGGAGGGCAAGTCTGGTGCC3'		Simon et al., 1992
AML1	5'ATCAACTTTCGATGGTAGGATAGA3'	0.8	Lee et al., 2008
AML2	5'GAACCCAAACACTTTGGTTTCC3'		
AMV4-5NF	5'AAGCTCGTAGTTGAATTTCG3'	0.3	Sato et al., 2005
AMDGR	5'CCCAACTATCCCTATTAATCATCAT3'		

(3)基于PCR的研究技术

自Simon等(1992)通过比较3种属于Glomalean的AMF 18S rDNA区域的序列,并设计出AMF的特异性引物以来,聚合酶链式反应(PCR)及其衍生技术已被广泛应用于AMF的分子鉴定和多样性研究。目前,巢式聚合酶链反应(nested-PCR)技术、限制性片段长度多态性(PCR-RFLP)技术、末端限制性片段长度多态性(PCR-T-RFLP)技术、PCR-DGGE(变性梯度凝胶电泳)/TGGE(温度梯度凝胶电泳)技术、PCR-SSCP(单链构象多态性)技术、实时荧光定量PCR(real-time PCR)技术和环介导等温扩增(LAMP)技术被应用于AMF多样性和群落结构的研究(李凌飞等,2011)。其中,巢式PCR技术被广泛应用于菌根中AMF群落组成和多样性的研究。王辰(2015)利用巢式PCR技术对黑龙江农田阿特拉津残留土壤的AMF多样性进行了研究。杨蕊毓等(2022)利用该技术探究了不同生境下川麦冬根际土壤AMF多样性。Hassan等(2014)利用巢式PCR技术研究了石化厂遗址上受污染柳树根际土壤中AMF群落结构的变化情况。巢式PCR技术是一种变异的PCR反应,需要使用2对PCR引物扩增完整的片段。其原理是:先用一对外侧引物扩增获得一些大片段,再以第1次PCR的产物为模板,用第2套内侧引物进行PCR扩增,从而解决宿主植物高含量DNA对真菌DNA扩增的干扰。研究表明,巢式PCR技术比直接用真菌DNA扩增更敏感,其具有高度特异性和敏感性,适用于混合样品中痕量DNA的扩增;巢式PCR技术应用条件相对宽松、易于操作,适用于DNA粗提物和被污染的根段;第2轮扩增大大降低了扩增系统中植物组分对PCR扩增效率的不利影响。

由此可见,分子生物学方法的运用极大地扩展了对各种生境下AMF多样性及群落结构的认识。然而,分子生物学方法也存在一些缺陷,例如,分析成本高、费时,试验条件要求高,而且在AMF种类鉴定方面也存在一定的局限性。因此,在AMF多样性的研究中,应将传统形态学方法和分子生物学方法有效结合起来,从而更好地揭示自然生态系统中AMF的群落结构及多样性,大力推进AMF生态学的可持续发展。

2.2.2 有机污染土壤中AMF分子特性与多样性

Lee等(2020)研究了原石化厂石油烃污染区中自发生长的两种植物(*Eleocharis elliptica*和*Populus tremuloides*)根系和根际土壤中AMF的多样性。通过测序分析,总共获得976个质量控制序列,基于97%的序列相似度,将其初步划分为36个操作分类单元(OTU)。在这36个OTU中,27个单例或双例序列的OTU被排除,其余9个OTU因有两个以上的序列而被深入分析。

AMF群落的香农–维纳和辛普森指数见表2.11。随着OTU检测数量的增加,所有情况下香农–维纳指数的观测值都在0~1.1。与其他研究相比,高污染区土壤中AMF的香农–维纳指数较未污染区低(de la Providencia et al.,2015)。然而,3个污染区域的α多样性指数在不同污染程度、宿主植物特性和生物群落(根或土壤)之间均无显著差异。

表2.11　原石化厂石油烃污染区中AMF群落的α多样性指数(Lee et al.,2020)

污染区	植物种类	群落生境	香农–维纳指数	辛普森指数
低污染区	*E. elliptica*	根	0.199±0.199	0.110±0.118
	E. elliptica	土壤	0.292±0.187	0.151±0.106
	P. tremuloides	根	0.238±0.125	0.125±0.081
	P. tremuloides	土壤	0.442±0.409	0.279±0.256
中污染区	*E. elliptica*	根	0.051±0.089	0.023±0.040
	E. elliptica	土壤	0.431±0.375	0.303±0.265
	P. tremuloides	根	0.337±0.583	0.181±0.313
	P. tremuloides	土壤	0.732±0.509	0.402±0.271
高污染区	*E. elliptica*	根	0.056±0.097	0.026±0.044
	E. elliptica	土壤	0.086±0.149	0.044±0.077
	P. tremuloides	根	0.402±0.225	0.209±0.138
	P. tremuloides	土壤	0.349±0.605	0.212±0.367

Lee等(2020)总结了石油烃污染程度、宿主植物物种间和生物群落对OTU相对丰度的影响。在9个OTU中,OTU1(*Glomus irregulare*,VTX00114)是定殖在根中数量最多的AMF,占比最大。无论污染程度如何,OTU1在*E. elliptica*根中的相对丰度均在90%以上。在*E. elliptica*根际土壤中,OTU1的相对丰度在78.7%以上,其中,高污染区土壤(HC)中,其相对丰度高达98.1%。在低污染区(LC)和高污染区(HC)中,OTU1同样是*P. tremuloides*根中的优势菌株,占比均高于85%;在中污染区(MC)中仅占16.7%。在*P. tremuloides*根际土壤中,OTU1在低污染区的相对丰度高于中污染区和高污染区,而OTU2(*Claroideoglomus* sp.,VTX00193)在中污染区和高污染区的相对丰度分别为70.9%和59.1%,高于低污染区根际土壤中的相对丰度

（45.8%）。由此可见，根际土壤中AMF的分子特性及多样性会受到污染物污染程度以及宿主植物种类的影响。

2.2.3　有机污染土壤中AMF群落组成

土壤中有机污染物污染程度、宿主植物及生境条件是影响有机污染土壤中AMF多样性的关键因素。Karpouzas等（2014）采用盆栽–田间试验方法，研究了除草剂烟嘧磺隆对AMF定殖和群落结构的影响。他们分别设置了盆栽试验（极端暴露方案，烟嘧磺隆剂量梯度分别为×0、×10、×100、×1000）和原位试验（实际暴露方案，烟嘧磺隆剂量梯度分别为×0、×1、×2、×5）。通过提取植物根部DNA，使用巢式PCR技术和DGGE技术，发现在盆栽试验中，×100和×1000剂量的烟嘧磺隆显著降低了植物生物量和玉米根系中AMF丰度。而在原位试验中，未发现烟嘧磺隆剂量变化对AMF的影响。

根据克隆文库，Karpouzas等（2014）发现玉米根系中的AMF主要由球囊霉属组成。在所有培养周期和污染物剂量下，玉米根中都存在 *Paraglomeraceae* 和 *Glomus etunicatum*，表明这两种AMF对烟嘧磺隆诱导的胁迫具有耐受性。而在高剂量烟嘧磺隆暴露下，AMF群落中的某些物种未能在植物根部定殖。在盆栽试验中，以 *Glomus irregulare* 克隆14和未培养 *Glomus* 克隆G3-7为代表的AMF在烟嘧磺隆暴露下的定殖情况存在差异。这些AMF在第2培养周期暴露于×100剂量的玉米根系中迅速定殖，但在随后的培养周期中未能定殖于相同处理的植物根系。这种定殖模式主要是由后期除草剂的累积导致的。

Hassan等（2014）研究了石化厂遗址上未受碳氢化合物污染和受污染的土壤中柳树根际AMF群落结构的变化情况。通过454焦磷酸测序方法获得69282个AMF特异性18S rDNA序列，并划分为27个AMF OTU。通过系统发育树分析发现，这27个OTU分别属于原囊霉科（Archaeosporaceae）、近明球囊霉科（Claroideoglomeraceae）、多孢囊霉科（Diversisporaceae）、巨孢囊霉科（Gigasporaceae）、球囊霉科（Glomeraceae）和类球囊霉科（Paraglomeraceae）

等。其中,球囊霉科OTU数量占比最大,共有9个,分别属于4个不同的属(管柄囊霉属、隔球囊霉属、球囊霉属和根生囊霉属)和3个虚拟分类群(VTX130、VTX156、VTX143)。与未受污染土壤中的AMF相比,在受碳氢化合物污染土壤的植物根系中仅发现了少数AMF物种(图2.1)。Franco-Ramirez等(2007)研究发现,在被PAHs长期污染的土壤中,紫锥菊和柑橘根部仅有7种AMF被发现。在重金属污染土壤中已有报道的AMF物种不到10种。

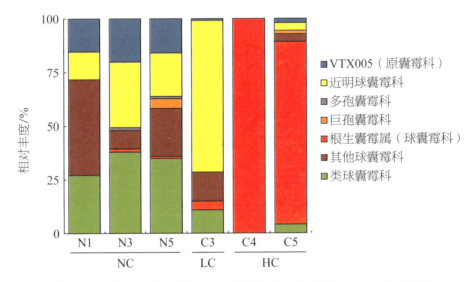

图2.1 不同污染程度土壤中AMF菌属的相对丰度(Hassan et al.,2014)

污染物浓度是影响AMF群落组成的主要因素。在低污染区和高污染区土壤中,AMF OTU数量分别为19和17个;而在未污染区土壤中,AMF OTU数量为24个。在高污染区土壤中,只有4个AMF的相对丰度超过1%,并且这些物种的相对丰度与未污染区和低污染区存在显著差异,而未污染区和低污染区间AMF丰度差异不显著。在高污染土壤中,AMF主要为根生囊霉属;而在未污染和中度污染土壤中,这一属类OTU占比较小。Lee等(2020)在原石化厂高污染区AMF群落中同样发现根生囊霉属是最具优势的AMF菌属,占所有序列的74.4%,并与高浓度石油烃污染显著相关。在各种污染场地,如被微量金属和石油烃污染的土壤中,根生囊霉属是主要的AMF菌属,表明根生囊霉属的 AMF 既能对污染物毒性耐受,又能与土著 AMF 物种竞争,可作为原位植物修复处理的重要接种菌剂。

2.3　有机污染土壤中 AMF 的生物学性状

　　AMF 侵染植物根系后会产生大量菌丝、丛枝和泡囊,菌丝的不断生长形成庞大的根外菌丝网并产生大量孢子。大量报道表明,AMF 可显著提高植物根际修复有机污染土壤的效率并可影响植物对有机污染物的吸收。有学者指出,AMF 庞大的菌丝可以吸收有机污染物并将其转化为自身和宿主的养分源(王曙光等,2001)。Caspar 等(2002)研究发现,AMF 泡囊中酯类物质有助于宿主植物固定和吸附有机污染物,而 AMF 孢子可直接从土壤中吸收菲并通过生物作用固定和积累。然而,土壤中的有机污染物会在一定程度上对 AMF 的结构和功能等产生负面效应,从而影响 AMF 的接种和修复效果。宗炯(2014)将菲、芘作为土壤有机污染物的代表,以紫花苜蓿为供试植株,设置 S0、S1、S2、S3、S4、S5 等 6 个菲和芘污染强度处理组(表 2.12),并向各处理组土壤中接种 *Glomus etunicatum*(Ge)、*Glomus mosseae*(Gm)和 *Glomus lamellosum*(Gla),通过温室盆栽试验,研究土壤中菲和芘复合污染对 AMF 生物学性状(侵染率、丛枝率、泡囊数、菌根长度和孢子数)的影响,为下一步针对性地利用 AMF 调控植物根际修复效率、降低作物污染风险等提供基础依据。

表 2.12　污染土壤中菲和芘的初始含量

污染物	初始含量/(mg/kg)					
	S0	S1	S2	S3	S4	S5
菲	NC	19.04±0.86	41.87±4.51	59.80±1.24	79.20±3.17	106.72±3.61
芘	NC	20.64±0.15	42.80±5.20	63.20±0.90	79.01±6.13	96.60±2.23

注:S0 为无污染土壤(总 PAHs<0.2mg/kg,菲、芘<0.01mg/kg),NC 表示未检出。

2.3.1 AMF侵染率

菌根侵染率不仅反映出植物受AMF侵染程度,也反映了AMF对植物的亲和能力及其与植物互利共生的程度。已有研究表明,高浓度PAHs污染可以破坏丛枝菌根的结构和功能,其中侵染率变化就是主要表现之一(Gange et al.,1999)。利用改良的Phillips等(1970)方法对菌根侵染率进行研究,剪取1cm左右受不同PAHs污染强度胁迫的菌根根段于离心管中,加入10% KOH浸泡,90℃下水浴1h,接着用2%的HCl酸化5min,再用0.05%台盼蓝染色剂(Tryan blue)染色过夜,经乳酸甘油溶液脱色后置于显微镜下观察,利用感染比例法计算AMF侵染率。

不同培养时间下(35~75天),AMF侵染率差异明显($p<0.05$)(图2.2)。在S2污染强度下,随着培养时间延长,三种AMF对紫花苜蓿的侵染率均表现为先增大后减小的趋势。65天时,Ge、Gm和Gla对宿主植物的侵染率达到最大值,分别为59.33%、64.67%、55.33%;75天时,三种AMF侵染率下降。在同一收获时间下,PAHs对Ge、Gm和Gla侵染率的影响差异不显著,表明同一属AMF对宿主的依赖性和菌根效应相似。

PAHs污染对AMF侵染率有抑制作用。图2.3反映了不同PAHs污染强度对AMF侵染率的影响。在不同PAHs污染强度下,Ge、Gm和Gla侵染率均超过了38%,表明三种AMF在供试条件下与紫花苜蓿均可建立一定的共生关系。在相同收获时间内,与无污染对照组(S0)相比,不同污染强度(S1~S5)下,Ge、Gm和Gla的侵染率下降幅度分别为12.91%~35.40%、4.95%~35.40%和13.29%~35.14%。其中,高浓度PAHs污染对AMF的毒害作用更显著。S4和S5处理下AMF侵染率显著小于S1和S2处理($p<0.05$)。研究发现,在有机污染物胁迫下,植物光合作用降低,根系的C/N比有所下降,AMF侵染率、丛枝率和泡囊数变小(宗炳,2014)。Debiane等(2008)研究发现,蒽污染下的AMF产孢量低于无污染对照组,且高污染强度下AMF的孢子数显著低于低污染强度下AMF的孢子数。因此,有机污染物(如PAHs)胁迫可抑制AMF的侵染率。

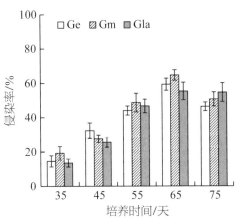

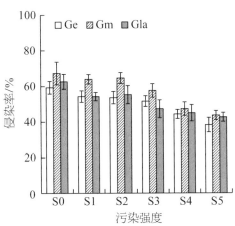

图 2.2　不同培养时间下 AMF 侵染率的变化　　图 2.3　不同 PAHs 污染强度对 AMF 侵染率的影响

2.3.2　AMF丛枝率

　　丛枝是 AMF 菌丝在受侵染植物的根部皮层经连续二分叉生长所形成的结构,是 AMF 与植物进行物质交换的器官。丛枝的多少是计算侵染率的影响因素之一,所以丛枝率与侵染率具有关联性(宗炯,2014)。为此,将根段按照侵染程度分为 5 个级段(0~1%、>1%~10%、>10%~50%、>50%~90% 和 >90%),每个级段按照含有丛枝的情况分为 4 个数量级(无、少量、正常和大量)。剪取 30 根 1cm 长的侵染根段,将每根根段填入侵染级段下面的数量级栏,利用统计数据计算不同 PAHs 污染强度下 AMF 丛枝率的变化情况。

　　如图 2.4 所示,污染土壤中 PAHs 的存在抑制了 AMF 丛枝的形成。接种 AMF 后 65 天,相比无污染对照组(S0),S1~S5 处理中 Ge、Gm 和 Gla 的丛枝率分别下降 10.11%~67.11%、5.57%~71.82% 和 10.05%~57.03%。随着 PAHs 污染强度增大,AMF 丛枝率有下降趋势,且污染强度越高,AMF 丛枝结构受破坏程度越大。例如,S1 和 S2 处理下的 AMF 丛枝率与对照相比差异很小;但在 S4 和 S5 处理下 AMF 丛枝的形成受到显著抑制($p<0.05$)。S5 处理下的 Ge、Gm 和 Gla 丛枝率相比于 S1 处理下的分别下降 63.41%、70.16% 和 51.62%。

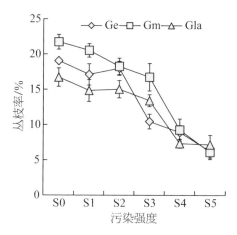

图 2.4　不同 PAHs 污染强度对 AMF 丛枝率的影响

2.3.3　AMF菌根长度

菌根是植物根系与菌根真菌形成的一种共生体。菌根长度是指被真菌侵染部分的根长,也是反映菌根侵染情况的指标。菌根可增大宿主植物的吸收范围,提高其亲和力(刘润进等,2007),因此菌根长度与 AMF 提高植物根际修复 PAHs 污染土壤的能力密切相关。菌根长度是以侵染率和宿主根系长度为基础计算的,与侵染率的高低及宿主根系数量正相关。利用网格交叉法,分别计算根段的交叉点数和被侵染根段的交叉点数,获得不同污染强度下菌根长度(图2.5)。

图2.5反映了不同PAHs污染强度对 AMF 菌根的影响。研究发现,土壤中菲和芘污染会影响 AMF 菌根形成,不同的污染强度对 AMF 菌根的影响存在差异。与无污染对照组(S0)相比,低污染强度下 S1 和 S2 处理的菌根长度有所提高,如 S1 处理下接种 Gla 所形成的菌根长度增加12.05%,S2 处理下接种 Ge 和 Gm 所形成的菌根长度分别增加27.36%和12.57%,这表明低浓度PAHs污染可促进植物根系发育。但高污染强度 S4、S5 处理下,接种 AMF 形成的菌根长度相比对照下降明显($p<0.05$),Ge、Gm 和 Gla 的菌根长度降幅分别达 62.51%、60.00%和67.50%,这可能与高浓度PAHs污染导致 AMF 侵染率下降有关。

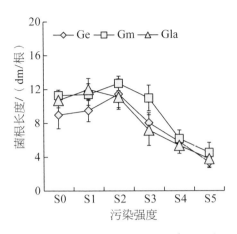

图2.5　不同PAHs污染强度对AMF菌根长度的影响

2.3.4　AMF泡囊数

泡囊形态为球形、椭圆形和不规则形,它的产生晚于丛枝的形成,具有繁殖和储藏营养的功能,所以泡囊数目的多少在一定程度上可反映共生植物的营养状况。泡囊可分为皮层细胞内的菌丝顶端膨大形成的胞内泡囊以及胞间菌丝产生隔膜而形成的胞间泡囊(刘媞等,2008)。研究发现,培养时间的延长有利于AMF泡囊的产生。在菲和芘污染下,AMF的泡囊数随培养时间的变化如图2.6所示。总体来看,随着培养时间的延长,AMF所产生的泡囊数呈先增加后平稳的趋势。当培养65天时,三种AMF(Ge、Gm和Gla)产生的泡囊数达到最大值,较35天时分别增加了946.24%、634.69%和973.45%。泡囊的大量形成发生在AMF收获后期,65~75天时AMF泡囊数显著高于收获前期(35~55天)($p<0.05$)。与55天时相比,Ge、Gm和Gla的泡囊数在65天时分别增加了167.15%、194.28%和146.41%。

不同PAHs污染强度对AMF泡囊数的影响不明显(图2.7)。接种AMF培养65天后,与无污染对照组(S0)相比,S1~S5处理下AMF泡囊数没有显著差异,Ge、Gm和Gla的平均泡囊数分别为6.99、9.96和11.89个·cm/根,表明供试PAHs污染强度对AMF产泡囊能力没有显著的促进或抑制效应。这一现象的产生可能是因为在试验中定期添加营养液,各组养分供应充足储藏营养的泡囊大量形成于植物养分摄入较多时(王鹏腾等,2012)。因此,无论PAHs污染强度如何变化,泡囊数目没有显著性响应。

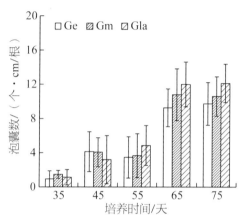

图2.6 不同培养时间下AMF泡囊数的变化

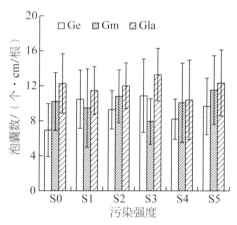

图2.7 不同PAHs污染强度对AMF泡囊数的影响

2.3.5 AMF孢子数

根外孢子形态为圆形或椭圆形,它不仅是储藏营养的器官,而且是AMF重要的繁殖体。AMF根外菌丝的顶端形成孢子,绝大部分孢子脱落后分布于根际土壤中。土壤中不同PAHs污染强度对AMF产孢能力影响不同。其中,低浓度PAHs污染下,AMF孢子数未受到明显抑制,甚至少量PAHs的存在会刺激AMF孢子的形成。如图2.8所示,与无污染对照组(S0)相比,低浓度菲和芘污染胁迫下AMF的孢子数有所增加,特别是S3处理下三种AMF孢子数的增加最为突出($p<0.05$)。这一结果与Debiane等(2008)报道的"低浓度蒽污染时AMF孢子数相比无污染时会有所下降"并不一致。在O_3等其他污染胁迫时,孢子数也会增加(王曙光等,2006;王鹏腾等,2012)。孢子是外界环境不利时AMF产生的一种休眠体,一般形成于植物生长的晚期,此时低浓度PAHs污染使AMF提前应对外界不利环境,促使孢子早熟,进而导致AMF孢

子数增加(宗炯,2014)。相同条件下,不同AMF的产孢子能力有所差异,其中Gla具有更强的产孢子能力,相同处理下Gla的孢子数均高于Ge和Gm的孢子数,这与Gla具有较强的产泡囊能力相一致。

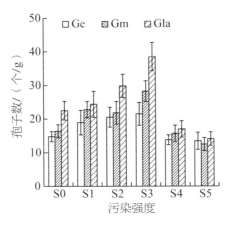

图 2.8　不同PAHs污染强度对AMF孢子数的影响

2.3.6　AMF生物学性状的影响因素

Zhang 等(2024)通过Meta分析对150篇已发表的文章进行分析,评估了土壤中3种常见的有机污染物(PAHs、石油烃、农药)对AMF生物学性状的影响。农药、PAHs和石油烃3种有机污染物对土壤中AMF侵染率、泡囊数、丛枝率、菌根长度和孢子数均有显著的负面影响。不同的AMF(种类和接种方式)、污染物(类型、来源和浓度)、植物类型(双子叶和单子叶)和试验条件(持续时间和土壤灭菌)等因素对AMF生物学性状的影响均不相同。

2.3.6.1　AMF

AMF暴露于土壤有机污染后,其侵染率均下降,表明丛枝菌根(AM)的形成对有机污染物具有敏感性。由于接种到有机污染土壤中的外来AMF已经过系统筛选,与土著AMF相比,其侵染率下降幅度小,更适合用于植物修复,以促进植物在各种环境条件下的生长。在这些筛选过的外来AMF中,球囊霉属（*Glomus*）和近明球囊霉属（*Claroideoglomus*）在有机污染土壤中的侵染率下降幅度较小，而摩西管柄囊霉（*G. mosseae*）在有机污染物胁迫下，侵染率明显下降。这是因为 *Glomus* 和 *Claroideoglomus* 生命周期比其他 AMF 更短（Chagnon et al.，2013），它们占据了可用的生态位，吸收更多的碳水化合物，抑制其他 AMF 的生长繁殖（Werner et al.，2015），而 *G. mosseae* 有一个独特的基因 *GmGIN1*，该基因促进孢子萌发，并使其在部分污染物降解之前的早期遭受污染胁迫。然而，由于土著 AMF 长期受到有机污染物胁迫，形成了较强的污染物耐受性（Zhong et al.，2012），如 *Gigaspora margarita*、*Glomus rosesea* 和 *Glomus mosseae* 对碳氢化合物表现出较强的耐受性（Volante et al.，2005），其繁殖（菌根长度和孢子数）受抑制程度低于外来 AMF。

与单一 AMF 相比，有机污染胁迫下混合 AMF 的侵染率和泡囊数下降幅度较大，而丛枝率、菌根长度和孢子数下降幅度较小。混合 AMF 对其生长具有协同或竞争效应（Martignoni et al.，2021；Yang et al.，2022）。混合 AMF 相互竞争根中的定殖点，使具有泡囊结构的 AMF 被抑制。泡囊作为 AMF 的储存器官和繁殖体，其形成是 AMF 活性和共生体生理状态共同作用的结果。当植物营养不良时，泡囊的形成和萌发可能受到抑制。由于根系分泌物可刺激 AMF 泡囊萌发，因此，当植物遭受污染胁迫，根系分泌物减少时，AMF 泡囊数会降低。

2.3.6.2　污染物

污染物类型是影响 AMF 生物学性状的重要因素之一。Zhang 等（2024）调查发现，农药对 AMF 的各生物学性状产生明显的负效应。石油烃对 AMF 侵染率、泡囊数、菌根长度和孢子数均有明显的降低作用。PAHs 引起 AMF 侵染率的显著降低，但丛枝率升高。一些研究表明，有机污染物可直接影响土壤中菌根的接种量（孢子和根外菌丝），抑制植物根内碳水化合物等营养物质的可利用性，从而限制根内菌根的生长（Calonne et al.，2014）。同时，有机污染物对土壤结构的破坏作用，影响了宿主植物根系的生理活动，从而导致

AMF 侵染率减少(Ryszka et al.,2019)。在石油烃和 PAHs 胁迫下,丛枝率的升高可能是因为石油烃和 PAHs 对丛枝生长产生了刺激效应(Calabrese,2012)。这种刺激效应是一种剂量反应现象,即低剂量下促进、高剂量下抑制。当丛枝形成时,真菌活性达到顶峰,可以更好地吸收植物营养。

土壤中有机污染物的含量也是影响 AMF 生物学性状的因素之一。研究表明,有机污染物对 AMF 侵染率的负效应随污染物含量的增加而增加。其主要原因包括:①较高的环境胁迫使得植物地下部生物量降低,植物根毛随生物量的降低而减少,从而使 AMF 在根中的定殖位点减少,并改变了 AM 形成的生理和生物过程;②高浓度污染物一般会抑制植物的生理过程,尤其是光合作用过程,使从茎向根运输的光合产物减少,AMF 的活性和生长繁殖受到抑制;③在高浓度污染物条件下,需要更多的根系分泌物来促进微生物对这些有机污染物的降解(Lapie et al.,2020)。当光合作用产物被分配给根系分泌物时,传递给 AMF 的碳水化合物减少,导致 AMF 活性降低。

2.3.6.3   试验条件

在试验过程中,培养时间是有机污染物影响 AMF 生物学性状的因素之一。在大多数情况下,较短的试验培养时间,有机污染物对 AMF 侵染率的负效应更大。这主要是因为 AMF 繁殖时间较长,在较短时间内难以定殖到植物根部。一般来说,丛枝菌根的形成至少需要3~4周的时间。Drew 等(2006)研究发现,接种 AMF 培养5周后,三叶草地下部生物量明显增加。Eltigani 等(2022)发现,接种 AMF 培养7周后,黄秋葵对环境胁迫表现出显著的反应,但前4周则没有。

Zhang 等(2024)发现,无论土壤是否灭菌,污染物都会降低 AMF 的侵染率,且在未灭菌土壤中更为明显。这是因为 AMF 的繁殖受到土著微生物的抑制,特别是在逆境条件下。Miransari 等(2009)发现,在环境胁迫下,AMF 与其他微生物间的相互作用可能从协同关系转变为竞争关系;而在无菌条件下,原生微生物被杀死,外源接种的 AMF 与其他微生物间的竞争减少,营养物的溶解度和有效性增加,这有助于AMF在根上定殖和菌根的形成。因此,在相同有机污染物胁迫下,灭菌土壤中AMF的侵染率下降幅度小于未灭菌土壤。

参考文献

Ahmad, M., Ling, J., Zhang, Y., Sajjad, W., Yang, Q., Zhou, W., Dong, J., 2021. Effect of pyrene and phenanthrene in shaping bacterial communities in seagrass meadows sediments. Archives of Microbiology, 203(7): 4259-4272.

Bonmatin, J. M., Giorio, C., Girolami, V., Goulson, D., Kreutzweiser, D. P., Krupke, C., Liess, M., Long, E., Marzaro, M., Mitchell, E. A. D., Noome, D. A., Simon-Delso, N., Tapparo, A., 2015. Environmental fate and exposure; neonicotinoids and fipronil. Environmental Science and Pollution Research, 22: 35-67.

Calabrese, E. J., 2012. Hormesis: Improving predictions in the low-dose zone//Luch, A. Molecular, Clinical and Environmental Toxicology: Volume 3: Environmental Toxicology. Springer, 551-564.

Calonne, M., Fontaine, J., Tisserant, B., de Boulois, H. D., Grandmougin-Ferjani, A., Declerck, S., Sahraoui, A. L., 2014. Polyaromatic hydrocarbons impair phosphorus transport by the arbuscular mycorrhizal fungus *Rhizophagus irregularis*. Chemosphere, 104: 97-104.

Chagnon, P. L., Bradley, R. L., Maherali, H., Klironomos, J. N., 2013. A trait-based framework to understand life history of mycorrhizal fungi. Trends in Plant Science, 18: 484-491.

Chen, Y., Luo, Y., Zhang, H., Song, J., 2011. Preliminary study on PAEs pollution of greenhouse soils. Acta Pedologica Sinica, 48: 516-523.

Cheng, X., Ma, L., Xu, D., Cheng, H., Yang, G., Luo, M., 2015. Mapping of phthalate esters in suburban surface and deep soils around a metropolis-Beijing, China. Journal of Geochemical Exploration, 155: 56-61.

de la Providencia, I. E., Stefani, F. O., Labridy, M., St-Arnaud, M., Hijri, M., 2015. Arbuscular mycorrhizal fungal diversity associated with *Eleocharis obtusa* and *Panicum capillare* growing in an extreme petroleum hydrocarbon-polluted sedimentation basin. FEMS Microbiology Letters, 362(12): fnv081.

Debiane, D., Garçon, G., Verdin, A., Fontaine, J., Durand, R., Grandmougin-Ferjani, A., Shirali, P., Sahraoui, A. L. H., 2008. *In vitro* evaluation of the oxidative stress and genotoxic potentials of anthracene on mycorrhizal chicory roots. Environmental and Experimental Botany, 64(2): 120-127.

Deng, S., Ke, T., Wu, Y., Zhang, C., Hu, Z., Yin, H., Guo, L., Chen, L., Zhang, D., 2018. Heavy metal exposure alters the uptake behavior of 16 priority polycyclic aromatic hydrocarbons (PAHs) by Pak Choi (*Brassica chinensis* L.). Environmental Science & Technology, 52(22): 13457-13468.

Dong, Y., Wu, S., Fan, H., Li, X., Li, Y., Xu, S., Bai, Z., Zhuang, X., 2022. Ecological selection of bacterial taxa with larger genome sizes in response to polycyclic aromatic hydrocarbons stress. Journal of Environmental Sciences, 112: 82-93.

Donkova, R., Kaloyanova, N., 2008. The impact of soil pollutants on soil microbial activity//Simeonov, L., Sargsyan, V. Soil Chemical Pollution, Risk Assessment, Remediation and Security. Netherlands: Springer, 73-93.

Drew, E. A., Murray, R. S., Smith, S. E., 2006. Functional diversity of external hyphae of AM fungi: Ability to colonise new hosts is influenced by fungal species, distance and soil conditions. Applied Soil Ecology, 32: 350-365.

Eltigani, A., Mueller, A., Ngwene, B., George, E., 2022. Physiological and morphological responses of okra (*Abelmoschus esculentus* L.) to *Rhizoglomus irregulare* inoculation under ample water and drought stress conditions are cultivar dependent. Plants, 11: 89.

Franco-Ramirez, A., Ferrera-Cerrato, R., Varela-Fregoso, L., Pérez-Moreno, J., Alarcón, A., 2007. Arbuscular mycorrhizal fungi in chronically petroleum contaminated soils in Mexico and the effects of petroleum hydrocarbons on spore germination. Journal of Basic Microbiology, 47:378-383.

Gange, A. C., Ayres, R. L., 1999. On the relation between arbuscular mycorrhizal colonization and plant 'benefit'. Oikos, 87(3):615-621.

Gao, Y., Zhu, L., 2005. Phytoremediation for phenanthrene and pyrene contaminated soils. Journal of Environmental Sciences, 17(1):14-18.

Gaspar, M., Cabello, M., Cazau, M., Pollero, R., 2002. Effect of phenanthrene and Rhodotorula glutinis on arbuscular mycorrhizal fungus colonization of maize roots. Mycorrhiza, 12(2):55-59.

Guo, Y., Wu, Q., Kannan, K., 2011. Phthalate metabolites in urine from China, and implications for human exposures. Environment International, 37:893-898.

Hassan, S. E. D., Bell, T. H., Stefani, F. O. P., Denis, D., Hijri, M., St-Arnaud, M., 2014. Contrasting the community structure of arbuscular mycorrhizal fungi from hydrocarbon-contaminated and uncontaminated soils following willow (Salix spp. L.) planting. PLoS One, 9(7):e102838.

He, L., Gielen, G., Bolan, N. S., Zhang, X., Qin, H., Huang, H., Wang, H., 2015. Contamination and remediation of phthalic acid esters in agricultural soils in China: A review. Agronomy for Sustainable Development, 35:519-534.

He, M., Yang, T., Yang, Z., Zhou, H., Wei, S., 2018. Current state, distribution, and sources of phthalate esters and organophosphate esters in soils of the three Gorges Reservoir Region, China. Archives of Environmental Contamination and Toxicology, 74:502-513.

Helgason, T., Daniell, T. J., Husband, R., Fitter, A. H., Young, J. P. W. 1998. Ploughing up the wood-wide web? Nature, 394(6692):431-431.

Hladik, M. L., Main, A. R., Goulson, D., 2018. Environmental risks and challenges associated with neonicotinoid insecticides. Environmental Science & Technology, 52(6):3329-3335.

Iffis, B., St-Arnaud, M., Hijri, M., 2016. Petroleum hydrocarbon contamination, plant identity and arbuscular mycorrhizal fungal (AMF) community determine assemblages of the AMF spore—associated microbes. Environmental Microbiology, 18(8):2689-2704.

Kaewlaoyoong, A., Vu, C. T., Lin, C., Liao, C. S., Chen, J. R., 2018. Occurrence of phthalate esters around the major plastic industrial area in southern Taiwan. Environmental Earth Sciences, 77:1-11.

Karpouzas, D. G., Papadopoulou, E., Ipsilantis, I., Friedel, I., Petric, I., Udikovic-Kolic, N., Djuric, S., Kandeler, E., Menkissoglu-Spiroudi, U., Martin-Laurent, F., 2014. Effects of nicosulfuron on the abundance and diversity of arbuscular mycorrhizal fungi used as indicators of pesticide soil microbial toxicity. Ecological Indicators, 39:44-53.

Kaushik, D., Aryadeep, R., 2014. Reactive oxygen species(ROS) and response of antioxidants as ROS-scavengers during environmental stress in plants. Frontiers in Environmental Science, 2:53.

Kong, S., Ji, Y., Liu, L., Chen, L., Zhao, X., Wang, J., Bai, Z., Sun, Z., 2012. Diversities of phthalate esters in suburban agricultural soils and wasteland soil appeared with urbanization in China. Environmental Pollution, 170:161-168.

Lapie, C., Sterckeman, T., Paris, C., Leglize, P., 2020. Impact of phenanthrene on primary metabolite profiling in root exudates and maize mucilage. Environmental Science and Pollution Research, 27:3124-3142.

Lee, J., Lee, S., Young, J. P. W., 2008. Improved PCR primers for the detection and identification of arbuscular mycorrhizal fungi. FEMS Microbiology Ecology, 65(2):339-349.

Lee, S. J., Kong, M., St-Arnaud, M., Hijri, M., 2020. Arbuscular mycorrhizal fungal communities of native plant species under high petroleum hydrocarbon contamination highlights Rhizophagus as a key tolerant genus. Microorganisms,

8(6):872.

Lenoir, I., Lounes-Hadj Sahraoui, A., Fontaine, J., 2016. Arbuscular mycorrhizal fungal-assisted phytoremediation of soil contaminated with persistent organic pollutants:A review. European Journal of Soil Science,67(5):624-640.

Li, Q., Huang, Y., Wen, D., Fu, R., Feng, L., 2020. Application of alkyl polyglycosides for enhanced bioremediation of petroleum hydrocarbon-contaminated soil using *Sphingomonas changbaiensis* and *Pseudomonas stutzeri*. Science of the Total Environment,719:137456.

Li, X., Wang, Q., Jiang, N., Lv, H., Liang, C., Yang, H., Yao, X., Wang, J., 2022. Occurrence, source, ecological risk, and mitigation of phthalates(PAEs) in agricultural soils and the environment:A review. Environmental Research,220:115196.

Liu, Q., Liu, M., Wu, S., Xiao, B., Wang, X., Sun, B., Zhu, L., 2020. Metabolomics reveals antioxidant stress responses of wheat(*Triticum aestivum* L.) exposed to chlorinated organophosphate esters. Journal of Agricultural and Food Chemistry,68(24):6520-6529.

Martignoni, M. M., Garnier, J., Zhang, X. L., Rosa, D., Kokkoris, V., Tyson, R. C., Hart, M. M., 2021. Co-inoculation with arbuscular mycorrhizal fungi differing in carbon sink strength induces a synergistic effect in plant growth. Journal of Theoretical Biology,531:110859.

Miransari, M., Bahrami, H. A., Rejali, F., Malakouti, M. J., 2009. Effects of arbuscular mycorrhiza, soil sterilization, and soil compaction on wheat(*Triticum aestivum* L.) nutrients uptake. Soil and Tillage Research,104:48-55.

Olsson, P. A., Baath, E., Jakobsen, I., 1997. Phosphorus effects on the mycelium and storage structures of an arbuscular mycorrhizal fungus as studied in the soil and roots by analysis of fatty acid signatures. Applied and Environmental Microbiology,63(9):3531-3538.

Ore, O. T., Adeola, A. O., Bayode, A. A., Adedipe, D. T., Nomngongo, P. N., 2023. Organophosphate pesticide residues in environmental and biological matrices: Occurrence, distribution and potential remedial approaches. Environmental Chemistry and Ecotoxicology, 5:9-23.

Pašková, V., Hilscherová, K., Feldmannová, M., Bláha, L., 2006. Toxic effects and oxidative stress in higher plants exposed to polycyclic aromatic hydrocarbons and their N-heterocyclic derivatives. Environmental Toxicology and Chemistry, 25(12):3238-3245.

Phillips, J. M., Hayman, D. S., 1970. Improved procedures for clearing and staining parasitic and vesicular arbuscular mycorrhizal fungi for rapid assessment of infection. Transation of the British Mycological Society, 55(1):158-161.

Ryszka, P., Zarzyka-Ryszka, M., Anielska, T., Choczyński, M., Turnau, K., 2019. Arbuscular mycorrhizal fungi from petroleum-impacted sites in the Polish Carpathians. International Biodeterioration & Biodegradation, 138:50-56.

Sakamoto, K., Iijima, T., Higuchi, R., 2004. Use of specific phospholipid fatty acids for identifying and quantifying the external hyphae of the arbuscular mycorrhizal fungus *Gigaspora rosea*. Soil Biology and Biochemistry, 36(11): 1827-1834.

Sato, K., Suyama, Y., Saito, M., Sugawara, K., 2005. A new primer for discrimination of arbuscular mycorrhizal fungi with polymerase chain reaction-denature gradient gel electrophoresis. Grassland Science, 51(2):179-181.

Schwarzott, D., Schüßler, A., 2001. A simple and reliable method for SSU rRNA gene DNA extraction, amplification, and cloning from single AM fungal spores. Mycorrhiza, 10:203-207.

Sharma, A., Kumar, V., Shahzad, B., Tanveer, M., Sidhu, G. P. S., Handa, N., Kohli, S. K., Yadav, P., Bali, A. S., Parihar, R. D., Dar, O. I., Singh, K., Jasrotia, S., Bakshi, P., Ramakrishnan, M., Kumar, S., Bhardwaj, R., Thukral, A. K., 2019.

Worldwide pesticide usage and its impacts on ecosystem. SN Applied Sciences, 1:1-16.

Simon, L., Lalonde, M., Bruns, T. D., 1992. Specific amplification of l8S fungi ribosomal genes from vesicular arbuscular endomycorrhizai fungi colonizing roots. Applied and Environmental Microbiology, 58:291-295.

Sun, F., Wang, Y., Sun, C., Peng, Y., Deng, C., 2012. Effects of three different PAHs on nitrogen-fixing bacterial diversity in mangrove sediment. Ecotoxicology, 21 (6):1651-1660.

Sun, J., Pan, L., Tsang, D. C., Zhan, Y., Zhu, L., Li, X., 2018. Organic contamination and remediation in the agricultural soils of China: A critical review. Science of the Total Environment, 615:724-740.

Sun, J., Pan, L., Zhan, Y., Lu, H., Tsang, D. C. W., Liu, W., Wang, X., Li, X., Zhu, L., 2016. Contamination of phthalate esters, organochlorine pesticides and polybrominated diphenyl ethers in agricultural soils from the Yangtze River Delta of China. Science of the Total Environment, 544:670-676.

Tan, H., Wang, C., Zhu, S., Liang, Y., He, X., Li, Y., Wu, C., Li, Q., Cui, Y., Deng, X., 2023. Neonicotinoids in draining micro - watersheds dominated by rice-vegetable rotations in tropical China: Multimedia occurrence, influencing factors, transport, and associated ecological risks. Journal of Hazardous Materials, 446: 130716.

Tao, Y., Zhang, S., Zhu, Y. G., Christie, P., 2009. Uptake and acropetal translocation of polycyclic aromatic hydrocarbons by wheat(*Triticum aestivum* L.) grown in field-contaminated soil. Environmental Science & Technology, 43(10):3556-3560.

Vane, C. H., Kim, A. W., Beriro, D. J., Cave, M. R., Knights, K., Moss-Hayes, V., Nathanail, P. C., 2014. Polycyclic aromatic hydrocarbons (PAH) and polychlorinated biphenyls(PCB) in urban soils of Greater London, UK. Applied

Geochemistry, 51:303-314.

Volante, A., Lingua, G., Cesaro, P., Cresta, A., Puppo, M., Ariati, L., Berta, G., 2005. Influence of three species of arbuscular mycorrhizal fungi on the persistence of aromatic hydrocarbons in contaminated substrates. Mycorrhiza, 16:43-50.

Wang, J., Zhang, X., Ling, W., Liu, R., Liu, J., Kang, F., Gao, Y., 2017. Contamination and health risk assessment of PAHs in soils and crops in industrial areas of the Yangtze River Delta region, China. Chemosphere, 168:976-987.

Werner, G. D. A., Kiers, E. T., 2015. Order of arrival structures arbuscular mycorrhizal colonization of plants. New Phytologist, 205:1515-1524.

Xu, G., Lin, X., Yu, Y., 2023. Different effects and mechanisms of polystyrene micro- and nano-plastics on the uptake of heavy metals (Cu, Zn, Pb and Cd) by lettuce (*Lactuca sativa* L.). Environmental Pollution, 316:120656.

Yang, P., Wang, Y., Chen, Y., Sun, L., Li, J., Liu, C., Huang, Z., Lu, W., Zeng, Q., 2017. Urinary polycyclic aromatic hydrocarbon metabolites and human semen quality in China. Environmental Science & Technology, 51(2):958-967.

Yang, R., Qin, Z. F., Wang, J. J., Zhang, X. X., Xu, S., Zhao, W., Huang, Z. Y., 2022. The interactions between arbuscular mycorrhizal fungi and *Trichoderma longibrachiatum* enhance maize growth and modulate root metabolome under increasing soil salinity. Microorganisms, 10(5):1042.

Yuan, L., Wu, Y., Fan, Q., Li, P., Liang, J., Liu, Y., Ma, R., Li, R., Shi, L., 2023. Remediating petroleum hydrocarbons in highly saline-alkali soils using three native plant species. Journal of Environmental Management, 339:117928.

Zhan, X., Ma, H., Zhou, L., Liang, J., Jiang, T., Xu, G., 2010. Accumulation of phenanthrene by roots of intact wheat (*Triticum acstivnm* L.) seedlings: Passive or active uptake? BMC Plant Biology, 10:52.

Zhang, F., Yang, G., Wang, S., 2024. Effects of organic contaminants on arbuscular mycorrhiza formation: A meta-analysis. Applied Soil Ecology, 199:105425.

Zhong, W. L., Li, J. T., Chen, Y. T., Shu, W. S., Liao, B., 2012. A study on the effects of lead, cadmium and phosphorus on the lead and cadmium uptake efficacy of Viola baoshanensis inoculated with arbuscular mycorrhizal fungi. Journal of Environmental Monitoring, 14(9):2497-2504.

陈玉玉,张光全,张杨,李明凯,郝佳欣,熊有才,李崇霄,曹靖,2022.甘肃省农业土壤邻苯二甲酸酯累积特征及来源分析.环境科学,43(10):4622-4629.

戴叶亮,朱清禾,曾军,郑金伟,吴宇澄,林先贵,2018.氮肥和多环芳烃对农田土壤细菌群落的影响.生态环境学报,27(8):1556-1562.

邓绍坡,吴运金,龙涛,林玉锁,祝欣,2015.我国表层土壤多环芳烃(PAHs)污染状况及来源浅析.生态与农村环境学报,31(6):866-875.

冯艳红,应蓉蓉,王国庆,张亚,杜俊洋,林玉锁,2022.中国中西部地区土壤和农产品中邻苯二甲酸酯污染特征及评价.环境化学,41(5):1591-1602.

高曦,2014.多环芳烃对植物的基因毒性及氧化胁迫.南京:南京农业大学.

郭冬梅,吴瑛,2011.南疆棉田土壤中邻苯二甲酸酯(PAEs)的测定.干旱环境监测,25(2):76-79.

黄伟,淡默,舒木水,纪晓慧,王昱,丁玎,周芃垚,2019.空气中邻苯二甲酸酯分布特征与人群暴露研究进展.环境与职业医学,36(4):345-354.

姜朵朵,2021.典型农药在我国三种粮食产地残留特征及膳食风险评估.北京:中国农业科学院.

李彬,吴山,梁金明,梁文立,陈桂贤,李拥军,杨国义,2015.中山市农业区域土壤-农产品中邻苯二甲酸酯(PAEs)污染特征.环境科学,36(6):2283-2291.

李国秀,崔利辉,刘伟,刘小宁,2021.杨凌区设施蔬菜基地土壤中邻苯二甲酸酯污染状况分析.湖北农业科学,60(13):119-122.

李凌飞,张倩茹,付晓萍,2011.丛枝菌根真菌多样性的研究方法进展.安徽农业科学,39(28):17144-17147.

李鹏飞,周贤,王建,高彦征,2024.农田土壤中邻苯二甲酸酯降解功能细菌及其应用.中国环境科学,44(3):1542-1553.

李永亮,2014.佳木斯市土壤中酞酸酯类污染调查及评价.干旱环境监测,28（1）:22-24.

李玉双,陈琳,郭倩,宋雪英,侯永侠,李冰,2017.沈阳市新民设施农业土壤中邻苯二甲酸酯的污染特征.农业环境科学学报,36(6):1118-1123.

梁浩花,王亚娟,陶红,胡闪闪,2018.银川市东郊设施蔬菜基地土壤中邻苯二甲酸酯污染特征及健康风险评价.环境科学学报,38(9):3703-3713.

梁羽媛,2021.北极新奥尔松地区多环芳烃和多氯联苯的赋存特征、来源解析及气-土交换.上海:上海海洋大学.

刘润进,陈应龙,2007.菌根学.北京:科学出版社.

刘媞,贺学礼,2008.黄芪幼苗丛枝菌根形成过程研究.河北林果研究,23(3):311-314.

玛合巴丽·托乎塔尔汉,张雁鸣,沈琦,古丽孜亚·吐尔斯别克,何伟忠,孔令明,王成,2020.瓜田土壤中邻苯二甲酸酯的污染特征及其健康风险评估.现代食品科技,36(11):287-295.

尚庆彬,段永红,徐立帅,段号然,何佳璘,程荣,吴萌,刘家良,2019.我国表层土壤多环芳烃含量的空间分布及成因.生态与农村环境学报,35(7):917-924.

王辰,2015.黑龙江省农田阿特拉津残留土壤 AM 真菌多样性.哈尔滨:黑龙江大学.

王梅,褚玥,段劲生,董旭,孙明娜,肖青青,杨通,高同春,2015.蔬菜中邻苯二甲酸酯的残留研究.中国农学通报,31(25):186-191.

王鹏腾,刁晓君,王曙光,2012.大气 O_3 浓度升高对 2 种基因型矮菜豆丛枝菌根（AM）结构及球囊霉素蛋白产生的影响.环境科学,33(10):3667-3675.

王曙光,冯兆忠,王效科,冯宗炜,2006.大气臭氧浓度升高对丛枝菌根（AM）及其功能的影响.环境科学,27(9):1872-1877.

王曙光,林先贵,2001.菌根在污染土壤生物修复中的作用.农村生态环境,17（1）:56-59.

王晓燕,2022.海南省种植体系中邻苯二甲酸酯污染状况及其暴露风险评估.昌吉:昌吉学院.

吴蔓莉,张晨,祁燕云,叶茜琼,祝长成,2018.生物修复对黄土壤中石油烃的去除作用及影响因素.农业环境科学学报,37(6):1159-1165.

杨帆,罗红雪,钟艳霞,王幼奇,白一茹,2021.宁东能源化工基地核心区表层土壤中多环芳烃的空间分布特征、源解析及风险评价.环境科学,42(5):2490-2501.

杨蕊毓,邓錡璋,田丽平,田嘉旺,邱成书,刘红玲,2022.不同生境下川麦冬根围土壤丛枝菌根真菌多样性.西北植物学报,42(1):145-153.

易美玲,2022.三种多环芳烃对土壤微生物群落结构和功能的影响特征.重庆:重庆大学.

易鸳鸯,谢芳,胡潇涵,吴智慧,邢瀚晨,祖力克尔江,特日格勒,秦璐,顾美英,荆晨,2020.新疆五家渠地区不同覆膜年限棉田土壤中邻苯二甲酸酯残留特征.新疆农业大学学报,43(3):221-227.

张薇,2020.甘氨酸-β-环糊精洗脱-生物降解修复石油污染土壤的效能及影响因素研究.长沙:湖南大学.

周斌,2020.黄淮海地区农田土壤邻苯二甲酸酯污染特征与成因研究.北京:中国农业科学院.

朱媛媛,2023.多环芳烃综合暴露与肺癌死亡率关系的研究.北京:北京科技大学.

宗炯,2014.丛枝菌根真菌对植物吸收PAHs和根际土壤中PAHs降解的影响.南京:南京农业大学.

第3章 丛枝菌根真菌对多环芳烃污染土壤的修复作用

　　由人为活动造成的土壤有机污染问题一直是国内外研究人员持续关注的环境问题之一。进入土壤的一些有机污染物具有急性毒性、致突变性和致癌性等特点,可在土壤环境中长期积累,对生态环境及人类健康造成严重威胁。在有机污染土壤的修复方法中,丛枝菌根真菌(AMF)增强植物修复被认为是提高土壤污染修复效率的有效途径。AMF可与绝大多数植物根系形成互惠共生体,不仅能够保护植物免受有机污染物的毒害,促进植物在污染土壤中的生长和生存,而且还能通过刺激土壤微生物活性和改善土壤结构来增强土壤的生物修复能力(Lenoir et al.,2016)。然而,这种修复技术仍处于起步阶段,其被用于有机污染土壤的研究较少。本章以PAHs为土壤有机污染物代表,分析了AMF对土壤中PAHs降解的影响,阐明了其对PAHs污染土壤的修复作用,以期为AMF增强植物修复技术的规模化应用提供理论依据。

3.1 AMF对土壤中PAHs降解的影响

　　本节以菲和芘为 PAHs 代表物 , *Glomus mosseae*(AMF1)、*Glomus etunicatum*(AMF2)、*Glomus versiforme*(AMF3)、*Glomus constrictum*(AMF4) 和 *Glomus intraradices*(AMF5)为5种供试AMF,紫花苜蓿为宿主植物。通过

单一/复合污染物处理、复合菌种处理设置,研究了AMF对PAHs污染土壤的
修复作用,探讨了不同AMF种类、污染强度、复合AMF及复合污染体系下,
AMF对土壤中PAHs降解的影响(李秋玲,2009)。

3.1.1　AMF对土壤中PAHs的去除作用

　　AMF对土壤中菲的降解有促进作用。图3.1反映了AMF作用下土壤中
菲残留量的动态变化过程。随着培养时间的延长(20～60天),在初始含量相
同的情况下(土壤菲的初始含量均为59.8mg/kg),接种AMF1的土壤中菲的残
留量分别为4.74mg/kg、4.15mg/kg、2.36mg/kg和1.93mg/kg,分别比有植物无
AMF对照低10%～40%,比无植物无AMF对照低38%～73%。

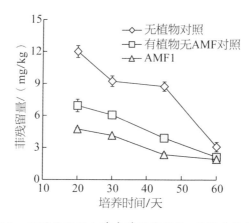

图3.1　不同处理下土壤中菲的残留量–时间关系曲线

　　实际上,植物自身也具有去除土壤中PAHs的能力。高彦征等(2005)研
究了黑麦草对土壤中菲和芘的去除作用,发现45天后种植黑麦草的土壤中
PAHs去除率均高于无植物对照,菲、芘剩余浓度比无植物对照分别低53.6%
和78.3%。刘世亮等(2007)研究了黑麦草对土壤中苯并[a]芘的去除作用,发
现种植黑麦草土壤中苯并[a]芘的去除率比无植物对照高11%～23%。然而,
植物吸收积累并不是土壤中PAHs降解的主要原因。植物吸收积累对土壤中
PAHs降解的贡献率小于0.54%。研究表明,植物对PAHs污染土壤的修复效

率高,主要是由于植物促进了土壤微生物对PAHs的降解。

虽然有植物无AMF处理土壤中菲的残留量比无植物对照低30%～55%,但接种AMF的处理土壤中菲的降解更快,修复效果更佳。如第45天时,接种AMF1的土壤中菲残留量比有植物无AMF对照低40%(图3.1)。Joner等(2003)以三叶草和黑麦草为宿主植物,研究了AMF对两种工业污染土壤(含12种PAHs,总浓度分别为400mg/kg和2000mg/kg)的修复作用。他们发现接种AMF后,土壤中PAHs去除率有较大提高。上述结果均表明,AMF有利于土壤中PAHs的降解,并有望提高有机污染土壤的修复效率。

3.1.2　不同AMF对土壤中PAHs降解的影响差异

对相同条件下5种AMF对土壤中菲的修复效果进行比较。研究发现,接种不同AMF后,土壤中菲的残留情况存在差异。图3.2反映了培养60天时不同AMF处理下土壤中菲的残留量。各处理组菲的残留量均低于无AMF对照(比对照低19%～52%)。其中,以AMF1、AMF3、AMF4效果最为明显,其菲的去除率均在97%以上。显然,不同AMF对土壤中PAHs的去除作用存在差异。因此,筛选优势AMF菌种是AMF修复有机污染土壤的关键之一。

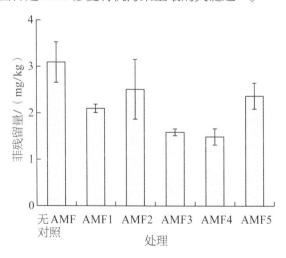

图3.2　不同AMF处理下土壤中菲的残留量

3.1.3 不同污染强度下AMF对土壤中PAHs降解的影响

李秋玲(2009)在单一菲污染处理中,以AMF1和AMF2为供试AMF,考察了不同污染强度(6种菲初始含量:15.6~170.6mg/kg)下AMF对土壤中PAHs降解的影响(图3.3)。研究发现,接种AMF可降低污染土壤中PAHs的残留量。接种AMF1、AMF2处理中菲残留量均显著小于无AMF对照,分别比对照低15%~40%和15%~37%。其中,除菲初始浓度为36.3mg/kg的处理外,其余污染强度处理下,接种AMF1后菲的残留量均比无AMF对照低31%以上。同时,所有污染强度下,接种AMF的土壤中菲去除率均在91%以上。

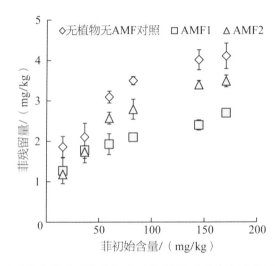

图3.3 不同污染强度下接种与不接种AMF对土壤中菲残留量的影响

3.1.4 复合AMF体系下土壤中PAHs的降解

目前,关于AMF修复有机污染土壤的研究大多只限于单一污染物或单一菌种。而实际情况下,污染土壤是多种污染物混合、多种菌种共存的混合体。鉴于此,有必要探讨复合菌种与复合污染条件下接种AMF对土壤中PAHs降解的影响。

在单一污染处理(土壤中菲和芘的初始含量分别为 103mg/kg 和 74mg/kg)中,以紫花苜蓿为供试植物,将 AMF1 和 AMF2 均匀撒于容器土层的 1/3 处,作为 AMF 复合菌种,并分别设置单一菌种 AMF1 对照、不接种 AMF 的无菌对照(无 AMF 对照)、无植物对照组,探究复合菌种对土壤中 PAHs 降解的影响。图 3.4 展示了接种复合菌种(AMF1+AMF2)条件下,经 30～70 天培养土壤中菲和芘的残留量动态变化。由图 3.4a 可知,接种 AMF1 后,土壤中菲的残留量比无 AMF 对照低 10%～43%,土壤中菲的去除率大于 96%。相比于单一菌种 AMF1,复合菌种(AMF1 和 AMF2)的修复效果更好。30 天时该处理土壤中菲残留量分别比 AMF1 和无 AMF 对照低 36% 和 64%;整个培养过程中,复合菌种处理的菲残留量比无 AMF 对照低 30%～64%,菲去除率均大于 98%。

在芘污染土壤中分别接种 AMF1 和复合菌种(AMF1+AMF2)。与无 AMF 对照相比,这两种处理芘的去除率都有所提高(图 3.4b);培养 70 天时,土壤中芘的去除率分别为 88% 和 89%。与单一菌种 AMF1 处理相比,复合菌种的修复效果更好。例如,培养 45 天时复合菌种处理土壤中芘的残留量比 AMF1 处理低 26%。这些结果与之前所述菲污染土壤的实验结果一致(图 3.4a)。上述结果表明,复合菌种(AMF1+AMF2)之间可以产生协同作用,从而促进土壤中 PAHs 降解。

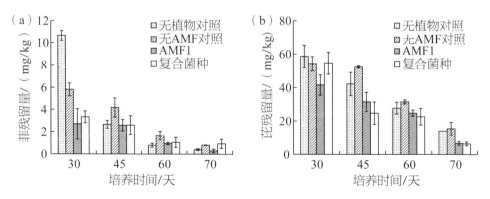

图 3.4　不同时间各处理下土壤中 PAHs 的残留量

3.1.5 复合污染下AMF对土壤中PAHs降解的影响

在AMF复合菌种条件下,设置单一菲污染与菲、芘复合污染处理组(两个处理组中菲初始含量均为103mg/kg),分别培养0～70天并测定土壤中菲含量,以考察复合污染下AMF对土壤中PAHs降解的影响。如图3.5所示,在AMF复合菌种作用下,单一菲污染处理中菲的残留量要低于复合污染处理。30天时,单一菲污染处理的菲残留量比复合污染处理的低26%;45和60天时,则分别低34%和35%。单一菲污染处理中菲的降解率均在97%以上。显然,复合污染条件下,共存污染物(芘)的存在抑制了AMF对土壤中菲的降解。

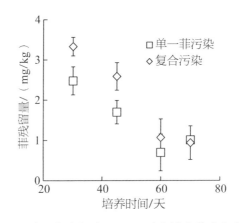

图3.5 不同时间复合污染下AMF对土壤中菲残留量的影响

3.2 AMF作用下土壤中PAHs的赋存形态及有效性

接种AMF可提高植物对PAHs污染土壤的修复效能。然而,土壤有机污染的危害及修复效率与其形态和生物可利用性密切相关(曾跃春等,2010)。由于吸附、锁定等作用,有机污染物进入土壤后,以多种形态残留于土壤中,且各形态间可相互转化。研究表明,不同形态有机污染物的生物毒性和可利用性差异很大(Bogan et al.,2003;Ehlers et al.,2003)。与可提取态污染物相比,结合态污染物的生物可利用性低,对植物也更安全(Khan,1980;Fuhe et al.,1980)。一般认为,结合态残留的形成大大降低了有机污染物的毒性和植物/微生物可利用性,是缓解土壤污染的重要途径(汪海珍等,2001; Northcott et al.,2000)。然而,现有菌根修复的研究大多忽视了土壤中有机污染物的形态变化问题,研究者往往仅凭土壤中可提取态有机污染物的含量变化来分析菌根修复土壤有机污染的过程及机制,这可能会在一定程度上掩盖土壤有机污染的潜在风险,使菌根修复土壤污染的效果难以得到准确评价。

李秋玲(2009)以苊为PAHs代表物,以紫花苜蓿为供试植物,以 *Glomus mosseae*(AMF1)和 *Glomus etunicatum*(AMF2)为接种菌剂,以两种理化性质不同的土壤为供试土壤(表3.1),探讨AMF对土壤中PAHs形态的影响,发现接种AMF促进了PAHs结合态残留的形成,降低了PAHs的毒性和植物/微生物可利用性,从而缓解土壤有机污染程度。

表3.1　供试土壤的基本性质

土壤类型	有机质含量/(g/kg)	pH	砂粒含量/%	粉粒含量/%	黏粒含量/%	老化后苊含量/(mg/kg)
土壤1	16.8	5.53	62.90	20.60	8.30	35
土壤2	22.8	5.27	29.60	49.50	10.30	35

3.2.1　AMF作用下土壤中PAHs的残留

AM是植物根系与AMF相结合的互惠共生体。利用AM修复有机污染土壤,综合了植物修复与微生物修复的优点,克服了两者在实际应用中的缺陷,起到了降解污染物并促进植物生长的作用。

表3.2为培养55天后两种土壤各处理中苊的总残留量。结果表明,接种AMF后土壤中苊总残留量明显降低。土壤1接种AMF1、AMF2后,苊总残留量分别下降至19.2mg/kg、20.2mg/kg,去除率达到45.2%、42.2%;土壤2接种AMF1、AMF2后,苊总残留量分别下降至23.6mg/kg、23.3mg/kg,去除率也达到了32.7%、33.4%;而未接种对照中,土壤1、2苊总残留量分别为22.6mg/kg、26.4mg/kg,去除率分别为35.4%、24.6%。接种AMF后土壤中苊去除率比未

接种对照高6.8%～9.8%。

表3.2　AM作用下土壤中苊的总残留量及去除率

处理	总残留量/(mg/kg)		去除率/%	
	土壤1	土壤2	土壤1	土壤2
对照	22.6±1.1	26.4±1.3	35.4±3.1	24.6±3.7
AMF1	19.2±1.7	23.6±0.5	45.2±5.0	32.7±1.4
AMF2	20.2±0.6	23.3±0.4	42.2±1.7	33.4±1.2

3.2.2　AMF作用下土壤中PAHs的赋存形态

3.2.2.1　土壤中PAHs赋存形态分级方法

有机污染物在土壤中的残留形态,可分为可提取态残留(可脱附态残留与有机溶剂提取态残留之和)与结合态残留。前者指无须改变化学结构、可用溶剂提取并用常规残留分析方法鉴定分析的这部分残留;后者则难以直接萃取。两者的界限并不是十分明显。为研究AMF作用下土壤中PAHs赋存形态的变化情况,参考Sabaté等(2006)的提取方法和步骤对土壤中PAHs赋存形态进行划分。具体提取方法如下。

可脱附态残留:取3g干燥过筛土样于25mL玻璃离心管中,加入15mL提取液[超纯水配制,羟丙基-β-环糊精(HPCD)浓度为70mmol/L,叠氮化钠浓度为0.5g/mL],在150r/min、25℃、避光条件下振荡。间隔60h、120h、240h将离心管从摇床取出,于2000r/min下离心25min,倒出上清液,加入新的提取液;每次倒出的上清液合并,0～4℃保存。收集的全部上清液用10mL的二氯甲烷液-液萃取,重复3次。萃取液用无水硫酸钠过滤干燥,用旋转蒸发仪蒸干,用甲醇定容至2mL,过0.22μm微孔滤膜,进行高效液相色谱(HPLC)测定。

有机溶剂提取态残留:将上一步提取后的土样37℃烘干,加入10mL 1:1(体积比)的二氯甲烷与丙酮混合萃取液,超声萃取10min,离心,收集上清液,重新加入萃取液,重复5次。萃取液用无水硫酸钠过滤干燥,用旋转蒸发仪蒸干,用甲醇定容至2mL,过0.22μm微孔滤膜,进行HPLC测定。

结合态残留:向以上过程提取后的土样加入10mL的2mol/L NaOH,100℃条件下水浴2h,冷却,离心,取上清液,并用少量NaOH润洗土样,收集润洗液;用6mol/L的HCl将pH调至小于2.0,用10mL二氯甲烷液-液萃取,重复3次。萃取液用无水硫酸钠过滤干燥,用旋转蒸发仪蒸干,用甲醇定容至2mL,过0.22μm微孔滤膜,进行HPLC测定。

其中,HPLC分析条件如下:色谱柱为4.6mm×150mm烷基C18反相柱;流动相为色谱纯甲醇,流速1mL/min;柱温30℃;进样量20μl;检测波长245nm。

3.2.2.2　AMF作用下土壤中PAHs赋存形态变化

图3.6为AMF作用下培养55天后两种土壤中苊各形态含量。如图3.6a所示,在土壤1中,接种AMF1处理后,苊可脱附态、有机溶剂提取态、结合态残留的含量分别为5.7mg/kg、9.9mg/kg和3.5mg/kg,各残留组分占总残留量的比例分别为29.8%、51.9%和18.3%;土壤1接种AMF2后,可脱附态、有机溶剂提取态、结合态残留的含量分别为6.7mg/kg、8.0mg/kg和5.5mg/kg,各残留组分占总残留量的比例分别为32.9%、39.7%和27.3%;而未接种对照中,可脱附态、有机溶剂提取态、结合态残留的含量分别为9.2mg/kg、10.5mg/kg和2.9mg/kg,各残留组分占总残留量的比例分别为40.6%、46.5%和12.9%。土壤2接种AMF后土壤中苊形态占比情况与土壤1大致相同,三种形态占总残留量的比例分别为26.3%~34.5%、33.6%~42.3%和31.4%~34.3%。可见,土壤中苊的赋存形态以有机溶剂提取态残留为主,其次是可脱附态残留,结合态残留所占比例最少。

与有植物无AMF对照处理相比,在土壤1中,接种AMF1后,土壤中苊可脱附态残留的含量减少了19%,而结合态残留的含量则增加了20%。AMF2处理对苊结合态残留的影响更为显著。与无AMF对照相比,苊结合态残留的含量增加了90%,结合态苊在土壤中的占比也由对照组的18%上升至27%。对于土壤2来说,AMF处理作用下苊的形态变化规律与土壤1大体一致(图3.6b)。上述结果表明,AMF作用下土壤中苊可脱附态残留的含量减少,结合态残留的含量增加。这可能是由于AMF作用下土壤微生物数量和活性增加，从而加快了芘可脱附态和有机溶剂提取态的降解，同时，微生物活动也促进了结合态残留的形成（曾跃春等，2010）。

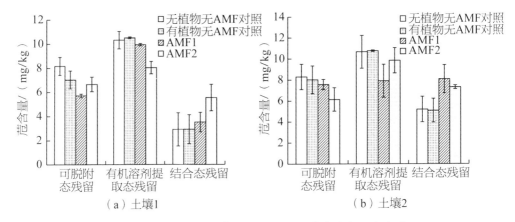

图3.6　AMF作用下培养55天后两种土壤中芘各形态含量

此外，土壤有机质是PAHs的一个主要吸附剂，PAHs结合态残留的含量与PAHs含量呈显著正相关（倪进治等，2006；Chiou et al.，1998）。如图3.6所示，在有机质含量高的土壤2中芘结合态残留可达6.5～8.1mg/kg，而在有机质含量相对较低的土壤1中其含量只有2.9～5.5mg/kg。有研究报道，97%以上的结合态残留存在于土壤有机质中，只有3%以下的结合态残留存在于土壤矿物质部分（李丽等，2007），这是土壤中污染物结合态残留与有机质含量显著性正相关的原因。

一些研究表明，植物可以在一定程度上吸收土壤中有机污染物的结合态残留，但其利用率显著低于可提取态残留（王意泽，2014）。相比较而言，结合态残留比可提取态残留对植物更安全。一般认为，结合态残留的形成大大降低了有机污染物的毒性和植物/微生物可利用性，是土壤污染缓解的重要基础（汪海珍等，2001）。因此，修复PAHs污染土壤的技术手段除了促进PAHs降解、减少土壤中污染物总量外，还可通过促进土壤PAHs从可提取态转化为结合态残留，减少PAHs的毒性及植物可利用性。在接种AMF过程中，土壤中芘由可提取态向结合态转化,各处理中苊结合态残留的含量占总量的比例达到18%~34%,比修复前有很大程度的提高。所以,AMF对土壤PAHs形态转化的促进作用(从可提取态转化为结合态残留)是AMF修复PAHs污染土壤的机制之一。

3.2.3 AMF作用下土壤中PAHs的有效性

有效态是指植物、微生物可以吸收利用的部分,即可提取态残留。图3.7反映了 AMF对土壤中苊有效态含量的影响。在接种AMF1和AMF2并培养55天后,土壤1中苊可提取态残留的含量分别为15.6mg/kg、14.7mg/kg,土壤2中苊可提取态残留的含量分别为15.5mg/kg、16.0mg/kg。与有植物无AMF对照相比,土壤1和土壤2中苊有效态含量分别下降了20.5%~25.3%和19.6%~22.2%,有效态占总残留态的比例也由有植物无AMF对照的79%~86%降低到66%~82%和68%~73%。这表明接种AMF能降低土壤中污染物的有效态含量,减少PAHs的毒性和植物可利用性。尽管如此,培养55天后土壤中仍有65.7%~81.7%可提取态苊残留在土壤1和土壤2中,对生物产生毒害风险。因此,AMF作用下可提取态向结合态的转化仅占AMF对土壤PAHs污染修复效能的一小部分,相关机制仍需进一步探讨。

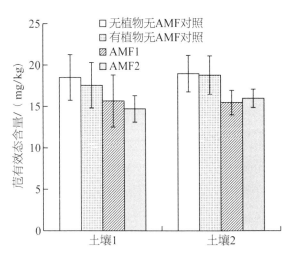

图3.7　接种AMF后土壤中苊有效态含量

3.3　AMF对PAHs污染土壤中微生物和酶活性的影响

AMF能显著促进土壤中PAHs的降解,提高植物修复效率。然而,在菲、芘复合污染土壤中,接种AMF的紫花苜蓿的吸收积累作用对土壤中菲和芘降解的贡献率仅有2.69%(肖敏,2009)。由此可见,促进植物吸收积累污染物并不是AMF修复PAHs污染土壤的主导机制。

土壤酶是土壤中一切生物化学反应的催化剂。土壤中酶活性的变化可以反映土壤中微生物和植物根系的生物活性。因此,在AMF修复过程中,土壤中微生物和酶与PAHs等有机污染物的降解有很大关联性。但是,目前对AMF修复有机污染土壤的机制研究还很少,只能从其他真菌降解有机污染物的研究结果推断,一般认为AMF能通过酶分泌直接代谢有机污染物。刘世亮(2004)研究指出,AMF能提高土壤中多酚氧化酶活性,从而对土壤中苯并[a]芘的降解起到强化作用。这方面的研究仍需要试验进一步证明。

李秋玲(2009)和肖敏(2009)以菲和芘为PAHs代表物,采用温室盆栽试验方法,研究了菲、芘污染条件下AMF对宿主植物紫花苜蓿、三叶草和黑麦草根际土壤微生物数量、多酚氧化酶、酸性磷酸酶和过氧化氢酶活性的影响,试图了解菲、芘共同胁迫下土壤中微生物和酶活性的变化,为有机污染土壤的AMF修复提供一定依据。

3.3.1　土壤中微生物数量

为考察AMF对污染土壤中微生物数量的影响,李秋玲(2009)以菲为PAHs代表物,紫花苜蓿为宿主植物,考察了菲污染条件下接种 *Glomus mosseae*(AMF1)、*Glomus etunicatum*(AMF2)、*Glomus versiforme*(AMF3)、*Glomus constrictum*(AMF4)和 *Glomus intraradices*(AMF5)等5种AMF对土壤微生物生长的影响。如图3.8所示,在同一污染强度下(菲初始含量为59.8mg/kg),与不接种AMF相比,接种AMF后土壤中真菌和放线菌数量大幅提高。培养60天后,5种AMF处理中真菌数量比无AMF对照提高了72%~

329%，放线菌最大提高了92%。对细菌来说，其数量变化在不同处理组间存在差异。接种AMF1和AMF2处理中细菌数量比无AMF对照分别提高了48%和10%，而其余处理对细菌数量影响不显著或有抑制作用。因此，接种AMF可增加污染土壤中微生物数量，其促进作用受到AMF种类的影响。

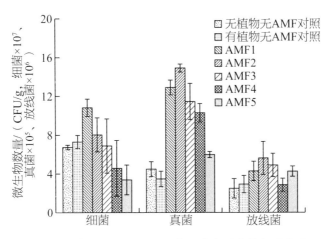

图3.8　接种AMF后PAHs污染土壤中微生物数量变化

李秋玲等（2008）发现，接种AMF后土壤中微生物（尤其是真菌）数量的增加与土壤中PAHs的降解呈正相关，推测AMF提高土壤微生物的数量与活性是其促进PAHs降解的一个重要原因。研究表明，植物修复PAHs污染土壤的主要机制是植物根系可增强土壤中酶活性和增加微生物数量，从而提高PAHs去除率（刘世亮等，2007）。

3.3.2　多酚氧化酶

多酚氧化酶是土壤中重要的氧化还原酶，参与PAHs化合物降解的中间产物——儿茶酚转化为苯醌的催化过程（刘世亮等，2007）。土壤多酚氧化酶活性能够反映土壤微生物活性和微生物对土壤中有机污染物的修复能力。研究AMF对多酚氧化酶活性的影响，对了解AM修复有机污染土壤的作用和探明修复机制有重要意义。肖敏（2009）通过向种植三叶草和黑麦草的污染土壤中分别接种 *Glomus mosseae*（AMF1）和 *Glomus etunicatum*（AMF2），考察了 AMF 对菲、芘污染胁迫下土壤中多酚氧化酶活性变化的影响。由表3.3可知,在培养时间内,无论接种 AMF 与否,各处理土壤中多酚氧化酶活性都在20~40天呈增加趋势,在40~60天呈降低趋势。李秋玲等(2008)研究表明,在植物生长的前期(前40天)土壤中PAHs降解速率非常快,随后是一个很缓慢的过程。这种变化与多酚氧化酶活性变化一致,可见在植物生长前期迅速降解的PAHs为其提供了大量的碳源和能源,导致土壤微生物和多酚氧化酶活性增加(李秋玲等,2006;Joner et al.,2003)。但随着PAHs的不断降解,可利用的碳源和能源减少,微生物数量和多酚氧化酶活性也随之降低。

表3.3 菲、芘污染土壤中多酚氧化酶活性变化($p<0.05$)

植物	处理	多酚氧化酶活性/(mg/g)				
		20 天	30 天	40 天	50 天	60 天
无植物	无AMF	0.141±0.022[c]	0.316±0.039[cd]	0.510±0.045[c]	0.379±0.041[c]	0.297±0.045[d]
三叶草	无AMF	0.269±0.046[bc]	0.257±0.027[d]	0.581±0.024[c]	0.389±0.017[c]	0.437±0.019[c]
	AMF1	0.362±0.033[ab]	0.441±0.001[ab]	0.825±0.030[ab]	0.523±0.016[b]	0.523±0.034[b]
	AMF2	0.469±0.073[a]	0.489±0.031[a]	0.901±0.029[ab]	0.504±0.028[b]	0.576±0.018[ab]
黑麦草	无AMF	0.228±0.030[bc]	0.342±0.014[bcd]	0.782±0.080[b]	0.506±0.046[b]	0.549±0.021[b]
	AMF1	0.294±0.004[b]	0.403±0.050[abc]	1.008±0.117[a]	0.724±0.033[a]	0.649±0.018[a]

AMF 作用下多酚氧化酶活性的提高与宿主植物种类有关。由表3.3可知,植物增加了土壤中多酚氧化酶活性。培养时间内,仅种植三叶草或黑麦草处理的多酚氧化酶活性高于无植物对照。AMF 对植物根际多酚氧化酶活性有显著增加作用。当宿主植物为三叶草时,接种 AMF1 和 AMF2 处理的多酚氧化酶活性在供试时间内均显著高于无植物对照,在30~60天显著高于不

接种处理,多酚氧化酶活性分别增加19.6%～72.0%和29.7%～90.7%。与三叶草相似,AMF1对黑麦草根际多酚氧化酶活性也有显著增加作用。接种AMF1的黑麦草根际多酚氧化酶活性在供试时间内均高于无植物对照和不接种处理,在40～60天与两者的差异均达显著水平。相比不接种处理,接种AMF1后三叶草根际多酚氧化酶活性平均增加了40.6%,而接种AMF1后黑麦草根际多酚氧化酶活性平均增加了27.3%。接种AMF1对三叶草根际多酚氧化酶活性的促进作用大于对黑麦草的,这可能与AMF1对三叶草根系的侵染率较高和三叶草对AMF依赖作用较大有关。因此,AMF作用下多酚氧化酶活性的提高与宿主植物种类有关。

李秋玲(2009)比较了土壤中细菌和真菌数量发现(图3.9),相比于不接种AMF的三叶草处理,接种AMF1和AMF2的三叶草在培养20天时根际土壤中细菌数量增加了141.9%和35.4%,真菌数量增加了82.1%和48.4%。AMF与植物根系形成的共生体系可改善根际环境,促进土壤微生物生长和繁殖(李秋玲等,2006,2008)。两种AMF处理的三叶草根际多酚氧化酶活性在20天时比不接种处理的分别增加了34.6%和74.3%,与微生物数量变化一致。可以推测,接种AMF可以增加土壤中微生物数量,进而增加土壤多酚氧化酶活性,促进PAHs在土壤中降解。

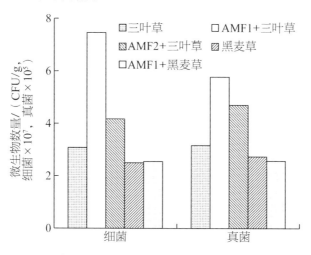

图3.9　培养20天时各处理污染土壤中细菌和真菌的数量

3.3.3 酸性磷酸酶

土壤中存在3类磷酸酶：碱性、中性和酸性磷酸酶（和文祥等，2007）。当土壤为酸性（pH=6.02）时，AMF作用下菲、芘污染土壤中酸性磷酸酶的活性变化如表3.4所示，菲、芘污染土壤中植物对酸性磷酸酶活性有显著增加作用。供试时间内，仅三叶草或黑麦草的根际土壤中酸性磷酸酶活性均高于无植物对照，三叶草根际土壤酸性磷酸酶活性在20天时与无植物对照的差异达显著水平，黑麦草根际土壤酸性磷酸酶活性除30～40天外均与无植物对照呈显著性差异。

表3.4　菲、芘污染土壤中酸性磷酸酶活性变化（$p<0.05$）

植物	处理	酸性磷酸酶活性/(mg/g)				
		20天	30天	40天	50天	60天
无植物	无AMF	31.0± 1.12[d]	38.2± 1.82[a]	41.6± 0.71[a]	34.3± 0.10[b]	40.8± 1.53[d]
三叶草	无AMF	36.2± 0.78[bc]	41.1± 0.75[a]	46.8± 0.77[a]	42.8± 1.50[b]	46.3± 1.86[cd]
	AMF1	33.2± 0.67[cd]	38.9± 2.44[a]	49.6± 6.69[a]	40.0± 1.59[b]	52.3± 1.38[bc]
	AMF2	37.5± 1.10[b]	39.3± 2.57[a]	49.5± 1.43[a]	44.8± 1.85[b]	48.9± 2.26[c]
黑麦草	无AMF	37.3± 1.69[b]	40.3± 0.23[a]	53.2± 0.61[a]	66.4± 6.99[a]	69.2± 4.30[a]
	AMF1	41.2± 0.83[a]	40.2± 1.64[a]	52.4± 3.47[a]	68.1± 11.46[a]	59.0± 0.74[b]

AMF对三叶草和黑麦草根际酸性磷酸酶活性影响不同（表3.4）。当宿主植物为三叶草时，接种AMF1或AMF2土壤中酸性磷酸酶活性与不接种对照（无AMF）相比无显著性差异。当宿主植物为黑麦草时，接种AMF1土壤中酸性磷酸酶活性在培养20天时显著高于不接种对照，在培养60天时则显著低于不接种对照，其他培养时间与对照间无显著差异。

以往认为AMF根外菌丝可以分泌酸性磷酸酶,增加植物磷吸收(刘润进等,2000)。然而,王曙光等(2004)研究发现,AMF对植物根系酸性磷酸酶活性并没有显著的促进作用,植物磷吸收的增强可能是由于AMF菌丝扩大了根系吸收范围,同时这也减轻了植物缺磷胁迫(缺磷胁迫可增加土壤磷酸酶活性)。进一步比较各处理宿主植物的生物量(鲜重),发现除培养20天外,接种AMF的三叶草、黑麦草的根和茎叶生物量均明显大于未接种处理。因此,菲、芘复合污染条件下,AMF可通过菌丝吸收根系不能到达的深层土壤中的磷,以促进植物自身生长。

3.3.4　过氧化氢酶

表3.5反映了菲、芘污染土壤中过氧化氢酶活性变化。在菲、芘污染土壤中,植物对过氧化氢酶活性有增加作用。在供试时间内,仅种三叶草或黑麦草的过氧化氢酶活性高于无植物对照。接种AMF增加了三叶草根际土壤中过氧化氢酶活性,但总体上降低了黑麦草根际土壤中过氧化氢酶活性。当宿主植物为三叶草时,接种两种AMF的土壤中过氧化氢酶活性比不接种处理(无AMF)分别增加3.3%～12.2%和7.8%～34.7%。在培养时间内,接种AMF2比接种AMF1的土壤中过氧化氢酶活性更高。AMF作用的效果与宿主植物的种类有关(戴梅等,2008)。此外,这种现象与AMF直接或间接影响根际微生物,有选择地抑制或促进根际微生物有一定关系。

表3.5　菲、芘污染土壤中过氧化氢酶活性变化($P<0.05$)

植物	处理	过氧化氢酶活性/(mL/g)				
		20天	30天	40天	50天	60天
无植物	无AMF	0.116±0.007c	0.155±0.009b	0.345±0.009b	0.243±0.009a	0.361±0.012b
三叶草	无AMF	0.134±0.003bc	0.164±0.018b	0.343±0.006bc	0.305±0.027a	0.375±0.012b
三叶草	AMF1	0.139±0.010b	0.183±0.009b	0.360±0.003ab	0.318±0.009a	0.409±0.006a

续表

植物	处理	过氧化氢酶活性/(mL/g)				
		20天	30天	40天	50天	60天
黑麦草	AMF2	0.165± 0.003[a]	0.218± 0.012[a]	0.370± 0.007[a]	0.344± 0.010[a]	0.409± 0.003[a]
	无AMF	0.151± 0.006[ab]	0.174± 0.003[b]	0.324± 0.003[c]	0.324± 0.015[a]	0.375± 0.019[b]
	AMF1	0.153± 0.007[ab]	0.159± 0.003[b]	0.343± 0.009[bc]	0.317± 0.003[a]	0.351± 0.010[b]

过氧化氢酶广泛存在于微生物和植物的细胞中,是在生物呼吸过程和有机物质生物氧化过程中形成的,能够破坏对生物体有毒的过氧化氢。过氧化氢酶活性常作为一项污染土壤的生态毒理学指标(宫璇等,2004;徐珍等,2006)。目前关于污染土壤过氧化氢酶活性变化的研究大多在无植物的环境中进行。三叶草接种AMF后土壤过氧化氢酶活性增加,这可能是AMF促进土壤中菲、芘降解的潜在机制,还有待于进一步研究证明。

3.4 AMF对PAHs污染土壤中根系活性物质的影响

植物的根系分泌物及其细胞的分泌液构成植物的渗出液,这些渗出液可作为根际微生物的营养物质。一些研究表明,AMF的存在能够引起植物根系分泌物的种类与含量变化。Hage-Ahmed等(2013)发现番茄接种 *Glomus mosseae* 后根系分泌物中含有较多的糖类和较少的有机酸类。植物根系分泌物性质和数量的变化,会改变根际土壤中微生物群落结构并增加降解微生物种群的丰度,促进微生物对有机污染物的降解;同时,土壤中部分根系分泌物的变化会改变土壤特性、提高有机污染物的生物有效性,从而加快有机污染物的降解。

3.4.1 AMF对植物根系分泌物的影响

根系分泌物在植物生长中的作用越来越受到研究者的关注(Sun et al.，2020)。根系分泌物可以提高土壤酶和微生物活性,加速植物凋落物的分解(Tian et al.，2019),影响植物对养分的吸收和利用(Coskun et al.，2017; Ravazzolo et al.，2019)。在养分供应不足的情况下,植物释放出更多的根系分泌物,以促进对养分的吸收和利用(Ma et al.，2022)。已有研究表明, AMF-植物共生可以影响植物根系分泌物的渗出,增强植物的化感作用。孙晨瑜等(2020)发现接种 *Glomus mosseae* 对黄花蒿生长及其根系分泌物化学组成产生影响。接种 *Glomus mosseae* 后,黄花蒿根系分泌物可溶性蛋白、可溶性糖、游离氨基酸的含量分别增加了74.38%、16.13%和203%,同时有机酸(甲酸、苹果酸、酒石酸、草酸和柠檬酸)的种类和含量显著增加。这表明接种 AMF可促进植物根系分泌物的分泌,提高植物生物量。郭修武等(2009)发现 AMF种类会影响葡萄种植土壤中根系分泌物的种类及其含量。在接种三种 AMF(*Glomus versiforme*、*Glomus mosseae* 和 *Glomus etunicatum*)的葡萄种植土壤中,接种 *Glomus versiforme* 的葡萄根系分泌物的种类较多,并且含有特异性成分橙花叔醇。Ma等(2022)研究发现,不同AMF接种对不同生育阶段玉米根系分泌物的影响不同。从玉米全生育期有机酸分泌总量来看,接种 *Glomus mosseae* 促进了对羟基苯甲酸、对香豆酸和咖啡酸的分泌,接种 *Glomus etunicatum* 促进了丁香酸的分泌,接种 *Rhizophagus aggreratus* 促进了绿原酸和琥珀酸的分泌。而与对照相比,接种AMF降低了土壤中原儿茶酸、香草酸、柠檬酸和阿魏酸的含量。对羟基苯甲酸、香草酸和咖啡酸可以减少植物枯萎病的发生,抑制土传病原体,减少土传疾病,从而促进植物生长。因此,接种AMF可以通过改变植物根系分泌物的种类及含量来缓解土传疾病,促进植物生长。此外,AM共生过程中丁香酸的分泌可以改变根际微生物群落(包括细菌、真菌群落)结构,提高宿主植物抗性、缓解作物连作障碍和促进养分吸收(Liu et al.，2020)。

3.4.2 低分子量有机酸对土壤中PAHs的活化作用

在有机污染土壤中,接种AMF可改变修复植物的化感作用,进而促进根系分泌物的产生。这些分泌物富含污染物降解酶和容易获得的碳源,可为根际微生物提供养分,增加污染物降解效能。同时,根系分泌物可改变污染物在土壤中的固定、活化、迁移和转化行为,从而影响有机污染土壤的修复效率(Asemoloye et al.,2019)。低分子量有机酸是根系分泌物中性质最为活跃的组分之一,是由一个或数个羧基小分子组成的碳水化合物,在根际土壤中广泛存在。由于低分子量有机酸所携带的羧基与土壤中的铁、铝有较强的络合能力,所以其一旦进入土壤将很快被土壤吸附(Jones et al.,1998),影响土壤的表面电荷性质(徐仁扣,2006),与溶液中的金属离子形成复合物,并从土壤胶体中置换出阴离子,进而影响其在土壤中的作用。同时,由于羧基的数目和解离性质不同,不同种类有机酸的作用也有所不同。研究表明,低分子量有机酸可影响根际有机污染物的环境过程,如10mmol/L的三种低分子量有机酸(草酸、酒石酸和柠檬酸)可显著提高红壤中HCH和DDT的释放率(赵振华等,2006)。White等(2003)研究发现,低分子量有机酸能够溶解土壤矿物,释放土壤中金属离子,破坏有机-无机复合体和土壤结构,从而影响土壤中PAHs的吸附-脱附,提高PAHs有效性,促进污染修复植物对PAHs的吸收,降低土壤中PAHs含量。

孙瑞(2011)以菲和芘为PAHs代表物,采用动态土柱法,考察了土壤中常见的低分子量有机酸(柠檬酸、酒石酸和苹果酸)对有机污染土壤中PAHs的淋洗作用及对其迁移降解的影响。研究发现,加入低分子量有机酸提高了土壤中PAHs的有效性和淋洗率,以及土壤中PAHs的去除率。图3.10列出了不同低分子量有机酸(浓度为80mmol/L)对黄棕壤中菲、芘的累积去除量。由图可见,柠檬酸、酒石酸、苹果酸对土壤PAHs均有很强的淋洗能力。在3种有机酸作用下,土壤中全量菲的累积去除量由对照的14.18mg/kg增加到60.56mg/kg、58.37mg/kg、58.99mg/kg,去除量增加幅度分别为对照的327.1%、311.6%、

316.0%；全量芘的累积去除量则由对照的14.71mg/kg分别增加到58.74mg/kg、50.94mg/kg、55.50mg/kg，与对照相比，去除量增加幅度分别为299.3%、246.3%、277.2%。有机酸对菲、芘去除能力的不同，说明PAHs的自身性质影响着有机酸对PAHs的解吸能力，芘分子量、苯环数量高于菲，在土壤环境中残留更抗降解（Sabaté et al.，2006）。

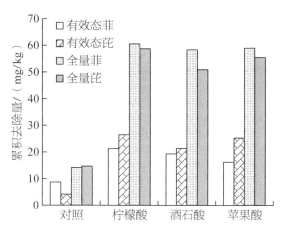

图3.10　不同低分子量有机酸（浓度为80mmol/L）对黄棕壤中菲、芘的累积去除量

此外，低分子量有机酸的种类和浓度影响其对土壤中PAHs的淋洗能力。通过如下公式对土壤中PAHs的淋洗效率进行计算：

$$R_e = \frac{(C_0 - C_e)}{C_0} \times 100\% \tag{3-1}$$

式中R_e为淋洗效率；C_0为土柱中PAHs初始残留量，mg/kg；C_e为低分子量有机酸淋洗后土柱中PAHs残留量，mg/kg。

表3.6列出了低浓度有机酸（5mmol/L）和高浓度有机酸（80mmol/L）对黄棕壤中菲、芘的淋洗效率。由表3.6可以看出，与对照相比，3种低分子量有机酸的淋洗效率均有明显提高，不同种类和浓度的有机酸对PAHs的淋洗能力存在差异。当浓度为5mmol/L时，有机酸对菲、芘的淋洗能力为酒石酸＞苹果酸＞柠檬酸；当浓度为80mmol/L时，不同有机酸对菲的淋洗效率无明显差别，且有机酸对菲的淋洗效率均大于芘。这说明低分子量有机酸的种类和浓度

以及PAHs的性质同时影响着低分子量有机酸对PAHs的淋洗能力。

表3.6　低分子量有机酸对黄棕壤中菲、芘的淋洗效率

种类	浓度/(mmol/L)	淋洗效率/%	
		菲	芘
对照(CK)	0	14.93	14.32
柠檬酸	5	30.58	23.92
	80	61.64	58.74
酒石酸	5	68.01	61.07
	80	61.45	59.94
苹果酸	5	47.26	29.22
	80	62.09	55.29

有研究表明,土壤中的PAHs等有机污染物主要结合于土壤有机质中,受土壤有机质含量和形态的影响,而低分子量有机酸能够活化土壤中的有机质,即低分子量有机酸能够促进土壤中PAHs的活化,进而实现PAHs的去除和污染土壤的修复(孙瑞,2011)。此外,低分子量有机酸还能够通过螯合无机离子来部分瓦解土壤结构,从而提高有机污染物的有效性。通过测定淋出液中几种金属阳离子的浓度(表3.7),发现低分子量有机酸的淋洗明显促进了土壤中金属阳离子的溶出,且有机酸的浓度越高,金属阳离子的浓度越大(远远高于对照)。在淋出液中,作为土壤有机-无机复合体"键桥"的铁离子、铝离子溶出的增幅最大,说明低分子量有机酸可以溶解土壤矿物,释放土壤中金属阳离子,破坏有机-无机复合体和土壤结构,进而促进PAHs的活化和迁移。低分子量有机酸同时拥有活性羧基和羟基,它们可以和腐殖质竞争与黏粒矿物的相互作用,形成溶于水的低分子量有机酸-金属阳离子-黏粒矿物结构,导致固定在土壤中的菲、芘释放并进入土壤溶液。另外,低分子量有机酸具有酸性,可降低溶液pH,促进土壤中金属阳离子的溶出,进而打破土壤矿物质和有机质的"键桥",促进土壤固相有机质进入溶液,促进土壤中菲、芘的释放。

表 3.7　低分子量有机酸淋出土壤中金属阳离子的浓度

种类	有机酸浓度/(mmol/L)	金属阳离子浓度/(mg/L)				
		Fe^{2+}	Al^{3+}	Ca^{2+}	Mg^{2+}	Mn^{2+}
CK	0	5.123	5.811	42.61	9.626	17.65
柠檬酸	5	183.1	37.35	140.2	33.31	64.71
	10	422.4	103.3	294.9	71.54	142.0
	20	570.3	248.3	629.9	150.3	321.9
	40	2102	484.7	1183	241.1	799.1
	80	3652	959.9	2102	429.1	1545
酒石酸	5	41.32	2.075	44.78	13.86	20.43
	10	51.69	20.81	92.67	27.17	49.57
	20	261.5	142.3	242.5	67.62	140.7
	40	362.6	199.3	329.6	78.95	174.6
	80	918.9	306.7	833.1	249.6	944.6
苹果酸	5	57.95	4.164	67.26	29.45	60.82
	10	153.5	31.47	177.7	44.57	97.76
	20	455.2	135.5	397.5	88.52	219.4
	40	1636	219.1	873.9	202.5	604.4
	80	3396	358.7	1711	394.1	1524

3.5　AMF自身对土壤PAHs的降解作用

AMF 是异养微生物，需要从外界吸收营养物质（作为其生长繁殖的能量），而有机污染物是以碳元素为主构成的，可以作为真菌的碳源。AMF 可通过自身的代谢作用和其他特殊途径将污染物分解为简单的有机物或二氧化碳和水，并获得自身所需的能源，达到降解有机污染物或降低其毒性的目的。大量研究表明，真菌能代谢分解土壤中的 PAHs，并将其中的碳作为唯一的碳源与能源（Gramass et al.，1999；Rajtor et al.，2016）。Romero 等（2002）研究发现，丝状真菌和酵母菌能够以芘为唯一碳源对其进行代谢。也有研究证实,在用菌根修复农药污染土壤的过程中,菌根植物对农药有很强的耐受性,并可以把一些有机成分转化为菌根真菌和植物的养分源,降低农药对土壤的污染(王发园等,2004)。

此外,AMF自身可分泌氧化酶等酶类物质,影响植物或微生物体内氧化酶等的含量水平,或提高其活性,从而有利于有机污染物的降解。Gramss等(1999)发现,AMF接触污染物后,能产生各种具有降解功能的诱导酶来降解污染物,同时还可以将该污染物作为其生长繁殖的碳源和能源。某些豆科植物接种AMF后,能够使促进有机污染物氧化降解的过氧化物酶活性增加(Salzer et al.,1999)。在紫花苜蓿根系被AMF侵染的早期,苯丙氨酸解氨酶、查尔酮异构酶和几丁质酶活性的增加促进了黄酮类物质的积累(Volpin et al.,1995)。

同时,AMF可利用自身结构特点对土壤中PAHs进行生物固定。Gaspar等(2002)研究发现,AMF孢子可直接从土壤中吸收少部分的PAHs,并通过生物固定将其累积在孢子里,降低根际土壤中游离的PAHs含量。由于体系复杂、难于操作,且分离技术受限,有关AMF直接降解或固定PAHs对AMF修复土壤有机污染的贡献的研究报道鲜少,相关研究有待开展并进一步深化。

参考文献

Asemoloye, M. D., Jonathan, S. G., Ahmad, R., 2019. Synergistic plant-microbes interactions in the rhizosphere: A potential headway for the remediation of hydrocarbon polluted soils. International Journal of Phytoremediation, 21(2): 71-83.

Bogan, B. W., Trbovic, V., 2003. Effect of sequestration on PAH degradability with Fenton's reagent: Roles of total organic carbon, humin, and soil porosity. Journal of Hazardous Materials, 100(1-3): 285-300.

Chiou, C. T., McGroddy, S. E., Kile, D. E., 1998. Partition characteristics of polycyclic aromatic hydrocarbons on soils and sediments. Environmental Science & Technology,32(2):264-269.

Coskun,D.,Britto,D. T.,Shi,W.,Kronzucker,H. J.,2017. How plant root exudates shape the nitrogen cycle. Trends in Plant Science,22(8):661-673.

Ehlers,L. J.,Luthy,R. G.,2003. Contaminant bioavailability in soil and sediment. Environmental Science & Technology,37:295-302.

Fuhr, F., Mittelstaedt, W., 1980. Plant experiments on the bioavailability of unextracted [carbonyl-^{14}C] methabenzthiazuron residues from soil. Journal of Agricultural and Food Chemistry,28(1):122-125.

Gaspar,M.,Cabello,M.,Cazau,M.,Pollero,R.,2002. Effect of phenanthrene and *Rhodotorula glutinis* on arbuscular mycorrhizal fungus colonization of maize roots. Mycorrhiza,12(2):55-59.

Gramss,G.,Voigt,K. D.,Kirsche,B.,1999. Degradation of polycyclic aromatic hydrocarbons with three to seven aromatic rings by higher fungi in sterile and unsterile soils. Biodegradation,10(1):51-62.

Hage-Ahmed,K.,Moyses,A.,Voglgruber,A.,Hadacek,F.,Steinkellner,S.,2013. Alterations in root exudation of intercropped tomato mediated by the arbuscular mycorrhizal fungus *glomus mosseae* and the soilborne pathogen *Fusarium oxysporum* f. sp. *lycopersici*. Journal of Phytopathology,161:763-773.

Joner, E. J., Leyval, C., 2003. Rhizosphere gradients of polycyclic aromatic hydrocarbon(PAH) dissipation in two industrial soils and the impact of arbuscular mycorrhiza. Environmental Science & Technology,37:2371-2375.

Jones,D. L.,Brassington,D. S.,1998. Sorption of organic acids in acid soils and its implications in the rhizosphere. European Journal of Soil Science,49(3):447-455.

Khan,S. U.,1980. Plant uptake of unextracted(bound) residues from an organic soil treated with prometryn. Journal of Agricultural and Food Chemistry,28(6):

1096-1098.

Lenoir, I., Lounes-Hadj Sahraoui, A., Fontaine, J., 2016. Arbuscular mycorrhizal fungal-assisted phytoremediation of soil contaminated with persistent organic pollutants: A review. European Journal of Soil Science, 67(5): 624-640.

Liu, N., Shao, C., Sun, H., Liu, Z., Guan, Y., Wu, L., Zhang, L., Pan, X., Zhang, Z., Zhang, Y., Zhang, B., 2020. Arbuscular mycorrhizal fungi biofertilizer improves American ginseng (*Panax quinquefolius* L.) growth under the continuous cropping regime. Geoderma, 363: 114155.

Ma, J., Wang, W., Yang, J., Qin, S., Yang, Y., Sun, C., Pei, G., Zeeshan, M., Liao, H., Liu, L., Huang, J., 2022. Mycorrhizal symbiosis promotes the nutrient content accumulation and affects the root exudates in maize. BMC Plant Biology, 22(1): 64.

Northcott, G. L., Jones, K. C., 2000. Experimental approaches and analytical techniques for determining organic compound bound residues in soil and sediment. Environmental Pollution, 108(1): 19-43

Rajtor, M., Piotrowska-Seget, Z., 2016. Prospects for arbuscular mycorrhizal fungi (AMF) to assist in phytoremediation of soil hydrocarbon contaminants. Chemosphere, 162: 105-116.

Ravazzolo, L., Trevisan, S., Manoli, A., Boutet-Mercey, S. P., Perreau, F. O., Quaggiotti, S., 2019. The control of zealactone biosynthesis and exudation is involved in the response to nitrogen in maize root. Plant and Cell Physiology, 60(9): 2100-2112.

Romero, M. C., Salvioli, M. L., Cazau, M. C., Arambarri, A. M., 2002. Pyrene degradation by yeasts and filamentous fungi. Environmental Pollution, 117(1): 159-163.

Sabaté, J., Vinas, M., Solanas, A. M., 2006. Bioavailability assessment and environmental fate of polycyclic aromatic hydrocarbons in biostimulated creosote-contaminated soil. Chemosphere, 63(10) : 1648-1659.

Salzer, P., Corbière, H., Boller, T., 1999. Hydrogen peroxide accumulation in *Medicago truncatula* roots colonized by the arbuscular mycorrhiza-forming fungus *Glomus intraradices*. Planta, 208 : 319-325.

Sun, C., Wang, D., Shen, X., Li, C., Liu, J., Lan, T., Wang, W., Xie, H., Zhang, Y., 2020. Effects of biochar, compost and straw input on root exudation of maize (*Zea mays* L.) : From function to morphology. Agriculture, Ecosystems and Environment, 297 : 106952.

Tian, K., Kong, X., Yuan, L., Lin, H., He, Z., Yao, B., Ji, Y., Yang, J., Sun, S., Tian, X., 2019. Priming effect of littermineralization: The role of root exudate depends on its interactions with litter quality and soil condition. Plant and Soil, 440 : 457-471.

Volpin, H., Phillips, D. A., Okon, Y., Kapulnik, Y., 1995. Suppression of an isoflavonoid phytoalexin defense response in mycorrhizal alfalfa roots. Plant Physiology, 108(4) : 1449-1454.

White, J. C., Mattina, M. I., Lee, W. Y., Eitzer, B. D., Iannucci-Berger, W., 2003. Role of organic acids in enhancing the desorption and uptake of weathered *p, p′*-DDE by *Cucurbita pepo*. Environmental Pollution, 124(1) : 71-80.

戴梅, 王洪娴, 殷元元, 武侠, 王淼淼, 刘润进, 2008. 丛枝菌根真菌与根围促生细菌相互作用的效应与机制. 生态学报, 28(6) : 2854-2858.

高彦征, 朱利中, 凌婉婷, 熊巍, 2005. 土壤和植物样品的多环芳烃分析方法研究. 农业环境科学学报, 24(5) : 1003-1006.

宫璇, 李培军, 张海荣, 郭伟, 焦晓光, 2004. 菲对土壤酶活性的影响. 农业环境科学学报, 23(5) : 981-984.

郭修武, 李坤, 郭印山, 张立恒, 孙英妮, 谢洪刚, 2009. 丛枝菌根真菌对连作土壤中葡萄生长及根系分泌特性的影响. 沈阳农业大学学报, 40(4) : 392-395.

和文祥, 姚敏杰, 孙丽娜, 孙铁珩, 2007. 呋喃丹对土壤酶活性的影响. 应用生态学报,18(8):1921-1924.

李丽,曹云者,李秀金,高新华,李发生,2007.典型石油化工污染场地多环芳烃土壤指导限值的获取与风险评价.环境科学研究,20(1):30-35.

李秋玲,凌婉婷,高彦征,李福春,熊巍,2006.丛枝菌根对有机污染土壤的修复作用及机理.应用生态学报,17(11):2217-2221.

李秋玲,凌婉婷,高彦征,卢晓丹,曾跃春,2008.丛枝菌根对土壤中多环芳烃降解的影响.农业环境科学学报,27(5):1705-1710.

李秋玲,2009.丛枝菌根对多环芳烃污染土壤的修复作用及机理研究.南京:南京农业大学.

刘润进,李晓林,2000.丛枝菌根及其应用.北京:科学出版社.

刘世亮,骆永明,丁克强,李华,吴龙华,邢维芹,宋静,曹志洪,陶澍,2004.苯并[a]芘污染土壤的丛枝菌根强化植物修复作用研究.土壤学报,41(3):336-342.

刘世亮,骆永明,丁克强,李华,吴龙华,2007.黑麦草对苯并[a]芘污染土壤的根际修复及其酶学机理研究.农业环境科学学报,26(2):526-532.

倪进治,骆永明,魏然,2006.土壤有机和无机组分对多环芳烃环境行为影响的研究进展.土壤,38(5):559-564.

孙晨瑜,曾燕红,马俊卿,刘璐,王文奇,黄京华,2020.丛枝菌根真菌对黄花蒿生长和根系分泌物化学组成的影响.热带作物学报,41(9):1831-1837.

孙瑞,2011.低分子量有机酸对土壤中典型有毒有机物的活化作用.南京:南京农业大学.

汪海珍,徐建民,谢正苗,叶庆富,2001.土壤中 ^{14}C-甲磺隆存在形态的动态研究.土壤学报,37(8):547-557.

王发园,林先贵,周健民,2004.丛枝菌根与土壤修复.土壤,36(3):251-257.

王曙光,林先贵,尹睿,侯彦林,2004.接种AM真菌对PAEs污染土壤中微生物和酶活性的影响.生态学杂志,23(1):48-51.

王意泽,2014.根际土壤中PAHs结合态残留的时空分布及植物可利用性.南京:南京农业大学.

肖敏,2009.丛枝菌根修复多环芳烃污染土壤的几种酶活性研究.南京:南京农业大学.

徐仁扣,2006.低分子量有机酸对可变电荷土壤和矿物表面化学性质的影响.土壤,38(3):233-241.

徐珍,郭正元,黄帆,杨仁斌,唐美珍,2006.霸螨灵、克螨特及其混剂对土壤过氧化氢酶的影响.农业环境科学学报,25(6):1654-1658.

曾跃春,李秋玲,高彦征,凌婉婷,肖敏,2010.丛枝菌根作用下土壤中多环芳烃的残留及形态研究.土壤,42(1):106-110.

赵振华,蒋新,郎印海,颜冬云,阮晓红,2006.几种低分子量有机酸对红壤中DDTs类物质释放动力学的影响.环境科学,27(8):6660-6665.

第4章　丛枝菌根真菌作用下植物对土壤中多环芳烃的吸收作用

植物-丛枝菌根真菌（AMF）共生在环境中普遍存在。丛枝菌根（AM）通过增加养分吸收、提高耐旱性和潜在保护植物根系免受病原体的侵害，对受污染土壤中植物的生长和存活具有积极影响（Gao et al.，2015）。有关接种AMF对植物吸收有机污染物的影响研究早有报道。例如，Huang等（2007）和Wu等（2008）发现，AMF定殖导致滴滴涕和阿特拉津在玉米和紫花苜蓿根部的积累量增加，但在茎叶部的积累量减少。这些发现表明了接种AMF对植物吸收有机污染物的重要意义。本章通过温室盆栽试验，研究AMF对土壤中植物吸收和积累PAHs的影响，探讨AMF作用下植物亚细胞中PAHs的分布情况，从而揭示了土壤中菌根吸收PAHs的基本规律及机制，为评价污染场地中PAHs污染风险提供理论依据。

4.1　AMF对宿主植物生长的影响

接种AMF可以提高植物修复污染土壤的效率。菌根在石油烃污染土壤、农药污染土壤和重金属污染土壤的治理上都具有积极的作用（van der Heijden et al.，1998）。同时，AMF还可促进植物对养分和矿物的吸收，增强植物抗逆性与抗病性，改良土壤结构等（毕银丽等，2005；阙弘，2015）。宿主植物是影响 AMF 环境功能的最大生物因子,对 AMF 的生态分布、产孢、丛枝发育都有很大影响。对于不同的宿主植物,AMF 的种属组成和侵染率均不同,通常豆科植物根际中 AMF 的种属数量较多。在分子水平上,宿主植物中许多基因对丛枝的发育和退化有重要影响。宿主植物根系与菌根真菌的亲和力或它们之间的相互选择性在很大程度上决定着菌根的生长发育和功能。这也意味着宿主植物与菌根真菌之间有一个最佳共生组合,这对于 AMF 在提高有机污染土壤植物修复效能中的应用具有重要意义(郭佳等,2014)。

阙弘(2015)以菲为 PAHs 代表物,紫花苜蓿为宿主植物,通过温室盆栽试验,向供试污染土壤中接种 *Acaulospora scrobculata*(As)、*Glomus mosseae* (Gm)、*Glomus intraradices*(Gi)、*Glomus etunicatum*(Ge)、*Glomus constrictum* (Gc)等 5 种 AMF,培养 0～90 天,探讨 AMF 对污染土壤中宿主植物生长的影响,为高效修复有机污染场地的菌种选择提供理论依据与操作思路。

4.1.1　AMF 的植物侵染率

菌根侵染率反映了菌根真菌与宿主植物的亲和程度,也是衡量真菌在宿主植物根系扩展能力的重要指标。侵染率越高,说明 AMF 在宿主根系上扩展的能力越大(王幼珊等,2012)。将选取的新鲜植物根样剪成 1cm 根段,随机取出部分根样,用台盼蓝-直线截获法测定菌根侵染率,并在显微镜下观察丛枝菌根侵染状况。培养 60 天时 5 种 AMF 的侵染率如图 4.1 所示。研究发现,培养 60 天时,5 种 AMF 均可侵染紫花苜蓿,并且侵染率在整个生长期(30～90天)达到最大值。5 种 AMF 对紫花苜蓿的侵染率为 42%～74%。其中,Gi 侵染率最高,为 74.1%;As 侵染率最低,为 42.4%,明显低于其他 4 种 AMF。不接种对照组中没有检测到 AMF 侵染。

以 Gi 为 AMF 代表,考察了 AMF 侵染率随培养时间的变化情况。由图 4.2 可知,随着培养时间的延长,菌根侵染率表现为先增加后降低的趋势。在培养 25～60 天内,Gi 侵染率随培养时间延长而增大。其中,在培养 30 天和 45 天时,Gi 侵染率分别为 18.5% 和 41.2%;60 天时,Gi 侵染率达到最大值(74.1%),

这与Gao(2010)和肖敏等(2009)的研究结果一致。由于丛枝的寿命有限,随生长期延长而衰老、退化、消解(刘润进等,2000),菌根在根内形成大量的泡囊,导致AMF侵染率下降。在培养75天和90天时,Gi侵染率有所下降,相比60天时分别下降了8.8%和25.9%。接种初期,AMF对紫花苜蓿幼苗生长的影响不显著,因为从AMF侵染根系到形成菌根共生体一般需要3~4周的时间(龙宣杞,2009),这段时间内,菌根共生体对植物生长的贡献不明显。当AMF侵染60天时,菌根共生体已形成并发育完全,对植物生长的促进作用最显著。侵染后期,菌根的促生长效应减弱,其原因可能与菌根侵染率的下降有关。

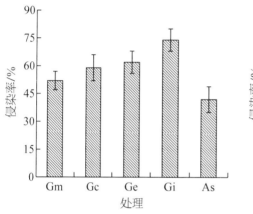

图4.1 培养60天时AMF的侵染率　　图4.2 不同时间Gi侵染率的变化

4.1.2 AMF对植物生物量的影响

如表4.1所示,接种AMF可显著提高植物地上部和地下部的生物量。与对照相比,接种AMF紫花苜蓿地上部、地下部和植株总干重显著增加。接种AMF促进了紫花苜蓿根系的生长,进而增强了其对土壤中碳、氮和磷的吸收,改善了植株生长所处的水分状况,提高了植物叶绿素的含量(Morte et al.,2000)。同时,接种AMF不仅能提高植物的生物量,还能提高植物在贫瘠土壤上的抗逆性(阙弘,2015)。

表4.1 培养90天时不同AMF的侵染率及其对紫花苜蓿生物量和菌根依赖性的影响

处理	侵染率/%	地上部干重/(g/盆)	地下部干重/(g/盆)	植株总干重/(g/盆)	菌根依赖性/%
对照（CK）	0	1.75 ± 0.23^c	1.22 ± 0.43^c	2.98^c	100
Gm	32.5 ± 5.7^c	2.18 ± 0.25^c	2.22 ± 0.51^b	4.40^c	147
Gc	39.3 ± 7.3^b	2.89 ± 0.17^b	2.84 ± 0.42^b	5.73^b	192
Ge	39.6 ± 6.8^b	3.23 ± 0.23^{ab}	3.35 ± 0.32^a	6.58^{ab}	221
Gi	48.2 ± 6.2^a	3.64 ± 0.34^a	3.78 ± 0.21^a	7.42^a	249
As	29.4 ± 7.1^c	1.88 ± 0.52^c	1.34 ± 0.32^c	3.22^c	108

注:同列数据后不同小写字母表示同一样地不同处理在$p<0.05$水平上差异显著。

供试5种AMF对紫花苜蓿生长的影响大小存在差异。如表4.1所示,培养90天时接种AMF处理植株地上部干重为1.88~3.64g/盆,地下部干重为1.34~3.78g/盆,植株总干重为3.22~7.42g/盆。植物各部分干重均表现为Gi＞Ge＞Gc＞Gm＞As＞CK,其中接种Gi紫花苜蓿地上部、地下部和植株总干重最大,分别为3.64g/盆、3.78g/盆和7.42g/盆,与其他4种AMF接种处理和对照的生物量之间存在显著差异,接种Gi紫花苜蓿地上部、地下部干重和植株总干重是对照的2~3倍。接种As紫花苜蓿地上部、地下部和植株总干重最小,分别为1.88g/盆、1.34g/盆和3.22g/盆,与对照之间无显著差异。

4.1.3 植物的菌根依赖性

植物生长状态与菌根依赖性存在直接关系,它反映了植株积累干物质的能力(郭佳等,2014)。如表4.1所示,紫花苜蓿对5种AMF均表现出较好的菌根依赖性。一般而言,菌根真菌对植物根系的侵染状况越好,则对植物生长的促进作用越显著(Abbott et al.,1982)。5种AMF都能与紫花苜蓿建立良好的共生关系。接种Gi后,紫花苜蓿的菌根依赖性最高;接种As后,紫花苜蓿的菌根依赖性最小。接种Gi与As,紫花苜蓿的菌根依赖性差异显著。接种其他3种AMF,紫花苜蓿的菌根依赖性表现为Ge＞Gc＞Gm。

综上,尽管对所选择的5种AMF紫花苜蓿都表现出较好的菌根依赖性,但在不同菌种间差异显著。因此,有效筛选出紫花苜蓿菌根依赖性强的AMF对有机污染土壤修复效能的提高尤为重要。

4.2 AMF作用下植物对PAHs的吸收作用

4.2.1 植物体内PAHs含量

程朝霞(2009)以芘为PAHs代表物,在不同芘污染强度土壤(初始芘含量:S1,6.02mg/kg;S2,20.91mg/kg;S3,39.31mg/kg;S4,52.64mg/kg;S5,75.18mg/kg)中,接种 Glomus mosseae(AMF1)、Glomus etunicatum(AMF2),培养60天后观察AMF对三叶草和辣椒吸收土壤中芘的影响。总体来看,随着土壤中芘含量的提高,三叶草和辣椒根系中芘含量均趋于增大(表4.2和图4.3)。由表4.2可知,在供试芘污染强度(6.02~75.18mg/kg)内,未接种AMF的三叶草根系的芘含量由0.42mg/kg增加至42.36mg/kg,接种AMF1和AMF2的三叶草根系的芘含量分别由0.62mg/kg和0.78mg/kg增加至86.19和90.86mg/kg。在S4和S5污染强度下,接种AMF1的辣椒根系的芘含量分别为1.29mg/kg和4.98mg/kg,接种AMF2的辣椒根系的芘含量则为2.23mg/kg和6.32mg/kg(图4.3a)。

表4.2 不同污染强度和接种处理下三叶草根系的芘含量

处理	三叶草根系的芘含量/(mg/kg)				
	S1	S2	S3	S4	S5
无AMF	0.52±0.11	0.42±0.20	0.43±0.24	12.43±2.60	42.36±7.59
AMF1	0.91±0.50	0.64±0.45	0.62±0.37	26.75±4.36	86.19±2.02
AMF2	1.51±1.26	0.78±0.04	1.24±0.73	29.00±11.08	90.86±29.66

接种AMF使三叶草根系的芘含量明显提高,这一现象在高污染强度土壤

中更为明显；但对辣椒的影响不显著。在S4和S5污染强度下，接种AMF1后，三叶草根系的芘含量分别比对照提高115.21%和103.47%；接种AMF2的则分别比对照提高133.31%和114.49%。接种AMF后，S5中辣椒根系的芘含量较对照略有提高，但并没有表现出显著性差异(图4.3b)。

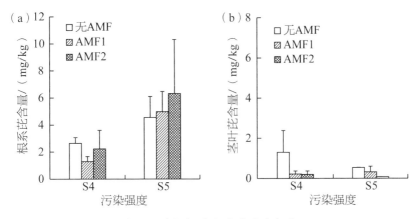

图4.3　辣椒根系和茎叶的芘含量

不同植物根系的芘含量相差很大，供试三叶草根系的芘含量显著高于辣椒。例如，S5中接种AMF2的三叶草和辣椒根系的芘含量分别为90.86mg/kg和6.32mg/kg。另外，研究发现辣椒和三叶草根的脂肪含量(分别为0.155%和0.807%)与根系的芘含量成正比。Ling等(2004)也发现根系中PAHs含量与脂肪含量显著正相关，而与含水量关系不明显。

两种植物茎叶的芘含量明显低于根系。培养60天后三叶草和辣椒茎叶的芘含量如表4.3、图4.3b所示。在S5中，不接种和接种AMF1、AMF2三叶草茎叶的芘含量分别为0.72mg/kg、1.13mg/kg和1.93mg/kg，远小于其对应根系的芘含量；辣椒茎叶的芘含量为0.54mg/kg、0.32mg/kg和0.08mg/kg，相应根系的芘含量则为4.55mg/kg、4.98mg/kg和6.32mg/kg。随着土壤芘污染强度的提高，接种AMF对三叶草茎叶芘含量的影响不明显；但与对照(无AMF)相比，接种AMF的辣椒茎叶的芘含量则略有降低。

表4.3 不同污染强度和接种处理下三叶草茎叶的芘含量

处理	三叶草茎叶芘含量/(mg/kg)				
	S1	S2	S3	S4	S5
无AMF	0.09±0.09	0.06±0.05	ND	1.16±0.98	0.72±0.39
AMF1	0.07±0.06	0.11±0.08	0.08±0.02	1.35±1.15	1.13±0.40
AMF2	ND	0.11±0.10	0.16±0.14	1.09±0.66	1.93±1.47

注:ND表示未检出。

4.2.2 植物根系富集系数

植物根系富集系数是评价植物对土壤中污染物富集能力的一个指标,表示植物体内污染物浓度与土壤中污染物浓度之比。通过计算植物根系富集系数可以评估植物对PAHs的吸收和富集能力。通常来说,植物根系富集系数越高,则表示植物对PAHs的富集能力越强。程兆霞(2009)计算了AMF作用下三叶草和辣椒对土壤中芘的根系富集系数,发现接种AMF使三叶草对土壤中芘的根系富集系数增大,但对辣椒根系富集系数的影响不明显(表4.4)。接种AMF1、AMF2的处理中,三叶草根系富集系数分别比对照(无AMF)高52.02%～85.83%和58.89%～131.85%。显然,接种AMF提高了三叶草对土壤中芘的富集能力。相同条件下,无论接种AMF与否,由于三叶草根脂肪含量高于辣椒,因此它对土壤芘的富集能力更强。

表4.4 芘的根系富集系数

植物	处理	芘的根系富集系数	
		S4	S5
三叶草	无AMF	3.60±1.49	2.48±1.04
	AMF1	6.69±2.17	3.77±0.96
	AMF2	5.72±1.14	5.75±2.73

续表

植物	处理	芘的根系富集系数	
		S4	S5
辣椒	无AMF	0.43±0.22	0.27±0.11
	AMF1	0.19±0.09	0.25±0.05
	AMF2	0.41±0.19	0.27±0.08

4.2.3　植物体内PAHs的积累

植物本身可吸收积累土壤中的PAHs。如图4.4所示,三叶草根系和茎叶中芘积累量随土壤污染强度的增大而提高;辣椒根系中芘积累量也随土壤中芘浓度的升高而增大,但茎叶中芘积累量略有降低,这与其茎叶芘含量的变化规律一致。

接种AMF可促进植物对土壤中芘的吸收积累。由图4.4可以看出,接种AMF增加了三叶草根系和茎叶的芘积累量。接种AMF1三叶草根系的芘积累量比无AMF对照提高了66.48%~309.96%;接种AMF2三叶草根系的芘积累量则提高了95.00%~435.02%。另外,AMF2对三叶草根系和茎叶芘积累量的影响强于AMF1。接种AMF也增加了辣椒根系的芘积累量,但对辣椒茎叶芘积累量的影响不明显(表4.5)。

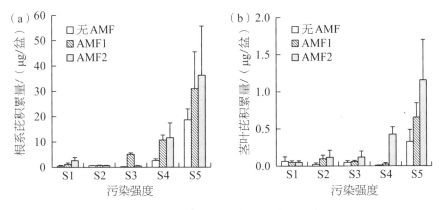

图4.4　三叶草根系和茎叶的芘积累量

表 4.5　辣椒根系和茎叶的芘积累量

处理	污染强度	芘积累量/(μg/盆)	
		根系	茎叶
无 AMF	S4	0.135±0.072	1.196±0.981
	S5	0.728±0.257	0.378±0.173
AMF1	S4	1.284±0.100	0.249±0.035
	S5	1.494±0.415	0.158±0.229
AMF2	S4	0.558±0.326	0.102±0.080
	S5	1.264±0.787	0.073±0.064

4.3　AMF作用下植物根吸收PAHs的亚细胞分配

　　AMF定殖增加了PAHs在植物根系中的积累,但减少了玉米和三叶草茎叶部对污染物的吸收。植物总是避免污染物损伤其相对重要的组织、细胞和细胞器,从而表现出植物体内污染物的选择性分布。尽管已有大量研究关注PAHs对植物生长的影响及其吸收和积累特性,但对AMF作用下植物结构和超微结构中PAHs的分布情况仍不清楚。因此,有必要在细胞超微结构水平上研究AMF对植物吸收PAHs的影响,这有助于从根本上揭示AMF影响植物吸收PAHs的内在机制。

　　Kang等(2010)以芘为PAHs代表物,黑麦草为宿主植物,*Glomus mosseae*(AMF1)和*Glomus etunicatum*(AMF2)为供试AMF,通过盆栽试验研究AMF作用下植物体内PAHs的亚细胞分布情况,揭示植物吸收PAHs的内在分配规律,探讨其植物吸收机制。

4.3.1　亚细胞组分分离和PAHs分析

4.3.1.1　亚细胞组分的分离

　　根据Lai等(2006)、Li等(2006)、Wei等(2005)和Gao等(2013)的方法,利

用分级离心技术获取植物根亚细胞组分。具体方法如下:取各处理的黑麦草根鲜样1g左右加4mL缓冲液研磨,再用4mL缓冲液分两次冲洗研钵,2mL缓冲液冲洗漏斗[缓冲液组成:50mmol/L肝素钠,500mmol/L蔗糖,1mmol/L二硫苏糖醇(DTT),5mmol/L抗坏血酸和1%聚乙烯。用1.0mol/L NaOH调节缓冲液pH至7.5]。将根组织提取物磨碎,过60μm筛,500g离心5min,得到细胞碎片颗粒。该细胞颗粒被认为是植物根的细胞壁组分。然后将上清液10000g离心30min。下部沉淀和底层碎片为植物根细胞器组分,上层清液为可溶性部分。所有提取步骤均在4℃下进行。将提取获得的细胞壁和细胞器置于−65℃真空冷冻干燥机中,制得干燥的粉末样品。经重量测定,黑麦草根细胞中细胞器和细胞壁含量分别为5.98%和8.92%,其余85.10%为细胞溶液(包括根部水和水溶性组分)。

4.3.1.2　亚细胞样品中PAHs的分析

植物根细胞壁、细胞器和细胞溶液中的PAHs参照Gao等(2011,2013)方法进行提取和测定。通过超声法提取细胞组分(细胞器和细胞壁)中的PAHs。将植物根部亚细胞组分于冷冻干燥仪中干燥后,用30mL 1:1的二氯甲烷和正己烷混合液分3次萃取(每次10mL,超声萃取30min);将萃取液收集后40℃下浓缩至干,用正己烷定容至2mL;取其中1mL溶液过2.00g硅胶柱,用11mL 1:1的二氯甲烷和正己烷溶液洗脱,洗脱液收集后40℃下浓缩至干;用甲醇定容至2mL,过0.22μm孔径滤膜后使用高效液相色谱仪(HPLC)分析。其中,紫外检测器波长为254nm。流动相为色谱纯甲醇,流速为1.0mL/min,柱温30℃。

4.3.2　根亚细胞组分对PAHs的富集作用

接种AMF后,黑麦草根细胞壁和细胞器中菲的测定含量见表4.6。经40~70天培养后,不同污染强度(S1和S2初始菲含量分别为18.99mg/kg和44.46mg/kg)下,接种AMF黑麦草根细胞器中菲含量为18.7~42.5mg/kg(干重),比细胞壁中苊含量高58%～437%。在未接种AMF对照(CK)的黑麦草根中也观察到类似的变化趋势。研究表明,植物对PAHs的吸收会伴随着蒸腾流中的水分,通过质外体和共质体途径进入植物根系(Gao et al.,2009)。在质外体途径,细胞外的水分在细胞壁间扩散;而共质体途径的水分运动则通过细胞质或液泡,并通过胞间连丝进入相互连接的细胞中(Wild et al.,2005)。尽管一部分苊被细胞壁吸附,但游离的苊沿着这两条途径进入根的内部细胞(图4.5)。研究表明,苊可穿过AMF侵染的黑麦草根细胞壁和细胞膜,并分配到根细胞液和细胞器中。

表4.6 黑麦草根细胞壁和细胞器中的苊含量

处理	亚细胞组分	苊含量/(mg/kg)		
		S1(70天)	S2(70天)	S2(40天)
AMF1	细胞壁	10.3±0.90	7.87±2.99	7.91±0.79
	细胞器	38.4±9.56	37.6±5.48	42.5±21.6
AMF2	细胞壁	9.75±1.83	6.15±1.92	21.5±5.28
	细胞器	18.7±5.13	27.7±8.70	33.9±14.1
CK	细胞壁	11.6±7.10	12.9±4.14	15.2±7.60
	细胞器	40.3±12.7	48.3±10.8	26.9±1.86

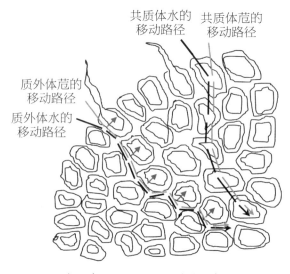

图4.5 水和苊在根表皮和皮层的运动路径(Gao et al.,2011)

细胞液（$C_{solution}$,mg/L）中苊的测定结果也证实了上述观察结果,其计算公式如下：

$$C_{solution} = M_{solution} / V_{solution} \tag{4-1}$$

式中,$M_{solution}$（mg）为每单位根细胞液中苊的质量,$V_{solution}$（L）为每单位根细胞液的体积。结果发现,培养40天后,接种AMF1、AMF2和未接种AMF的黑麦草根细胞液中苊的浓度分别为0.403mg/L、1.199mg/L和0.518mg/L。这表明进入根中的PAHs可进入根内细胞并在细胞液中分布,而细胞器中高含量的苊主要来源于细胞液中苊的吸附分配。通常,溶解度较低的疏水有机化学物质（如PAHs）,在固-液体系中很容易被分配到固相中（Li et al.,2005）,其分配能力取决于PAHs的化学特性、固相组成和溶液条件。由于植物根部具有更高的脂质含量,因此亲脂性有机化学物质更易吸附在根部,造成根部污染物的积累（Collins et al.,2006）。在这种情况下,苊作为一种亲脂性化学物质会优先积累在具有亲脂成分的细胞器中,导致细胞器中苊的含量较高（Gao et al.,2011）。

接种AMF使得单位根细胞组织中苊含量降低。如表4.6所示,经过70天培养后,接种AMF使得单位细胞壁和细胞器中苊含量比未接种对照分别降低11.12%～52.33%和4.71%～53.60%。在高强度苊污染土壤中,AMF接种对黑麦草根细胞组织中苊含量的影响更显著。在S1污染强度（初始苊含量18.99mg/kg）下,接种AMF1和AMF2后黑麦草根细胞壁和细胞器中苊含量分别比对照降低11.12%～15.95%和4.71%～53.60%；而S2污染强度（初始苊含量44.46mg/kg）下,接种AMF1和AMF2后黑麦草根细胞壁和细胞器中苊含量分别比对照降低39.0%～52.33%和22.15%～42.65%。接种AMF使得细胞组织富集苊的能力降低,可能是由于植物适应环境胁迫的保护机制。植物细胞中,叶绿体或质体、细胞核、线粒体和核糖体是最核心的四种细胞器,承担着细胞生命活动的主要功能。接种AMF可以降低污染物对植物的毒害作用,使其不能达到亚细胞结构,从而最大限度地避免污染物对植物细胞的损害。此外,在相同污染强度下,接种不同种类AMF的黑麦草根部细胞组分中苊的含量存在差异。如表4.6所示,培养70天后,接种AMF2的黑麦草根部细胞组分中莀的含量的降低程度要高于接种AMF1。上述研究结果表明,不同污染强度和AMF种类均会影响黑麦草根亚细胞组织富集莀的能力。

4.3.3　根亚细胞组分中PAHs的含量及分配比例

亚细胞组分中莀的浓度因子(SCF,L/kg)可通过公式(4-2)进一步计算。

$$\text{SCF} = C_{\text{固相}}/C_{\text{液相}} \tag{4-2}$$

式中,$C_{\text{固相}}$(mg/kg)为亚细胞组分中莀的含量(干重)。S2污染强度下,培养40天后,各处理黑麦草根细胞壁和细胞器中莀的SCF如图4.6所示。AMF1接种根、AMF2接种根和对照根细胞器中莀的SCF分别为105.4L/kg、28.28L/kg和51.91L/kg,显著高于细胞壁中莀的SCF(19.63L/kg、17.94L/kg和29.33L/kg)。这表明莀更容易在细胞器中富集,这可能是由于植物根细胞器中的脂质含量较高,一般为15%～30%(Li,2006),更容易吸附具有疏水特性的污染物。而植物根细胞壁主要由多糖(90%),少量的结构蛋白、木质素、凝集素和矿物质元素,以及极少的脂质成分组成(Kang et al.,2010)。这也使得植物根细胞器能够从细胞壁上吸收莀。因此,相对较高的脂质含量被认为是细胞器中莀积累较多的原因。

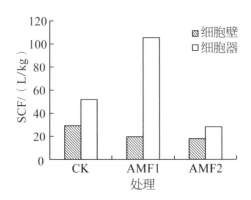

图4.6　黑麦草根细胞壁和细胞器中莀的浓度因子(Gao et al.,2011)

研究表明,植物总是避免污染物损伤其相对重要的组织、细胞和细胞器,从而表现出选择性分布。已有研究关注重金属及稀土元素在植物体内的亚细胞分配(Lai et al.,2006)。参考相关计算方法,对单位质量的黑麦草根(1kg)中亚细胞各组分的含量进行计算。培养40天时,接种AMF黑麦草根各亚细胞组分中芘的分布比例如图4.7所示。结果显示,细胞壁和细胞器是菌根中芘储存的重要部位,分别占19.7%～39.8%和40.8%～70.8%。菌根亚细胞组织富集芘的能力不同,细胞器对细胞液中芘的富集能力显著强于细胞壁,细胞器中芘含量比细胞壁中芘含量高0.6～4.4倍(表4.6)。与根部细胞壁和细胞器脂质固相不同,细胞液作为根水相仅代表$\lg K_{ow} < 2$且亨利定律常数(K_{AW})＜100的有机物的重要储存区域(Cousins et al.,2001)。细胞液中芘含量仅为9.6%～20.5%。总体而言,黑麦草根细胞中芘的分布顺序为细胞器＞细胞壁＞细胞液(图4.7)。

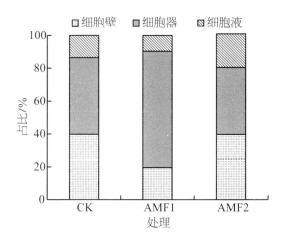

图4.7　黑麦草根各亚细胞组分中芘的分布比例(Gao et al.,2011)

总之,温室盆栽试验结果表明,芘等PAHs可随水通过质外体和共质体途径溶解到根细胞液并分配到根细胞器中。接种AMF使得黑麦草根亚细胞中芘的总体含量降低,从而降低污染物对植物的毒害作用。

4.4 AMF作用下植物吸收PAHs的影响因素

4.4.1 AMF种类

为考察不同种类AMF对植物吸收PAHs的影响,阙弘(2015)比较分析了5种AMF——*Acaulospora scrobculata*(As)、*Glomus mosseae*(Gm)、*Glomus intraradices*(Gi)、*Glomus etunicatum*(Ge)、*Glomus constrictum*(Gc)作用下紫花苜蓿对菲的吸收积累。研究发现,接种AMF促进了紫花苜蓿对污染土壤中菲的积累。如图4.8所示,5种AMF处理的紫花苜蓿根系、茎叶中菲含量均高于对照。其中,AMF接种处理植株的根系和茎叶菲含量分别比对照(无AMF)植株根系和茎叶中菲含量增加了9.7%~46.9%和11.4%~65.6%。从植株菲积累量来看(图4.9),接种AMF植株茎叶的菲积累量为7.5~24.8μg/盆,根系菲积累量为7.4~32.6μg/盆;未接种AMF植株的茎叶菲积累量为7.52μg/盆,根系菲积累量为7.48μg/盆。5种AMF处理植株的根系菲积累量均高于对照,增加幅度从20.5%至335.5%,平均增加了178%。5种AMF处理植株的茎叶菲积累量均高于对照。

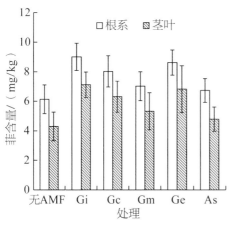

图4.8 接种不同AMF紫花苜蓿的菲含量

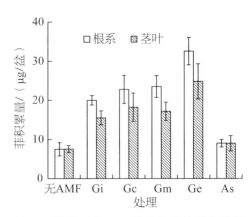

图4.9 接种不同AMF紫花苜蓿的菲积累量

接种不同种类 AMF 的紫花苜蓿的根系和茎叶中菲含量升高幅度存在差异。其中,接种 Gi 的紫花苜蓿根系和茎叶中菲含量的升高幅度最大,分别比对照增加了 46.9% 和 65.6%,其次是接种 Ge 的植株。接种 As 的紫花苜蓿根系和茎叶中菲含量的升高幅度相对较小,仅增加了 0.97% 和 11.4%。不同种类 AMF 对植物生长的作用大小存在差异。如前所述,Gi 对紫花苜蓿的侵染率高于其他 4 种 AMF,且其对植物的生长具有良好的促进作用。因此,在以紫花苜蓿为修复植物时,可通过接种 Gi 来提高植物对 PAHs 污染土壤的修复效能。

4.4.2　宿主植物种类

宿主植物的种类是影响 AMF 作用下植物吸收 PAHs 的主要因素之一。植物种类不同,其对 PAHs 的吸收积累也存在差异。如前所述,接种 AMF 使三叶草根系的芘含量明显提高,但对辣椒的影响不明显。这是因为三叶草根系为须根系,比主根有更大的比表面积,可接触土壤中更多的 PAHs(高彦征等,2016)。此外,须根系植物与 AMF 的亲和能力强,菌根侵染率高。在 AMF 作用下,须根系宿主植物对污染物的吸收效率更高。另一方面,不同属、种植物对菌根的依赖性不同。通过对菌根依赖性的计算,发现三叶草的菌根依赖性最大可达 400%;而辣椒的菌根依赖性则较小。三叶草对菌根依赖性强,菌根存在时对其生长的影响也较大(程兆霞,2009)。因此,在利用 AMF 修复有机污染土壤时,可选择菌根依赖性大的修复植物。另外,植物根系 PAHs 积累量与植物脂质含量呈显著正相关(Gao et al.,2009)。通过对辣椒和三叶草根系脂肪含量的测定发现,辣椒和三叶草根系脂肪含量分别为 0.155% 和 0.807%,与根系的芘含量成正比,同样验证了上述结论。

除此之外,宿主植物对 PAHs 的吸收还与植物根系碳水化合物、细胞壁成分等因素有关。Zhang 等(2009)发现,尽管脂质−水分配系数比辛醇−水分配系数能更准确地评价脂质对 PAHs 的富集能力,但碳水化合物在植物中的质量分数占比大(例如,在黑麦草根部碳水化合物占比约为脂质的 98 倍)。有学者发现,细胞壁成分(纤维素、果胶等多糖物质)也是影响植物根系PAHs积累的一个重要因素。Chen等(2009)发现,小麦根的细胞壁比其他成分具有更高的菲亲和力和更低的极性,3种小麦细胞壁成分(果胶和两种半纤维素)对菲的吸附能力分别与它们自身的芳香化程度和极性呈极显著正相关和负相关关系,这也从侧面反映了以碳水化合物为主的细胞壁在根系富集PAHs时的重要作用。

4.4.3 污染强度

孙艳娣(2012)通过向种植紫花苜蓿的不同复合污染强度土壤中接种Gi,考察了AMF作用下污染强度对植物吸收PAHs的影响。研究所设置的土壤菲、芘含量如表4.7所示。研究发现,Gi可与紫花苜蓿形成良好的菌根共生体,并且在5种污染强度下,菲和芘对菌根侵染率没有抑制作用(表4.8)。

表4.7　不同污染强度土壤中菲和芘的初始含量

污染强度	初始含量/(mg/kg)	
	菲	芘
S0	ND	ND
S1	32.31	16.91
S2	57.59	36.70
S3	72.34	51.51
S4	151.5	108.6
S5	292.6	194.9

表4.8　不同污染强度下AMF侵染率

污染强度	S0	S1	S2	S3	S4	S5
侵染率/%	54.33±2.08	63.33±5.77	58.00±3.61	63.33±2.89	65.67±6.16*	55.67±4.04

注:*表示在$p<0.05$水平差异显著。

如表 4.9 所示，培养 60 天后，不同污染强度处理显著影响接种 Gi 的紫花苜蓿茎叶和根系的菲和芘含量，各处理之间差异明显。随污染强度增大，植株根系和茎叶中菲和芘的含量先增大再减小。S1～S5 污染强度下植株根系菲含量为 79.70～127.68mg/kg，S2 处理的植株根系菲含量显著高于其他处理。接种 Gi 的植株根系菲含量均高于不接种处理（对照），增加幅度为 16.95%～29.20%。接种 Gi 的植株茎叶菲含量为 65.18～91.19mg/kg，比对照增加 36.12%～71.19%。与菲类似，接种 Gi 的紫花苜蓿根系和茎叶中芘含量分别为 3.63～27.00mg/kg 和 1.77～3.63mg/kg，均显著高于不接种处理，增加幅度分别为 114.85%～216.95% 和 39.62%～95.26%。

表 4.9　接种 Gi 的紫花苜蓿根系和茎叶的菲和芘含量

污染强度	根系菲含量/(mg/kg)	变幅/%	茎叶菲含量/(mg/kg)	变幅/%
S1	79.70±7.28[b]	17.91	66.94±3.05[b]	71.79
S2	127.68±34.82[a]	27.67	82.02±9.06[ab]	42.28
S3	112.99±5.26[ab]	29.20	91.19±7.83[a]	36.12
S4	90.69±18.97[b]	16.95	61.24±17.15[b]	54.56
S5	85.42±8.32[b]	21.16	65.18±14.67[b]	66.72
污染强度	根系芘含量/(mg/kg)	变幅/%	茎叶芘含量/(mg/kg)	变幅/%
S1	3.62±0.95[c]	202.34	1.79±0.57[b]	83.52
S2	5.02±1.71[bc]	114.85	2.21±0.37[b]	39.62
S3	10.88±6.30[b]	211.19	3.63±0.76[a]	95.26
S4	27.00±4.06[a]	216.95	3.43±0.39[a]	55.70
S5	7.64±0.26[bc]	211.01	1.77±0.21[b]	43.33

注："变幅"是指与不接种处理相比，接种处理的根系或茎叶中菲和芘含量的增加幅度。同一列中不同字母表示在 $p<0.05$ 水平差异显著。

土壤中环境污染物的污染强度可影响 AMF 的生长和活性。高污染强度蒽可抑制 AMF 的生长，使 AMF 产孢子数和菌丝生长量显著降低（Verdin et al.，

2006)。当 PAHs 污染强度较低时(S1～S3),对 AMF 活性没有显著影响;在 S4、S5 污染强度下,AMF 生长活性受到抑制,导致菌丝转运 PAHs 的能力降低。

与此同时,土壤中 PAHs 的污染强度也影响了植物生物量。尽管接种 Gi 显著增加了紫花苜蓿植株生物量,尤其是其根系生物量(比对照增加了 59.8%)(图 4.10),但随菲和芘污染强度的增大,接种 Gi 的紫花苜蓿根系生物量呈先增加后降低的趋势,其中,S3 处理的植株根系生物量最大,S1～S5 处理间差异不显著。接种 Gi 的植株茎叶生物量也呈现先增加后降低趋势,但增幅不显著,S4、S5 处理的茎叶生物量则显著低于 S0～S3 处理。

因此,接种 Gi 增强了紫花苜蓿抗土壤 PAHs 污染胁迫的能力,但污染强度过高(如 S4 和 S5 处理),Gi 侵染率和植物生物量降低,从而影响其对污染土壤修复效能。

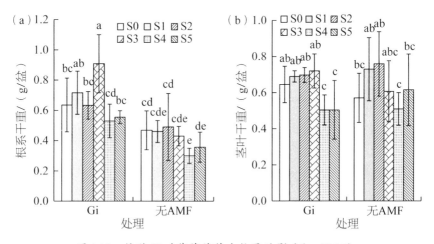

图 4.10 接种 Gi 对紫花苜蓿生物量的影响($p < 0.05$)

4.4.4 复合污染

在不同污染强度的基础上,孙艳娣(2012)考察了接种 AMF 作用下,菲、芘复合污染土壤对植物吸收的影响。研究发现,无论接种与不接种 Gi 处理,紫花苜蓿茎叶中均含有菲和芘,但接种AMF处理可影响菲和芘在植株根系和茎叶间的分配,且对芘的作用尤为明显。不同污染强度下,接种Gi对紫花苜蓿根系向茎叶部位运输菲和芘能力的影响如表4.10所示。与对照(无AMF)相比,接种Gi增加了菲从植株根系向茎叶部位的转移,增加幅度为4.88%～25.82%;而接种Gi限制了芘从植物根系向茎叶部位的转移,降低幅度为13.85%～37.47%。这主要是由于菲和芘的理化性质不同。芘的水溶性较小,脂溶性较大,生物富集系数较大,更易被AMF侵染后的紫花苜蓿根系固持。因此,AMF限制了芘向茎叶的运输,但对菲的限制作用不明显(孙艳娣,2012)。

表4.10　不同污染强度下紫花苜蓿对菲和芘的传导系数

污染强度	菲			芘		
	Gi	无 AMF	变幅/%	Gi	无 AMF	变幅/%
S1	0.84±0.09*	0.58±0.09	25.82	0.50±0.12	0.51±0.18	0.08
S2	0.64±0.13	0.57±0.07	7.04	0.47±0.16	0.69±0.18	−23.92
S3	0.81±0.09	0.75±0.15	4.88	0.38±0.11	0.56±0.23	−17.94
S4	0.86±0.19	0.68±0.06	18.48	0.13±0.03	0.27±0.04*	−13.85
S5	0.76±0.22	0.63±0.16	13.00	0.23±0.02	0.58±0.34*	−37.47

注:"变幅"是指与不接种处理相比,接种处理对菲和芘传导系数(translocation factor, TF)的增加幅度。*表示在$p<0.05$水平差异显著。

同时,接种Gi的紫花苜蓿根系中菲、芘积累量均显著高于对照,且菲的积累量均高于芘。如图4.11所示,不同污染强度下,接种Gi的紫花苜蓿根系中菲积累量是芘积累量的3.33～24.83倍,表明菲更易被AMF-植物共生体吸收。Topp等(1986)研究发现,植物对土壤中有机污染物的积累量与辛醇-水分配系数(K_{ow})存在负相关关系。有机污染物的分子量也会影响植物的吸收行为,有机污染物分子量越大,其在植株体内含量越低(Wild et al.,2005)。这就导致当菲和芘同时存在时,AMF根外菌丝更易吸收K_{ow}和分子量小的菲。

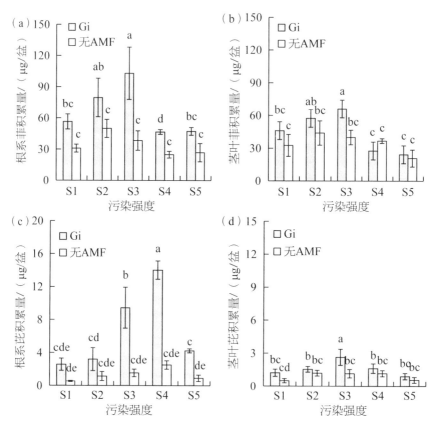

图4.11　接种Gi对紫花苜蓿体内菲和芘积累量的影响($p<0.05$)

　　尽管接种Gi后紫花苜蓿体内菲的含量和积累量高于芘,但芘含量和积累量的增加幅度高于菲。如图4.8所示,接种Gi后植株根系和茎叶中菲的积累量分别提高了59.41%~168.35%和16.74%~65.41%,而芘的积累量分别提高了176.72%~509.68%和29.41%~129.41%。这主要是由于芘具有较高的生物富集系数(Verdin et al.,2006),并且接种AMF后植株根系形态及组分的改变增强了植株根系对芘的富集能力。因此,AMF-植株共生体提高了对芘的富集能力。

参考文献

Abbott, L. K., Robson, A. D., 1982. The role of vesicular arbuscular mycorrizal fungi in agriculture and the selection of fungi for inoculation. Australian Journal of Agricultural Research, 33: 389-408.

Chen, L., Zhang, S., Huang, H., Wen, B., Christie, P., 2009. Partitioning of phenanthrene by root cell walls and cell wall fractions of wheat (*Triticum aestivum* L.). Environmental Science & Technology, 43(24): 9136-9141.

Collins, C., Fryer, M., Grosso, A., 2006. Plant uptake of non-ionic organic chemicals. Environmental Science & Technology, 40(1): 45-52.

Gao, Y., Cao, X., Kang, F., Cheng, Z., 2011. PAHs pass through the cell wall and partition into organelles of arbuscular mycorrhizal roots of ryegrass. Journal of Environmental Quality, 40(2): 653-656.

Gao, Y., Cheng, Z., Ling, W., Huang, J., 2010. Arbuscular mycorrhizal fungal hyphae contribute to the uptake of polycyclic aromatic hydrocarbons by plant roots. Bioresource Technology, 101(18): 6895-6901.

Gao, Y., Collins, C. D., 2009. Uptake pathways of polycyclic aromatic hydrocarbons in white clover. Environmental Science & Technology, 43(16): 6190-6195.

Gao, Y., Liu, J., Kang, F., 2015. Transport and fate of polycyclic aromatic hydrocarbons in soil-plant system. Beijing: Science Press.

Gao, Y., Zhang, Y., Liu, J., Kong, H., 2013. Metabolism and subcellular distribution of anthracene in tall fescue (*Festuca arundinacea* Schreb.). Plant and Soil, 365: 171-182.

Huang, H., Zhang, S., Shan, X. Q., Chen, B. D., Zhu, Y. G., Bell, J. N. B., 2007. Effect of arbuscular mycorrhizal fungus (*Glomus caledonium*) on the accumulation and metabolism of atrazine in maize (*Zea mays* L.) and atrazine dissipation in soil. Environmental Pollution, 146(2): 452-457.

Kang, F., Chen, D., Gao, Y., Zhang, Y., 2010. Distribution of polycyclic aromatic hydrocarbons in subcellular root tissues of ryegrass(*Lolium multiflorum* Lam.). BMC Plant Biology, 10:210.

Lai, Y., Wang, Q., Yang, L., Huang, B., 2006. Subcellular distribution of rare earth elements and characterization of their binding species in a newly discovered hyperaccumulator *Pronephrium simplex*. Talanta, 70(1):26-31.

Li, H. S., 2006. Plant physiology. Beijing:High Education Press.

Li, H., Sheng, G., Chiou, C. T., Xu, O., 2005. Relation of organic contaminant equilibrium sorption and kinetic uptake in plants. Environmental Science & Technology, 39(13):4864-4870.

Li, T., Yang, X., Yang, J., He, Z., 2006. Zn accumulation and subcellular distribution in the Zn hyperaccumulator *Sedurn alfredii* hance. Pedosphere, 16(5):616-623.

Ling, W., Gao, Y., 2004. Promoted dissipation of phenanthrene and pyrene in soils by amaranth(*Amaranthus tricolor* L.). Environmental Geology, 46:553-560.

Morte, A., Lovisolo, C., Schubert, A., 2000. Effect of drought stress on growth and water relations of the mycorrhizal association *Helianthemum almeriense-Terfezia claveryi*. Mycorrhiza, 10, 115-119.

Topp, E., Scheunert, I., Attar, A., Korte, F., 1986. Factors affecting the uptake of ^{14}C - labeled organic chemicals by plants from soil. Ecotoxicology and Environmental Safety, 11(2):219-228.

van der Heijden, M. G., Klironomos, J. N., Ursic, M., Moutoglis, P., Streitwolf-Engel, R., Boller, T., Wiemken, A., Sanders, I. R., 1998. Mycorrhizal fungal diversity determines plant biodiversity, ecosystem variability and productivity. Nature, 396:69-72.

Verdin, A., Lounès-Hadj Sahraoui, A., Fontaine, J., Grandmougin-Ferjani, A., Durand, R., 2006. Effects of anthracene on development of an arbuscular mycorrhizal fungus and contribution of the symbiotic association to pollutant dissipation.

Mycorrhiza,16:397-405.

Wei,Z.,Hong,F.,Yin,M.,Li,H.,Hu,F.,Zhao,G.,WoonchungWong,J.,2005. Subcellular and molecular localization of rare earth elements and structural characterization of yttrium bound chlorophyll a in naturally grown fern *Dicranopteris dichotoma*. Microchemical Journal,80(1):1-8.

Wild,E.,Dent,J.,Thomas,G. O.,Jones,K. C.,2005. Direct observation of organic contaminant uptake,storage,and metabolism within plant roots. Environmental Science & Technology,39:3695-3702.

Wu,N.,Zhang,S.,Huang,H.,Shan,X.,Christie,P.,Wang,Y.,2008. DDT uptake by arbuscular mycorrhizal alfalfa and depletion in soil as influenced by soil application of a non-ionic surfactant. Environmental Pollution,151(3):569-575.

Zhang,M.,Zhu,L.,2009. Sorption of polycyclic aromatic hydrocarbons to carbohydrates and lipids of ryegrass root and implications for a sorption prediction model. Environmental Science & Technology,43(8):2740-2745.

毕银丽,吴福勇,武玉坤,2005.丛枝菌根在煤矿区生态重建中的应用.生态学报,225(8):2068-2071.

程兆霞,2009.丛枝菌根对植物吸收多环芳烃的影响.南京:南京农业大学.

高彦征,刘娟,朱雪竹,2016.植物多环芳烃污染控制技术及原理——利用功能内生细菌.北京:科学出版社.

郭佳,王丹,黄炜,贺佳,代威,2014.不同丛枝菌根对白三叶草生长的影响.北方园艺,2014(2):66-70.

刘润进,李晓林,2000.丛枝菌根及其应用.北京:科学出版社.

龙宣杞,2009.丛枝菌根真菌(AMF)高效菌种的选育.天津:天津大学.

阙弘,2015.球囊霉素相关土壤蛋白在土壤中的分布及与PAHs的结合作用.南京:南京农业大学.

孙艳娣,2012.丛枝菌根真菌对植物吸收多环芳烃的影响及机制初探.南京:南京农业大学.

王幼珊,张淑彬,张美庆,2012.中国丛枝菌根真菌资源与种质资源.北京:中国
　　农业出版社.

肖敏,高彦征,凌婉婷,2009.菲、芘污染土壤中丛枝菌根真菌对土壤酶活性的
　　影响.中国环境科学,29(6):668-672.

第5章 丛枝菌根真菌根外菌丝对土壤中多环芳烃的去除作用及机制

丛枝菌根真菌(AMF)含有丰富的根外菌丝,单位土壤(g)中这些菌丝的长度可达5~50m,比植物根系长好几个数量级(Gao et al.,2010)。AMF菌丝直径小,一般为2~27μm。存在于土壤中的根外菌丝具有较强的穿透力,且能形成大量的分支,可以进入植物根系无法进入的土壤孔隙。研究表明,AMF形成的菌丝体是植物根系与土壤及其中的微生物、污染物密切联系的桥梁,也是植物从土壤中吸收营养物质的重要通道(李秋玲等,2006)。大量延伸的菌丝网能吸收土壤中的氮、磷等营养元素和水分并将其转移给植物,从而促进植物生长,提高植物耐受性。同时,菌丝网在土壤中能够构成一个巨大的碳库,促使植物的光合产物向土壤转移,增加土壤有机质含量(冯固等,2001)。据估算,根外菌丝对土壤中有机碳输出的贡献达54~900kg/ha(Zhu et al.,2003)。此外,AMF菌丝可以富集土壤中的重金属并将其转移至植物体内(Chen et al.,2003)。然而,关于AMF菌丝从土壤或土壤孔隙中吸收有机污染物并将其向植物根系转运的研究较少。AMF菌丝对植物根吸收包括PAHs在内的有机污染物的贡献仍有待进一步研究。

本章系统阐述了AMF根外菌丝对土壤中PAHs的去除作用,揭示了AMF菌丝在植物吸收土壤PAHs过程中所起的作用及内在机制,综合地评价了AMF菌丝的作用和功能,为进一步利用AMF调控土壤有机污染风险、保障污染区农产品安全、合理利用污染土壤资源等提供重要思路和依据。

5.1 AMF根外菌丝对土壤中PAHs的去除作用

宗炳（2014）通过温室盆栽试验，以菲和芘为PAHs代表物，选用 *Glomus etunicatum*（Ge）、*Glomus mosseae*（Gm）和 *Glomus lamellosum*（Gla）为供试AMF，紫花苜蓿为宿主植物，初步探讨了AMF菌丝密度与土壤PAHs去除率的关系。研究发现，AMF接种可产生大量根外菌丝，且AMF的菌丝密度越高，对应的污染土壤修复效果越好。其中，Gm的菌丝密度显著高于Ge和Gla，对PAHs的去除率也最佳。这一结果为后期筛选适合修复有机污染场地的AMF提供理论依据。

5.1.1 AMF菌丝密度

接种AMF能够产生大量菌丝，促进宿主植物对根系外围营养物质和污染物的吸收，从而间接影响植物对土壤中PAHs的吸收降解。AMF菌丝密度不仅能反映植物受AMF侵染的程度，也反映了AMF对植物的亲和能力及其与植物互利共生的程度。宗炳（2014）通过微孔滤膜抽滤法对PAHs污染土壤中AMF菌丝密度进行测定。

随着培养时间的延长，接种的AMF菌丝密度不断增大。如图5.1所示，当培养35天时，Ge、Gm和Gla的菌丝密度分别为140.4cm/g、161.5cm/g和146.6cm/g；当培养75天时，各接种处理的菌丝密度达最大值，与培养35天的菌丝密度相比分别增加了144.3%、141.4%和130.5%。不同AMF产生的菌丝密度略有差异，在同一培养时间下Gm的菌丝密度指标明显高于Ge与Gla。当培养55天时，Gm的菌丝密度与Ge和Gla相比差异最显著（$p < 0.05$），此时，Gm的菌丝密度比Ge和Gla分别提高了33.45%和35.02%。在培养后期（65～75天），接种的AMF菌丝仍拥有一定的延伸潜力，菌丝密度的增长斜率仍然较高。

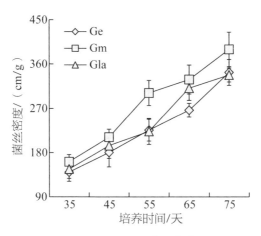

图 5.1 不同时间 AMF 菌丝密度的变化

5.1.2 不同 AMF 作用下土壤中 PAHs 的降解

随着 AMF 接种时间延长,各处理土壤中 PAHs 去除率不断增加,这与土壤中菌丝密度的变化规律相一致。由图 5.2 可知,AMF 接种处理能够促进植物吸收降解土壤中 PAHs。与空白对照相比,接种 AMF 培养 35~75 天后,Ge、Gm 和 Gla 对土壤中菲的去除率分别提高了 2.38%~13.09%、4.29%~11.40% 和 2.64%~18.30%,对土壤中芘的去除率分别提高了 12.52%~24.92%、15.28%~38.14% 和 12.30%~29.10%。

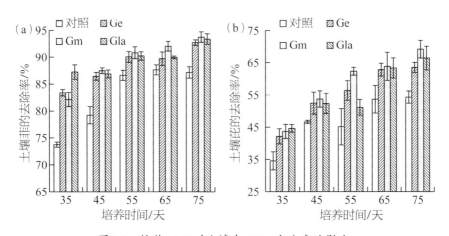

图 5.2 接种 AMF 对土壤中 PAHs 去除率的影响

接种不同种类AMF后土壤中PAHs的去除率存在差异。与接种Ge和Gla相比,接种Gm使土壤中菲的去除率增加了0.88%~2.61%和0.38%~2.35%,土壤中芘的去除率增加了2.46%~10.58%和0.77%~21.90%。这可能与Gm具有更强的产菌丝能力有关。如图5.2所示,培养45~75天,Gm产生的菌丝密度均高于Ge和Gla。接种Gm后土壤PAHs去除率也高于Ge和Gla。该侵染时间内,Gm产生的菌丝密度相比Ge和Gla增加了13.64%~33.48%和5.62%~35.02%。

5.1.3 菌丝密度与土壤中PAHs去除的关系

为了进一步明确AMF菌丝密度对土壤中PAHs去除的贡献,分别对Ge、Gm和Gla三个处理组中菌丝密度与土壤中PAHs去除率进行了相关性分析,其相关性分析结果如表5.1所示。在Ge、Gm和Gla处理组中,菌丝密度与土壤中菲和芘去除率间具有极显著的相关性($p < 0.01$),表明土壤中PAHs去除率的升高可能与AMF菌丝密度有一定的关联性。

表5.1 Ge、Gm和Gla处理组中菌丝密度与土壤中PAHs去除率间相关系数

处理	Ge		Gm		Gla	
	菲	芘	菲	芘	菲	芘
菌丝密度	0.897**	0.849**	0.922**	0.909**	0.771**	0.919**

注:**两者之间在0.01水平(双侧)上显著相关。

上述研究结果表明,AMF菌丝的产生有利于土壤中PAHs的运输,且AMF菌丝密度的增加可促进PAHs污染土壤的修复效果。不同种类AMF对土壤中PAHs去除率的不同与其在土壤中的菌丝密度有关。外生菌丝能不断延伸并产生庞大的菌丝网,AMF通过菌丝网强大的吸附能力与桥梁作用来吸收土壤中的PAHs(Verdin et al.,2006),将其转运至植物体内进行降解。同时,AMF自身可将吸收的部分有机污染物转化为自身的养分源(王曙光等,2001)。与Ge和Gla相比,Gm能产生更多的外生菌丝,增加与土壤PAHs的接

触面积,从而促进土壤PAHs的降解。因此,选择外生菌丝密度大的AMF有利于提高土壤中PAHs的去除率。

5.2　AMF菌丝对PAHs污染土壤中微生物和酶活性的影响

AMF根外菌丝密度变化是AMF影响根际土壤中PAHs去除的主要因素之一。然而,关于AMF根外菌丝对土壤中PAHs去除作用机制的相关研究还鲜有报道。在AMF修复有机污染土壤过程中,AMF具有促进土壤微生物繁殖、改变土壤酶活性和改善土壤理化及生物性质的作用(王曙光等,2004),这对增强土壤的抗污染和自修复能力等十分有益。那么,AMF菌丝在修复有机污染土壤过程中是否对土壤微生物和酶活性产生了积极影响？国内外报道较少。肖敏(2009)以菲和芘为PAHs代表物,并制备了系列不同菲、芘浓度的污染土壤(表5.2),以三叶草为宿主植物,*Glomus mosseae*(Gm)为供试AMF,采用三隔室根箱装置(图5.3),考察了接种AMF对菲、芘复合污染条件下根际和根外菌丝际土壤中微生物和酶活性的影响,试图了解菌丝在污染土壤修复过程中的作用和功能,从而为有机污染土壤的AMF修复机制研究提供一定的理论依据。

表5.2　不同污染强度土壤中菲和芘的初始含量

污染强度	初始含量/(mg/kg)	
	菲	芘
S0	0.5±0.1	0.2±0.1
S1	48.8±6.2	29.7±3.5
S2	84.1±4.8	47.9±1.8
S3	133.8±5.7	97.9±4.9
S4	210.7±14.5	176.4±13.1

注:S0为未额外添加菲和芘的土样。

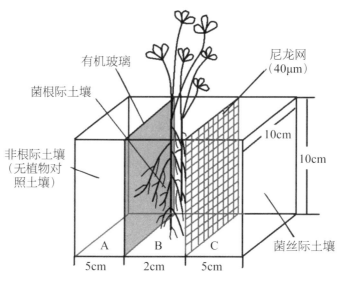

图 5.3　三隔室根箱装置

注:采用有机玻璃加工制成。A 室中装有人工污染 PAHs 土壤,即无植物对照土壤;B室为植物生长室,装有菌根际土壤,即 160g 污染土样和 20g 菌剂混合物(不接种处理加入 20g 灭菌处理的河沙)。A 和 B 分室使用有机玻璃阻隔植物根系。B 和 C 室间使用 40μm 的尼龙网对植物根系和 AMF 菌丝进行阻隔(植物根系不能通过孔径 40μm 的尼龙网,而 AMF 菌丝可以通过)。C 室为菌丝室,装有人工污染 PAHs 土壤。

5.2.1　AMF 菌丝对土壤微生物数量的影响

　　AMF 显著促进了菲、芘污染土壤中微生物的生长和繁殖。由图 5.4 可知,接种 Gm 显著增加了三叶草根际和菌丝际土壤中细菌、真菌和放线菌的数量。与未接种 AMF 三叶草根际土壤相比,接种 AMF 三叶草根际土壤中(菌根际土壤)细菌、真菌和放线菌的数量分别增加了 77.2%、309.9% 和 216.3%,菌丝际土壤中增加了 140.9%、523.3% 和 185.1%。以往研究表明,AMF 根外菌丝能够延伸数厘米以上,并能分泌有机物质,增加土壤微生物的数量和活性(李秋玲等,2006)。菌根际土壤中 AMF 的根外菌丝通过尼龙网延伸至菌丝室(C 室),导致菌丝际土壤微生物数量显著提高。

　　另外,AMF 对土壤微生物区系的影响有选择作用。接种 Gm 后菌丝际细菌和真菌数量分别比菌根际高 35.9% 和 52.1%,而菌丝际放线菌的数量则比菌根际低 9.9%。这是由于 AMF 与植物根系形成共生关系后根系分泌物的组成和数量发生很大变化,土壤微生物区系因此改变。AMF 菌丝促进细菌和真菌数量增加的作用要大于放线菌,也证明了 AMF 对微生物选择作用的存在。

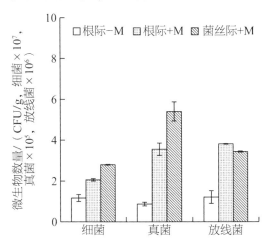

图 5.4　培养 60 天后,三叶草根际和菌丝际微生物数量变化(-M 为不接种处理,+M 为接种处理)

5.2.2　AMF 菌丝对土壤中 PAHs 降解相关酶活性的影响

5.2.2.1　AMF 菌丝对土壤多酚氧化酶活性的影响

　　通过邻苯三酚比色法对土壤中多酚氧化酶活性(以 1h 内 1g 土壤中紫色没食子素的毫克数表示)进行测定。图 5.5 反映了 AMF 菌丝对土壤多酚氧化酶活性的影响。由图可知,低浓度菲、芘污染对土壤多酚氧化酶都有激活作用。S1 和 S2 的常规土(非根际土壤)中多酚氧化酶活性比未额外添加 PAHs 的对照(S0)分别增加 18.9% 和 89.5%。种植三叶草和接种 Gm 后,该激活效应仍然存在。与 S0 相比,S1 的菌根际和菌丝际多酚氧化酶活性增加了 7.4% 和 39.3%,S2 则增加了 63.8% 和 203.2%。

除高强度污染(S4)外,接种Gm均增加了菌根际土壤中多酚氧化酶活性,且较低强度污染(S1)时增加显著。与常规土相比,S0~S3中接种Gm的三叶草根际多酚氧化酶活性分别增加37.8%、24.5%、1.3%和4.3%,在高强度污染(S4)下其活性反而降低了6.6%。与菌根际不同,各污染强度下,Gm菌丝际土壤中多酚氧化酶活性均低于常规土和菌根际,分别比之降低18.3%~48.9%和12.9%~62.9%。这可能是由于根外菌丝并无分泌多酚氧化酶的功能。然而,接种Gm的三叶草根际多酚氧化酶活性高于不接种的三叶草根际土壤(表5.3),这表明AMF可能通过促进植物生长和增加根系活力间接提高了根际多酚氧化酶活性(肖敏,2009)。

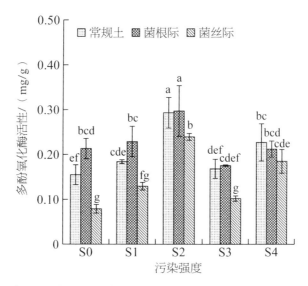

图5.5 常规土、菌根际和菌丝际土壤多酚氧化酶活性的变化($p<0.05$)

5.2.2.2 AMF菌丝对土壤酸性磷酸酶活性的影响

土壤中存在3类磷酸酶,包括碱性、中性和酸性磷酸酶。由于供试土壤呈酸性(pH=6.02),故通过磷酸苯二钠比色法测定了酸性磷酸酶的活性(以24h后1g土壤中释放出的酚的毫克数表示)。与未接种三叶草根际土壤相比,接种Gm显著降低了三叶草根际酸性磷酸酶活性(表5.3)。未接种条件下,三叶草被限制在有限的根室土壤中生长,主要靠根系分泌的酸性磷酸酶来活化并吸收有机磷以维持自身生长。在供试土壤污染强度范围内,菌根际土壤酸性磷酸酶活性低于常规土 2.4%～23.1%,而除 S3 外,菌丝际土壤酸性磷酸酶活性与常规土无显著差异(图 5.6)。由于缺磷胁迫可增加磷酸酶活性,接种 AMF 后扩大了根系吸收范围,根外菌丝可以伸展到菌丝室(C 室)吸收磷,减轻了植物缺磷胁迫,因此菌根际土壤酸性磷酸酶活性显著降低(刘世亮等,2007)。

表5.3　培养60天后S1污染强度下各处理微生物数量、酶活性及接种效应

测定指标	处理				菌根际效应/%	根外菌丝效应/%
	常规土	根际(−M)	菌根际(+M)	菌丝际		
细菌/(×10^7/g)		1.162	2.060	2.800	77.3	35.9
真菌/(×10^5/g)		0.867	3.554	5.404	309.9	52.1
放线菌/(×10^6/g)		1.206	3.814	3.438	216.3	−9.9
多酚氧化酶/(mg/g)	0.184^a	0.183^a	0.229^a	0.129^b	25.1	−43.7
酸性磷酸酶/(mg/g)	46.3^{bc}	67.6^a	42.6^d	49.6^b	−37.0	16.4
过氧化氢酶/(mL/g)	0.314^b	0.359^{ab}	0.366^a	0.371^a	1.9	1.4
菲残留量/(mg/kg)	0.92^a	0.56^b	0.48^b	0.62^b	−14.3	29.2
芘残留量/(mg/kg)	3.97^a	2.92^b	1.96^c	3.46^a	−32.9	76.5

注:菌根际效应=(菌根际数值−不接种处理根际数值)/不接种处理根际数值;根外菌丝效应=(根外菌丝数值−菌根际数值)/菌根际数值。表格中不同小写字母表示差异显著($p<0.05$)。

在供试污染范围内,菌丝际土壤酸性磷酸酶活性均高于菌根际,增幅为3.3%～24.0%,部分处理差异达到显著水平(图 5.6)。苏友波等(2003)通过根际土壤酸性磷酸酶细胞化学定位发现,活性菌丝上有明显的酸性磷酸酶的反应产物,生长健壮的菌丝有较强的酸性磷酸酶活性。并且研究表明,菌丝能分泌酸性磷酸酶来矿化土壤中的有机磷(王曙光等,2004)。因此,根外菌丝际土壤中酸性磷酸酶活性增加主要是由于菌丝分泌并向土壤中释放了酸性磷酸酶,从而活化土壤有机磷并吸收运输给宿主植物。

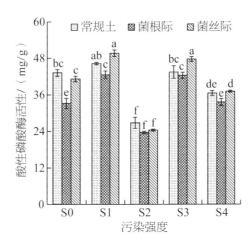

图5.6 培养60天后,常规土、菌根际和菌丝际土壤酸性磷酸酶活性的变化($p<0.05$)

5.2.2.3 AMF菌丝对土壤过氧化氢酶活性的影响

过氧化氢酶广泛存在于微生物和植物的细胞中,它能促进过氧化氢的分解,有效地防止过氧化氢对生物体的毒害作用(蔺昕等,2005)。通过高锰酸钾滴定法可测定接种AMF后土壤过氧化氢酶活性(以1g土重的0.1mol/L KMnO₄毫升数表示)。与多酚氧化酶和酸性磷酸酶活性变化相似,培养60天后,添加菲和芘对土壤过氧化氢酶表现出激活作用。低污染强度(S1和S2)下,各分室土壤过氧化氢酶活性均高于对照(S0)。

接种Gm显著增加了三叶草根际和菌丝际土壤过氧化氢酶活性(图5.7)。供试污染范围内,与常规土相比,菌根际土壤过氧化氢酶活性增加了12.6%~20.3%,菌丝际过氧化氢酶活性增加了5.5%~22.2%。除S0外,其他污染强度处理差异均达显著水平。在S0中,菌丝际土壤中过氧化氢酶活性比菌根际下降6.2%;而在S1~S4范围内,菌丝际土壤中过氧化氢酶活性比菌根际土壤增加了0.5%~6.8%。但除S2外,其余3种污染强度下两者过氧化氢酶活性差异不显著。另外,S1条件下,接种Gm的三叶草根际土壤中细菌和真菌数量均多于不接种AMF的三叶草根际土壤,且菌丝际的细菌和真菌数量也多于菌根际,变化趋势与过氧化氢酶活性一致(表5.3),这表明土壤中细菌和真菌可能有提高过氧化氢酶活性的作用。然而,根外菌丝际土壤中过氧化氢酶活性的增加是否来自细菌和真菌的作用有待进一步验证(肖敏,2009)。

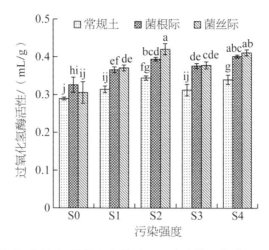

图 5.7　培养 60 天后,常规土、菌根际和菌丝际土壤过氧化氢酶活性的变化($p < 0.05$)

综上,接种 AMF 后,AMF 菌丝可提高土壤中微生物数量,其中 AMF 菌丝对细菌和真菌数量的促进作用要大于放线菌;同时,根外菌丝提高了土壤中酸性磷酸酶活性,而对多酚氧化酶和过氧化氢酶活性的激发作用较弱。因此,根外菌丝主要是通过提高宿主植物对土壤中营养元素的吸收能力,促进植物生长,增加根系活力来促进根际土壤中 PAHs 的降解。

5.3　AMF 根外菌丝和孢子与植物吸收、传输 PAHs 的关系

AMF 对植物吸收、分配污染物的影响引起了研究者的广泛关注。已有研究报道,接种 AMF 可提高有机污染物在植物根系中的含量,但却降低其在茎叶中的含量,这势必与菌根体系中菌丝体和孢子的存在有很大的关联。孙艳娣(2012)通过温室水培试验,以菲为 PAHs 代表物,*Glomus intraradices*(Gi)为供试 AMF,水稻幼苗为宿主植物,测定了菌根产生的菌丝量和孢子量,以及

根系和茎叶中不同形态菲的含量,研究了不同菲浓度对Gi根外菌丝和孢子产生的影响,初步探讨了Gi根外菌丝和孢子与菌根吸附、吸收菲的关系,揭示了菌丝和孢子对水稻中菲的吸收富集、迁移运输的影响,从而进一步阐述AMF影响植物吸收和运输PAHs的作用机制。

5.3.1 菌丝密度和孢子数量

水培试验是验证植物对PAHs的吸收作用的主要手段(凌婉婷等,2007;何炜等,2005)。然而,AMF同陆生植物共同进化发展,往往不适应在水生环境中生长,培养基质含水量过高会影响AMF与植物根系形成共生体系的能力,所以以往利用水培技术研究植物对PAHs的吸收作用时通常忽略了AMF的影响。为此,孙艳娣(2012)先利用蛭石(作为培养基质)培养水稻幼苗30天,使Gi侵染水稻幼苗根系(图5.8),再将形成的Gi-水稻共生体系移植到含系列菲浓度(0~6mg/L)的培养液中培养96h,以研究不同菲浓度对Gi根外菌丝和孢子产生的影响。如图5.9所示,在系列菲浓度污染下,水培装置中接种Gi的水稻幼苗根部可释放大量的孢子和菌丝。

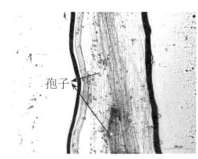 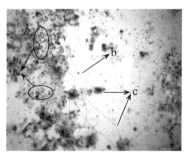

图5.8 Gi侵染的水稻根系　　　图5.9 接种Gi水稻幼苗根部的孢子和菌丝(a是孢子,b是孢子两端延伸出的菌丝,c为菌丝)

图5.10反映了不同菲浓度对Gi根外菌丝和孢子产生量的影响。由图可知,在供试浓度范围内,水样中单位孢子的个数可高达10^4个/mL,随着菲浓度的增加,水样中单位孢子个数随之增加;当菲浓度为6.0mg/L时,单位孢子个

数达到最大值 6.8×10^4 个/mL。从单位孢子个数随菲浓度的变化趋势可以看出，在低浓度($0\sim1.2$mg/L)菲污染时，单位孢子个数增加迅速，而在高浓度菲污染时，单位孢子个数增加趋于缓慢。在供试浓度范围内，水样中菌丝密度随菲浓度的增加而增大，当菲浓度为 3.6mg/L 时，菌丝密度达到最大值 13.45cm/mL，随后菌丝密度随菲污染浓度的增加而趋于降低。

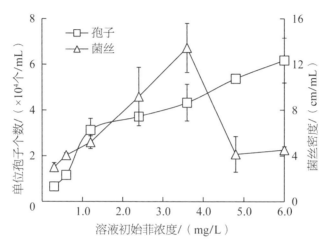

图 5.10　不同菲浓度下水样中菌丝密度和单位孢子个数

　　小孢子($<100\mu$m)可以长成成熟的孢子($100\sim300\mu$m)，成熟孢子延伸出菌丝后慢慢消逝，菌丝末端膨胀形成泡囊，泡囊成熟后释放孢子，然后菌丝衰老、退化、消解(刘润进等，2007)。由菌丝和孢子的这种关系可以看出，污染物菲会影响 Gi 的生长发育能力。一定浓度的菲刺激了孢子的萌发、菌丝的生成以及泡囊形成孢子的过程。而单位孢子个数随菲浓度的变化趋势以及在4.8mg/L 和 6.0mg/L 菲浓度时菌丝密度的降低可能与菌丝的生长周期有关。

5.3.2　根系中PAHs形态与菌丝密度和孢子数量的关系

5.3.2.1　根系中PAHs形态测定方法

　　通过三步连续提取方法分别得到水稻根系根表弱吸附态菲(包括附着在

根表、根外菌丝及与分泌物结合的菲)、根表强吸附态菲及根内吸收态菲三种不同形态的菲含量(Tao et al.,2006;焦杏春等,2006)。各形态菲的提取方法如下。

(1)根表弱吸附态菲的提取:取2g新鲜根样,用15mL 0.01mol/L CaCl₂溶液浸泡,在25℃下振荡10min(150r/min),用0.45μm醋酸纤维滤膜抽滤,过滤液用15mL正己烷分3次液液萃取,萃取液经N₂缓慢吹干,2mL甲醇定容后,过0.22μm孔径滤膜,用HPLC/UV检测分析。

(2)根表强吸附菲的提取:经第一步处理的根浸泡在20mL甲醇溶液中,在25℃下振荡3min(150r/min),用100mL甲醇:水(体积比1:9)提取,过0.45μm醋酸纤维滤膜。取25mL过滤液,用30mL正己烷分3次萃取,萃取液经N₂缓慢吹干,2mL甲醇定容后,过0.22μm孔径滤膜,用HPLC/UV检测分析。

(3)根内吸收态菲的提取(高彦征等,2005):将第一、二步处理后的根经冷冻干燥,粉碎至25mL离心管中,用30mL丙酮和正己烷溶液(体积比1:1)分3次超声萃取30min,合并的萃取液过无水硫酸钠柱后,收集于旋转蒸发瓶中,40℃恒温浓缩至干,然后用2mL正己烷定容。取1mL溶液过2g硅胶净化柱,用11mL二氯甲烷和正己烷溶液(体积比1:1)洗脱。洗脱液收集至旋转蒸发瓶后在40℃下浓缩至干,用2mL甲醇定容后,过0.22μm孔径滤膜,用HPLC/UV检测分析。菲浓度用单位干重浓度表示。

5.3.2.2 根系中PAHs各形态含量变化

不同菲浓度处理下,水稻根系三种提取态菲含量变化如图5.11所示。随菲浓度的增加,总量菲增幅趋于缓慢。对于三种提取态菲来说,根表弱吸附态菲含量远远低于根表强吸附态和根内吸收态菲含量,其仅占总量的10%左右。由甲醇溶液提取得到的根表强吸附态菲含量显著高于根表弱吸附态菲含量,其相对含量占总量的40.37%~76.35%,平均达62.19%。这说明有相当多的菲存于根表的自由空间。焦杏春等(2006)分析了水稻根系中PAHs的形态分布,发现根表吸附态 PAHs 占总量的 33% 左右,60% 以上的 PAHs 穿过内皮层障碍进入根内部。然而也有研究表明,PAHs 会被阻挡在根表皮之外,表皮和根系内部之间没有 PAHs 的传输(Wang et al., 1994; Wild et al., 1992)。这可能是因为植物根系被 AMF 侵染后,真菌孢子延伸出的菌丝既可向根系内部延伸,形成根内菌丝,也可以向外延伸,形成根外菌丝,从而建立根内外的联系,促进 PAHs 的根内吸收和传递。因此,与未接种 AMF 的水稻相比,Gi 侵染的水稻根系提供了巨大的作用表面和根表自由空间,导致了相当部分的菲停留在根表皮层。

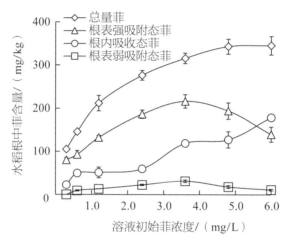

图 5.11　水稻根系中各形态菲的含量

5.3.2.3　根系中 PAHs 各形态含量与菌丝密度和孢子数量的关系

结合图 5.10 可知,根表吸附态菲含量与菌丝密度间存在显著正相关关系。其中,根表弱吸附态菲含量与菌丝密度的相关系数为 0.897,根表强吸附态菲含量与菌丝密度的相关系数为 0.753,均达到极显著水平。吸附是植物吸收 PAHs 的主要过程,分配作用是植物吸附的主导机制(Gao et al., 2008)。Gao 等(2010)研究了黑麦草根和 AMF 菌丝对菲的吸附等温线,发现 AMF 菌丝吸附常数值是根吸附常数值的 3.5 倍,AMF 菌丝的吸附作用远大于根,在植物根系吸附 PAHs 时起主导作用。

根内吸收态菲含量随着污染浓度的增加而增大。结合图5.10可以看出，在供试菲浓度下，根内吸收态菲含量的变化与单位孢子个数趋于一致。通过Pearson双侧相关性分析发现，根内吸收态菲含量与单位孢子个数的相关系数为0.897，达到极显著水平，表明Gi孢子在菌根吸收菲时起主导作用。

上述结果表明，接种AMF后菌丝密度和孢子数量的变化是影响水稻根系吸收菲的主要因素。由于菌丝密度与单位孢子个数间存在自身相关性，以及菌丝-孢子生长周期未知，两者对AMF促进植物吸收PAHs的独立贡献尚无法区分。

5.3.3 AMF作用下植物传输PAHs与菌丝密度和孢子数量的关系

5.3.3.1 水稻茎叶中菲含量

植物地上部分PAHs主要来源于叶面对空气中PAHs的吸收和根系吸收PAHs向地上部的转运。如图5.12所示，在供试菲浓度范围内，接种Gi的水稻茎叶中菲含量为3.39~5.40mg/kg，各处理间没有达到显著性差异。空白对照组茎叶中菲含量为0.26mg/kg，仅占各处理茎叶中菲含量的4.78%~7.60%。杨振亚等(2006)利用限制分配模型预测植物吸收的PAHs，用空白处理植株茎

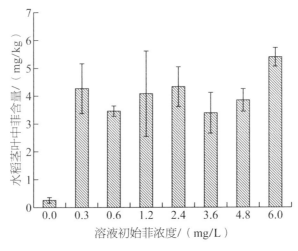

图5.12 不同菲浓度处理下水稻茎叶中的菲含量

叶中 PAHs 浓度代表叶面吸收值,其远低于处理茎叶中 PAHs 的测得值。研究中所有处理均随机摆放,并定期调换位置,可认为空气中菲浓度是均匀的。因此,植物茎叶中的 PAHs 主要来源于根部运输。

5.3.3.2　水稻对菲的传导作用

不同菲浓度处理下,接种 Gi 后水稻根系对菲的传导能力[用传导系数(TF)表示]如图 5.13 所示。TF 可反映污染物在植物体内由根系向茎叶的传导能力,TF 值越小,表明污染物越难由根系传导到茎叶中。在供试菲浓度范围内,接种 Gi 的水稻对菲的传导系数较小,最高不超过 0.041,且 TF 值随菲浓度的升高而逐渐降低。这表明接种 Gi 后,菲浓度越高,水稻根系对菲的传导能力越弱。通过 Pearson 相关性分析双侧检验发现,在不同菲浓度处理下,TF 与单位孢子个数间存在负相关关系,其相关系数为 -0.890,达到极显著水平,表明菌根中 Gi 孢子的存在限制了根内吸收态菲向地上部的运输,使得根部固持菲的能力大大加强。

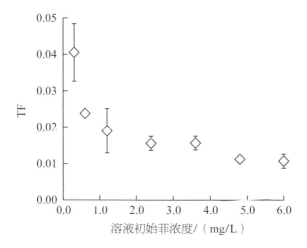

图 5.13　不同菲浓度处理下水稻对菲的传导能力

5.4 AMF根外菌丝对土壤中PAHs的吸收和传导作用

接种AMF对植物吸收有机污染物的影响已被广泛报道。但迄今,有关根外菌丝对PAHs的分配作用及其对植物吸收PAHs的贡献及机制研究甚少。了解根外菌丝对PAHs的传导作用,揭示根外菌丝在植物吸收土壤PAHs过程中所起的作用及内在机制,对于菌根技术的应用有重要意义。

程兆霞(2009)利用盆栽试验方法,构建了立式三隔室装置(图5.14),研究了 *Glomus mosseae*(Gm)和 *Glomus etunicatum*(Ge)这两种AMF根外菌丝在植物吸收PAHs中的作用及其对PAHs的吸附作用,探讨了根外菌丝对PAHs的吸收富集、迁移、转化等内在机制。研究结果发现,Gm和Ge的根外菌丝可从土壤中吸收富集PAHs(菲和芘),并向植物根部传输。与黑麦草根相比,AMF根外菌丝对PAHs(菲和芘)的分配系数要高3~4倍。这些研究结果为菌根吸收土壤中有机污染物的机制提供了见解,并有助于评估污染地点与多环芳烃相关的风险。

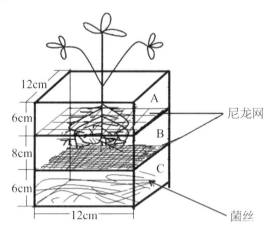

图5.14 立式三隔室装置

注:该装置由尼龙网从上到下分为三部分(A、B和C室)。A和B室用1mm的尼龙网隔开,植物根系可通过尼龙网。B和C室间为30μm的尼龙网(植物根系无法穿过该网筛,但AMF菌丝可以通过)。装置中,A、B室中装有清洁土样(未受PAHs污染),C室装有PAHs污染土样。

5.4.1 AMF定殖与植物生物量

已有文献表明,禾本科牧草根系AMF侵染率较低。Joner等(2001)发现在含有PAHs(蒽、菌和二苯[a,h]蒽)的土壤中Gm在黑麦草根部的侵染率为0.5%~5.0%。图5.15反映了Gm和Ge在黑麦草生长30~70天的定殖情况。如图所示,AMF在黑麦草根部的侵染率普遍随培养时间延长而增加。培养70天后,Gm和Ge在黑麦草根部的侵染率分别为17.8%和16.2%。

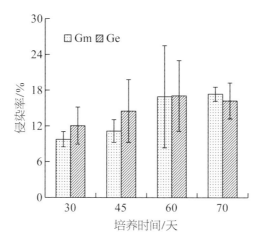

图5.15　AMF在黑麦草根部的侵染率

如图5.16所示,在培养30~70天内,未接种AMF及分别接种Gm和Ge的黑麦草单株根部生物量分别为1.02·~3.11g、1.32~2.75g和1.57~2.47g;单株茎叶部生物量分别为2.60~7.41g、2.38~6.00g和2.42~5.66g。进一步统计分析表明,在黑麦草生育期,菌根定殖对地上部和根部产量均无明显影响($p>0.05$)。

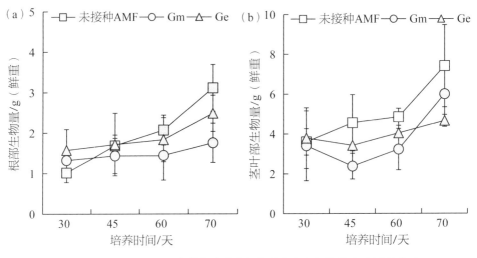

图 5.16 不同处理下黑麦草根部(a)和茎叶部(b)生物量随时间的变化

5.4.2 AMF作用下不同分室植物根中PAHs含量

A、B室生长的黑麦草根中均存在PAHs。菌丝室(C室)污染土壤中菲和芘初始含量分别为79.52mg/kg和72.35mg/kg。如表5.4所示,培养30～70天后,Gm定殖的A、B室黑麦草根中芘含量分别为1.94～62.6mg/kg和13.4～44.8mg/kg；Ge定殖的A、B室黑麦草根中芘含量分别为0～23.8mg/kg和1.28～20.1mg/kg。黑麦草根中芘浓度总体上呈先升高后降低趋势,与菌室无关。Gao等(2006)通过水培试验研究了黑麦草和三叶草对溶液中菲和芘的吸收,同样发现培养初期植物根对PAHs快速吸收,随着植物体内PAHs累积量的逐渐增加,植物对其吸收速率降低。芘在黑麦草根中的浓度在最初升高后明显下降,可能与植物生长稀释、植物组织代谢,以及向植物其他部位的转运等有关(Gao et al.,2010)。

表5.4　各处理黑麦草根中芘和菲的含量

| 时间/天 | 芘含量/(mg/kg,干重) | | | | | |
| | Gm | | Ge | | 对照 | |
	A室	B室	A室	B室	A室	B室
30天	1.94±0.50	13.7±2.06	—	1.28±1.10	—	—
45天	15.2±2.10	13.4±1.40	23.8±2.16	13.0±4.25	0.33±0.10	1.01±0.24
60天	62.6±45.0	44.8±9.88	14.1±0.74	20.1±3.20	0.21±0.12	1.18±0.44
70天	21.8±10.9	15.1±0.13	—	6.73±2.67	—	0.23±0.12

| 时间/天 | 菲含量/(mg/kg,干重) | | | | | |
| | Gm | | Ge | | 对照 | |
	A室	B室	A室	B室	A室	B室
30天	1.50±1.35	0.80±0.53	1.79±1.62	3.85±1.37	—	—
45天	0.91±0.52	8.87±1.13	0.93±0.84	4.17±1.25	—	0.11±0.01
60天	2.86±1.44	3.64±3.40	3.94±1.15	4.85±0.56	0.09±0.01	0.16±0.08
70天	8.76±2.63	0.45±0.36	11.9±4.59	0.27±0.23	—	—

注:对照为不接种AMF的处理,—表示供试PAHs含量在检测限以下。

对于菲而言,培养30~70天后,Gm定殖的A、B室黑麦草根中菲含量分别为0.91~8.76mg/kg和0.45~8.87mg/kg,而Ge定殖的A、B室黑麦草根中菲含量分别为0.93~11.9mg/kg和0.27~4.85mg/kg。AMF定殖后黑麦草根中菲含量在B室中随培养时间的增加呈先升高后降低趋势,而在A室中呈先下降后上升趋势。PAHs在植物体内从根到茎部的运输伴随着蒸腾流(Gao et al.,2009)。由于菲的分子量较大、水溶性较低,在黑麦草茎叶中达到最大浓度所需的蒸腾流体积较大和时间较长,因此黑麦草茎叶中菲浓度在45~70天直线增加。

尽管A、B室中无PAHs污染,但生长于A、B室的植物根中均检出了高含量的芘和菲,而对照(不接种AMF)处理根中供试PAHs含量甚微或未检出(表5.4)。由于B室和C室之间用30μm的尼龙网隔开,B室中的黑麦草根系无法延伸至含有PAHs污染土壤的C室。这些结果表明,C室中AMF根外菌丝可将该室污染土壤中的PAHs吸收并传输至A、B室植物根中。也就是说,AMF根外菌丝可以从土壤环境中吸收芘和菲,并将其输送到植物根系。

5.4.3　AMF菌丝对PAHs的分配作用

研究表明,土壤中的有机污染物主要通过被动运输进入植物,这一过程可视为污染物的一系列分配过程,包括土壤-土壤孔隙水、土壤水-根以及木质部水-茎叶的分配(Chiou et al.,2001;Li et al.,2005;Collins et al.,2006)。有机化学物质在水和根间的分配是决定有机化合物的植物吸收过程的关键步骤(Gao et al.,2008)。也可以认为AMF菌丝对土壤中PAHs的吸收是一系列分配过程,而PAHs在土壤溶液和菌丝间的分配是菌丝从土壤环境中吸收PAHs的关键步骤。

程兆霞(2009)采用批平衡法研究了水溶液和AMF菌丝间芘和菲的分配作用,并对芘和菲的吸附量(Q_e)及其在溶液中的平衡浓度(C_e)进行回归分析。如图5.17所示,根和菌丝对PAHs的吸附等温线可用线性分布模型很好地描述,说明PAHs等疏水性非离子有机污染物的植物吸收过程是其在土-水-根中连续分配作用的结果。

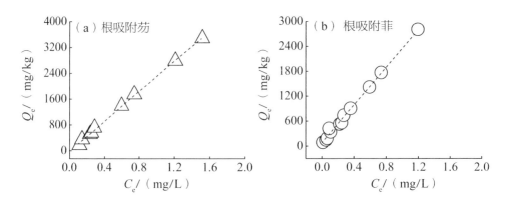

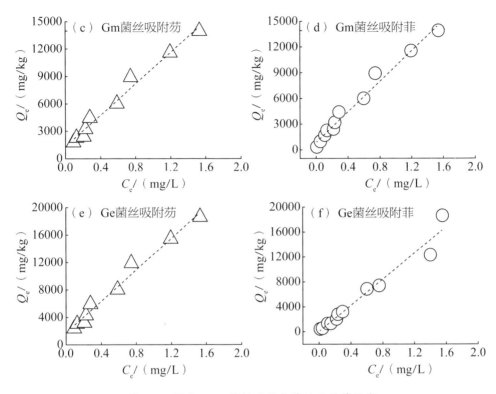

图 5.17　根和 AMF 菌丝对芴和菲的吸附等温线

根或 AMF 菌丝与水之间芴和菲的分配系数(K_d, L/kg)见表 5.5。K_d 的计算公式如下：

$$K_d = Q_e / C_e \qquad (5\text{-}1)$$

K_d 值越大，表明吸附材料(根或菌丝)积累 PAHs 的能力越强(Chiou et al., 2001; Li et al., 2005)。从表 5.5 可以看出，AMF 菌丝中芴和菲的 K_d 值($8576 \sim 10564$L/kg)比植物根的 K_d 值高 270%~356%。由此可见，菌丝的吸附作用远大于根，在植物吸附 PAHs 的过程中起着主导作用。这表明 AMF 菌丝对 PAHs 等亲脂性有机化学物质具有较高的分配能力。

表5.5　黑麦草根及 AMF 菌丝吸附 PAHs 的相关参数

吸附材料	菲		芴	
	R^2	K_d/(L/kg)	R^2	K_d/(L/kg)
根	0.9958	2275.2	0.9988	2315.6
Gm 菌丝	0.9736	9498.9	0.9806	8575.9
Ge 菌丝	0.9858	8862.2	0.9567	10564.0

5.4.4　AMF 菌丝对 PAHs 的传导能力

上述结果证实了 AMF 菌丝对 PAHs 具有强吸收能力并可将 PAHs 转运至宿主植物根部。为了评价 AMF 菌丝对不同 PAHs 的传导能力,引入了传导系数(TF)。

$$TF = C_{root}/C_{soil} \tag{5-2}$$

式中,C_{root} 为 B 室菌根中 PAHs 含量(mg/kg),C_{soil} 为 C 室土壤中 PAHs 含量(mg/kg)。其中,TF 值越大,说明菌丝从土壤向根系转运的 PAHs 越多。

以接种 Gm 处理为例,在培养 30～70 天,Gm 菌丝对芴和菲的 TF 为 0.95～9.95 和 0.55～3.07(图 5.18)。Gm 菌丝对菲和芴的传导能力均随培养时间延长呈先升高后降低趋势。其中,在培养 60 天时,Gm 菌丝对芴和菲的 TF 最大,分别为 9.95 和 3.07。此外,Gm 菌丝对芴的 TF 为菲的 2～4 倍,表明 AMF 根外菌丝对芴的传导能力要显著大于菲。

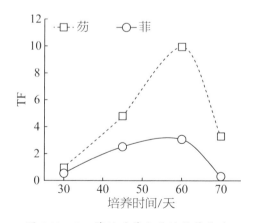

图 5.18　Gm 菌丝对菲和芴的传导能力

　　AMF定殖形成丰富的根外菌丝(菌丝密度为5~50m/g),它们的直径较小(2~15μm),可以进入根部无法进入的土壤微区(Hart et al.,2005;Khan et al.,2000),从而扩大了菌根与土壤的接触面积。据报道,AMF菌丝可以运输水和小分子(Trotta et al.,2006)。Chen等(2003)发现,AMF菌丝可以直接从土壤中吸收锌并将其转移到植物根部。Bürkert等(1994)利用根外菌丝与根分离的培养系统观察到AMF菌丝可以积累和转运^{65}Zn,其转运能力在不同AMF物种间可能存在差异。疏水性有机化合物通过AMF菌丝转运的直接证据很少。然而,本研究间接证明了AMF菌丝影响了有机污染物从土壤到植物根系的运输过程。

　　PAHs可沿蒸腾流从根向茎叶转移(Gao et al.,2009;Gao et al.,2004)。接种AMF后,蒸腾流可从AMF菌丝流向根,然后流向茎叶。溶解在土壤孔隙水中的PAHs被菌丝吸收后,分配给菌丝和植物,从而使这些有机物被AMF菌丝转运。理论上,低分子量和高水溶性的有机化合物更容易随蒸腾流发生迁移。这一点在实验中得到了证实。菲和芴都是三环的PAHs,但芴的疏水性和辛醇−水分配系数(K_{ow})低于菲。这些特性有助于AMF菌丝将芴随水从土壤转运到植物根中。因此,较小分子量和较高水溶性的PAHs更容易被AMF菌丝转运。

　　综上,黑麦草根虽然生长在干净的土壤中,但大量的AMF菌丝延伸到含有PAHs的污染土壤中,将土壤中PAHs吸收并转运到植物体内,导致植物体内PAHs的积累。由于芴的分子量较低,水溶性较高,因此其在菌丝中的传导能力比菲更为显著。

参考文献

Bürkert, B., Robson, A., 1994. ^{65}Zn uptake in subterranean clover(*Trifolium subterraneum* L.) by three vesicular-arbuscular mycorrhizal fungi in a root-free sandy soil. Soil Biology and Biochemistry,26(9):1117-1124.

Chen, B. D., Christie, P., Li, X. L., 2001. A modified glass bead compartment cultivation system for studies on nutrient and trace metal uptake by arbuscular mycorrhiza. Chemosphere, 42(2):185-192.

Chen, B. D., Li, X. L., Tao, H. Q., Christie, P., Wong, M. H., 2003. The role of arbuscular mycorrhiza in zinc uptake by red clover growing in a calcareous soil spiked with various quantities of zinc. Chemosphere, 50(6):839-846.

Chiou, C. T., Sheng, G., Manes, M., 2001. A partition-limited model for the plant uptake of organic contaminants from soil and water. Environmental Science & Technology, 35(7):1437-1444.

Collins, C., Fryer, M., Grosso, A., 2006. Plant uptake of non-ionic organic chemicals. Environmental Science & Technology, 40(1):45-52.

Gao, Y., Cheng, Z., Ling, W., Huang, J., 2010. Arbuscular mycorrhizal fungal hyphae contribute to the uptake of polycyclic aromatic hydrocarbons by plant roots. Bioresource Technology, 101(18):6895-6901.

Gao, Y., Collins, C. D., 2009. Uptake pathways of polycyclic aromatic hydrocarbons in white clover. Environmental Science & Technology, 43(16):6190-6195.

Gao, Y., Ling, W., Wong, M. H., 2006. Plant-accelerated dissipation of phenanthrene and pyrene from water in the presence of a nonionic-surfactant. Chemosphere, 63(9):1560-1567.

Gao, Y., Xiong, W., Ling, W., Wang, H., Ren, L., Yang, Z., 2008. Partitioning of polycyclic aromatic hydrocarbons between plant roots and water. Plant and Soil, 311:201-209.

Gao, Y., Zhu, L., 2004. Plant uptake, accumulation and translocation of phenanthrene and pyrene in soils. Chemosphere, 55(9):1169-1178.

Hart, M. M., Trevors, J. T., 2005. Microbe management: Application of mycorrhyzal fungi in sustainable agriculture. Frontiers in Ecology and the Environment, 3(10):533-539.

Huang, H., Zhang, S., Shan, X. Q., Chen, B. D., Zhu, Y. G., Bell, J. N. B., 2007. Effect of arbuscular mycorrhizal fungus (*Glomus caledonium*) on the accumulation and metabolism of atrazine in maize (*Zea mays* L.) and atrazine dissipation in soil. Environmental Pollution, 146(2): 452-457.

Joner, E. J., Johansen, A., Loibner, A. P., dela Cruz, M. A., Szolar, O. H., Portal, J. M., Leyval, C., 2001. Rhizosphere effects on microbial community structure and dissipation and toxicity of polycyclic aromatic hydrocarbons (PAHs) in spiked soil. Environmental Science & Technology, 35(13): 2773-2777.

Khan, A. G., Kuek, C., Chaudhry, T. M., Khoo, C. S., Hayes, W. J., 2000. Role of plants, mycorrhizae and phytochelators in heavy metal contaminated land remediation. Chemosphere, 41(1-2): 197-207.

Li, H., Sheng, G., Chiou, C. T., Xu, O., 2005. Relation of organic contaminant equilibrium sorption and kinetic uptake in plants. Environmental Science & Technology, 39(13): 4864-4870.

Tao, S., Xu, F., Liu, W., Cui, Y., Coveney, R. M., 2006. A chemical extraction method for mimicking bioavailability of polycyclic aromatic hydrocarbons to wheat grown in soils containing various amounts of organic matter. Environmental Science & Technology, 40(7): 2219-2224.

Trotta, A., Falaschi, P., Cornara, L., Minganti, V., Fusconi, A., Drava, G., Berta, G., 2006. Arbuscular mycorrhizae increase the arsenic translocation factor in the As hyperaccumulating fern *Pteris vittata* L. Chemosphere, 65(1): 74-81.

Verdin, A., Lounès-Hadj Sahraoui, A., Fontaine, J., Grandmougin-Ferjani, A., Durand, R., 2006. Effects of anthracene on development of an arbuscular mycorrhizal fungus and contribution of the symbiotic association to pollutant dissipation. Mycorrhiza, 16(6): 397-405.

Wang, M. J., Jones, K. C., 1994. Uptake of chlorobenzenes by carrots from spiked and sewage sludge-amended soil. Environmental Science & Technology, 28(7):

1260-1267.

Wild, S. R., Berrow, M. L., McGrath, S. P., Jones, K. C., 1992. Polynuclear aromatic hydrocarbons in crops from long-term field experiments amended with sewage sludge. Environmental Pollution, 76(1): 25-32.

Wu, N., Zhang, S., Huang, H., Shan, X., Christie, P., Wang, Y., 2008. DDT uptake by arbuscular mycorrhizal alfalfa and depletion in soil as influenced by soil application of a non-ionic surfactant. Environmental Pollution, 151(3): 569-575.

Zhu, Y. G., Miller, R. M., 2003. Carbon cycling by arbuscular mycorrhizal fungi in soil-plant systems. Trends in Plant Science, 8(9): 407-409.

程兆霞, 2009. 丛枝菌根对植物吸收多环芳烃的影响. 南京: 南京农业大学.

程兆霞, 凌婉婷, 高彦征, 王经洁, 2008. 丛枝菌根对芘污染土壤修复及植物吸收的影响. 植物营养与肥料学报, 14(6): 1178-1185.

冯固, 张玉凤, 李晓林, 2001. 丛枝菌根真菌的外生菌丝对土壤水稳性团聚体形成的影响. 水土保持学报, 15(4): 99-102.

高彦征, 朱利中, 凌婉婷, 熊巍, 2005. 土壤和植物样品的多环芳烃分析方法研究. 农业环境科学学报, 24(5): 1003-1006.

焦杏春, 陈素华, 沈伟然, 陶澍, 2006. 水稻根系对多环芳烃的吸着与吸收. 环境科学, 27(4): 760-764.

李秋玲, 凌婉婷, 高彦征, 李福春, 熊巍, 2006. 丛枝菌根对有机污染土壤的修复作用及机理. 应用生态学报, 17(11): 2217-2221.

蔺昕, 李培军, 孙铁珩, 台培东, 巩宗强, 张海荣, 2005. 石油污染土壤的生物修复与土壤酶活性的关系. 生态学杂志, 2005, 24(10): 1226-1229.

刘润进, 陈应龙, 2007. 菌根学. 北京: 科学出版社.

刘世亮, 骆永明, 丁克强, 李华, 吴龙华, 2007. 黑麦草对苯并[a]芘污染土壤的根际修复及其酶学机理研究. 农业环境科学学报, 26(2): 526-532.

苏友波, 林春, 张福锁, 李晓林, 2003. 不同AM菌根菌分泌的磷酸酶对根际土壤有机磷的影响. 土壤, 35(4): 334-338.

孙艳娣,凌婉婷,刘娟,宗炯,2012.丛枝菌根真菌对紫花苜蓿吸收菲和芘的影响.农业环境科学学报,31(10):1920-1926.

孙艳娣,2012.丛枝菌根真菌对植物吸收多环芳烃的影响及机制初探.南京:南京农业大学.

王发园,林先贵,2015.丛枝菌根与土壤修复.北京:科学出版社.

王曙光,林先贵,施亚琴,2001.丛枝菌根与植物的抗逆性.生态学杂志,20(3):27-30.

王曙光,林先贵,尹睿,侯彦林,2004.接种 AM 真菌对 PAEs 污染土壤中微生物和酶活性的影响.生态学杂志,23(1):48-51.

肖敏,2009.丛枝菌根修复多环芳烃污染土壤的几种酶活性研究.南京:南京农业大学.

杨振亚,朱利中,2006.限制分配模型预测黑麦草吸收 PAHs.环境科学,27(6):1212-1216.

宗炯,2014.丛枝菌根真菌对植物吸收 PAHs 和根际土壤中 PAHs 降解的影响.南京:南京农业大学.

第6章 球囊霉素相关土壤蛋白对土壤中多环芳烃迁移转化的影响

丛枝菌根真菌（AMF）是一类普遍存在的土壤微生物，可以与绝大多数陆生植物形成共生关系（Boutasknit et al.，2020）。近年来，大量研究探讨了AMF在污染土壤植物修复中的作用机制（Lenoir et al.，2016；Rajtor et al.，2016；Sun et al.，2018；Wang et al.，2020a），包括促进植物对环境的耐受性，提高污染物向宿主植物的转移效率，加速污染物降解或稳定。

球囊霉素相关土壤蛋白（GRSP），最初被称为"glomalin"，是由AMF分泌的一类含有金属离子的耐热糖蛋白，产生于AMF菌丝表面，能够随菌丝和孢子的脱落和降解进入土壤中（王建等，2016）。GRSP在土壤中分布广泛，其含量范围为0.11~67.14mg/g，占土壤有机碳（SOC）的27%（He et al.，2020）。自Wright等（1996）发现以来，GRSP在土壤碳固存、氮循环、土壤团聚体稳定性和重金属固定等方面的作用被广泛研究（Gao et al.，2019；Irving et al.，2021；Agnihotri et al.，2022）。然而，关于GRSP对有机污染土壤修复的作用研究还鲜有报道。本章通过调查不同类型土壤中GRSP的时空分布情况，探讨了菌根土壤中GRSP对PAHs去除的相关贡献，并通过外源添加GRSP的方式，揭示了GRSP在有机污染土壤修复中的相关作用机制，为进一步阐述AMF修复有机污染土壤的相关机制提供理论依据。

6.1　土壤中GRSP的时空分布及组成特征

GRSP随着AMF菌丝和孢子的分解而释放并积累在土壤中,是土壤碳库的重要组成部分(Driver et al.,2005;Treseder et al.,2007)。GRSP碳含量是腐植酸碳含量的2～25倍,甚至达到土壤有机碳(SOC)含量的27%(Schindler et al.,2007)。当土地利用方式变化时,土壤中GRSP比有机质降解慢(Preger et al.,2007),这使得GRSP在生态系统中可以更好地固定碳元素(Quiquampoix et al.,2007)。GRSP复杂的分子结构增强了土壤结构的稳定性(Rillig et al.,2001),而土壤结构稳定性的加强可以减少土壤有机质的分解和增加土壤生态系统中碳元素的积累(Treseder et al.,2007)。

GRSP广泛存在于土壤生态系统中(Driver et al.,2005;Rillig et al.,2003)。在对智利热带雨林火山土的调查中,Etcheverria等(2009)发现上层和下层土壤中GRSP含量分别为21mg/g和10mg/g。Harner等(2004)发现在土壤深度达到140cm时仍然可以检测到GRSP。土壤含水率、黏粒、酶、根际微生物活动等对GRSP含量均可造成影响。土壤GRSP的积累和组成受多种生态环境因子,如气候条件、植被类型、土壤特性、AMF组成等的影响(Zhou et al.,2023b)。然而,不同土地利用方式下土壤中GRSP累积及垂直剖面分布如何,国内外仍很不清楚。

江苏省南京市浦口区(32°05′N,118°47′E),海拔15.59m。该地区以平原地貌为主,年平均气温16℃,平均年降水量为1104.4mm,年无霜期日数223天,初霜日出现在11月初。其土地利用类型丰富,包括林地、草地、旱作土、水田、茶园等。其中,林地主要植被包括白栎、杜仲、化香、马尾松、白檀等;草地为海岸带自然撂荒草地,草本覆盖率80%左右,优势植物有大米草、芦苇、盐蒿等。阙弘(2015)沿土壤剖面0～10cm、10～20cm和20～40cm三个土层采集了该地区5种不同利用类型土壤(林地、草地、水稻田、茶园和菜园),研究不同土壤性质和土层深度与GRSP含量的关系,试图揭示不同利用方式对不同土层中GRSP分布的影响,为进一步明确GRSP在土壤中的作用和功能提供基础依据。

6.1.1　土壤中GRSP提取方法

GRSP被认为是菌丝分泌并经由菌丝表面脱落而进入土壤中的蛋白质，因此关于提取和测定土壤中GRSP的方法是研究其作用功能的基础和关键。考马斯蓝亮法（Bradford法）是一种常见的蛋白质量化方法（Bradford,1976），其原理是染色剂G-250与蛋白质结合后，染色剂的颜色由棕红色变为蓝色（Bradford,1976；Wright et al.,1996）。在提取过程中，提取液的体积、离心时间和转速、灭菌时间均会影响提取结果，进而影响GRSP的测定。考马斯亮蓝法测定蛋白质含量的前提是除GRSP外所有其他蛋白质都能够被破坏，但Rosier等（2008）发现此方法并不能排除土壤中其他非GRSP蛋白质，导致测定结果出现偏差。

用酶联免疫吸附分析（ELISA）法测定的总球囊霉素相关土壤蛋白（T-GRSP）被认定是免疫反应性的土壤蛋白质（IRSP），易提取部分被定义为易提取免疫反应性的土壤蛋白质（EE-IRSP）（Wright et al.,1998；Rillig,2004）。ELISA法的特异性较高，是一种能够比较准确测定土壤中GRSP的方法。但Rillig（2004）提出应避免使用EE-BRSP（易提取Bradford反应土壤蛋白、BRSP（Bradford反应土壤蛋白）、EE-IRSP和IRSP来描述土壤中的GRSP，因为这种提取方法不能排除其他土壤蛋白质。

根据提取条件GRSP又可分为T-GRSP和易提取球囊霉素相关土壤蛋白（EE-GRSP）（Wright et al.,1998；Gillespie et al.,2011）。其中，EE-GRSP表征土壤中新产生的、与土壤结合不紧密的GRSP；T-GRSP为EE-GRSP与土壤中难提取GRSP之和（Lovelock et al.,2004）。通常研究中，选取EE-GRSP和T-GRSP来表征土壤中球囊霉素的含量和分布情况，其提取和定量分析参考Wright等（1996）和David等（2008）报道的方法。具体操作步骤如下。

EE-GRSP提取：将0.25g土样与2mL的20mmol/L柠檬酸钠溶液（pH 7.0）加入塑料离心管，放入高压灭菌锅并于121℃提取0.5h后，在10000g条件下离心5min，收集上清液，置于4℃保存。

T-GRSP 提取：将 0.25g 土样与 2mL 的 50mmol/L 柠檬酸钠溶液（pH 8.0）加入塑料离心管，放入高压灭菌锅并于 121℃提取 1h 后，10000g 离心 5min，收集上清液；重复提取，直至离心管内上清液不再呈红棕色为止，将收集到的上清液在 4000r/min 下离心 20min，置于 4℃下保存。

GRSP 的定量分析：采用 Bradford 法，配制考马斯亮蓝染色液（称取 0.1g 考马斯亮蓝 G-250 溶于 50mL 95%的乙醇，加入 100mL 85%的磷酸，定容至 1000mL，使用前需过滤），将 BSA 作为标准物质。

6.1.2　不同土地利用方式下土壤中 GRSP 含量及剖面分布特征

6.1.2.1　土壤中 T-GRSP 的含量及垂直分布

如图 6.1 所示，在 5 种土地利用方式下，土壤中 T-GRSP 含量均随着土层深度增加而减小。其中，0～10cm 土层土壤中 T-GRSP 的含量最高（2.25～3.09mg/g），其次为 10～20cm 土层，20～40cm 土层土壤中 T-GRSP 含量最低（1.96～2.32mg/g），表明 T-GRSP 含量在 0～40cm 土层中呈垂直衰减分布。Driver 等（2005）研究表明，由于 GRSP 源于 AMF，所以其在土壤中的含量直接受 AMF 生长状况的影响。表层土壤具有较好的通气性，AMF 丰度高、活性强，从而导致表层土壤中 AMF 孢子密度大（Brady et al.，1996），更多的 GRSP 产生并在表层土壤积累。

在 5 种土地利用方式下，土壤中的 T-GRSP 的含量存在差异。在 0～10cm 土层，林地和草地土壤中 T-GRSP 含量分别为 3.09mg/g 和 2.65mg/g，高于水稻田、茶园和菜园；在 10～20cm 和 20～40cm 土层，T-GRSP 含量具有类似的趋势，表现为林地＞草地＞菜园、茶园和水稻田。林地和草地各土层的 T-GRSP 含量均高于其他 3 种土地利用方式。相对于林地和草地来说，人为扰动大的耕作土壤（菜园地、茶园地和水稻田）中的 AMF 在化肥、农药施用和翻地等过程中受到破坏，丰富度和活性降低，从而使土壤中的 GRSP 产生减少、分解加速（Treseder et al.，2007）。

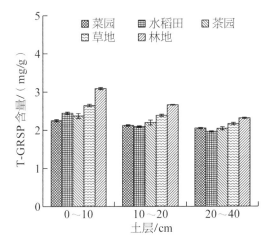

图6.1　不同土地利用方式下土壤中T-GRSP的分布

6.1.2.2　土壤中EE-GRSP的含量及垂直分布

由图6.2可知，在5种不同土地利用方式下，林地和草地各土层中EE-GRSP含量均高于另外3种耕作土壤（菜园、茶园和水稻田）。例如，林地各土层中EE-GRSP含量分别为0.93mg/g、0.84mg/g和0.88mg/g，是菜园的2倍左右，且高于草地。3种耕作土壤间EE-GRSP含量差异不大。EE-GRSP随土层深度的增加（0～40cm）未表现出显著的垂直分布规律。

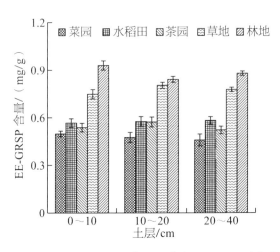

图6.2　不同土地利用方式下土壤中EE-GRSP的分布

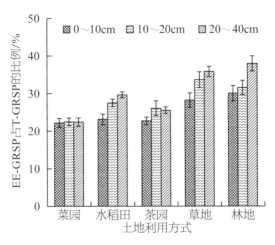

图6.3 不同土地利用方式下土壤中EE-GRSP占T-GRSP的比例

如图6.3所示,在5种土地利用方式下,土壤中EE-GRSP占T-GRSP的比例在22.15%～37.95%,其中林地和草地土壤中该比例为28.24%～37.95%,3种耕作土壤中为22.15%～27.54%。林地和草地土壤中EE-GRSP占T-GRSP的比例显著高于菜园、水稻田和茶园3种耕作土壤,这可能是由于林地和草地土壤受人为扰动小、生态功能良好、AMF丰富且易产生和积累GRSP。另外,受人为作用影响,耕作土壤中EE-GRSP更易消耗或向T-GRSP转化。通过对不同土层中EE-GRSP含量的比较发现,林地、草地和水稻田中EE-GRSP占T-GRSP的比例随土层深度的增加呈递增趋势,而菜园和茶园中该比例则表现为10～20cm土层＞20～40cm土层＞0～10cm土层,这也说明人为扰动较大的表层土壤中EE-GRSP更易于向T-GRSP转化。

6.1.3　GRSP与土壤性状相关性分析

在不同土地利用方式的作用下,土壤的有机碳含量等各种理化性质会发生变化(Rausch et al.,2001)。为此,阙弘(2015)分析了不同利用方式下土壤的pH和有机碳含量及分布。如表6.1所示,林地和菜园不同土层土壤pH均略小于7,茶园各土层土壤pH为7.21～7.30。林地土壤各土层pH差异显著,且随土层深度的增加而增大,这与谭艳等(2012)研究结果相似。而在另外4种利用方式下,土壤pH随土层深度的增加而无明显的规律性变化。

表6.1　不同土地利用方式下土壤pH和有机碳含量

土地利用方式	土层/cm	pH	有机碳/(g/kg)
林地	0～10	6.49±0.05[c]	17.91±0.09[a]
	10～20	6.63±0.09[b]	15.39±0.37[b]
	20～40	6.98±0.07[a]	13.84±0.27[c]
草地	0～10	7.02±0.01[a]	16.03±0.20[a]
	10～20	6.98±0.08[a]	14.74±0.33[b]
	20～40	6.92±0.14[b]	11.49±0.51[c]
茶园	0～10	7.21±0.22[a]	11.12±0.14[a]
	10～20	7.29±0.09[a]	10.05±0.58[a]
	20～40	7.30±0.03[a]	9.73±0.33[b]
水稻田	0～10	7.20±0.07[a]	10.24±0.43[a]
	10～20	6.77±0.08[b]	8.25±0.46[b]
	20～40	7.13±0.04[b]	7.48±0.08[c]
菜园	0～10	6.86±0.05[b]	12.49±0.15[a]
	10～20	6.84±0.07[b]	10.31±0.20[b]
	20～40	6.96±0.03[a]	8.78±0.53[c]

注:小写字母表示同一样地不同土层在$p<0.05$水平上差异显著。

通过进一步的Pearson相关性分析发现,T-GRSP含量与土壤pH呈显著负相关($p<0.05$)(表6.2)。Agnihotri等(2022)研究表明,土壤pH是影响AMF活性的一个重要生态因子,会对土壤中GRSP含量产生影响。通常,微酸性至中性土壤有利于AMF发育,而pH继续增高则不利于AMF生长(贺学礼等,2008),进而导致T-GRSP产生量下降。但贺学礼等(2008)研究发现,土壤pH过高,AMF也会生成根外菌丝并产生GRSP,这可能与植物种类、生长条件等有关。因此,需要进一步加强土壤pH与AMF及GRSP含量的关系研究。

表6.2　GRSP与土壤因子Pearson相关性分析结果

参数	EE-GRSP	T-GRSP	pH	有机碳
有机碳	−0.582**	0.884**	−0.715**	1
pH	0.145	−0.624*	1	
T-GRSP	−0.511	1		
EE-GRSP	1			

注:**两者之间在0.01水平(双侧)上显著相关。

土壤有机碳含量决定了GRSP年生成量和分解量的相对大小。不同土地利用方式必然存在土地经营过程的差异,进而使土壤有机碳含量发生改变(宇万太等,2007)。如表6.1所示,林地和草地各土层有机碳含量分别为13.84~17.91g/kg和11.49~16.03g/kg,明显高于3种耕作土壤(水稻田、茶园和菜园),这主要是因为人为干扰加速了耕作土壤中有机质的分解,导致有机碳含量降低。

图6.4为T-GRSP占土壤有机碳的比例。T-GRSP在5种土地利用方式的土壤各土层中含量为1.96~3.12mg/g,占土壤有机碳含量的12.5%~29.0%,该比例随着土壤有机碳含量的增加而降低,且呈显著幂指数负相关。据报道,在不同生态系统中土壤T-GRSP含量可达2.0~14.8mg/g(Wright et al.,1996;

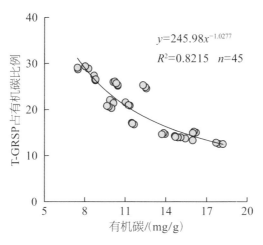

图6.4　T-GRSP占有机碳的比例随土壤有机碳含量的变化趋势

Rillig et al.，2001），占土壤有机碳库的7%～33%（唐宏亮等，2009）。这些结果表明，GRSP是土壤有机碳库的重要组成部分。有机碳和T-GRSP含量均随土层深度增加呈递减趋势，这种变化与土壤有机碳和蛋白质的空间分布和异质性有关（阚弘，2015）。

Pearson相关性分析结果表明，土壤中T-GRSP含量与有机碳含量显著正相关，EE-GRSP与有机碳含量显著负相关（表6.2）。这与Comis（2004）的研究结果一致。但Lovelock等（2004）研究认为，在GRSP含量越高的土壤中有机质含量反而越低，这可能是由于其实验样地分布于热带雨林地区，年平均降雨量大。不同的气候和地理条件等可能导致土壤中有机碳和GRSP的积累存在差异。T-GRSP和EE-GRSP能综合反映土壤AMF群落特性、有机质动态、养分循环及土壤生态健康状况，因此有必要将其作为土壤质量及功能评价的新指标并进一步深入研究。

6.1.4 AMF对PAHs污染土壤中GRSP含量的影响

在土壤微生物群落中，只有AMF能产生GRSP（Wright et al.，1998；Rillig，2004；Irving et al.，2021）。研究表明，*Caulospora morroaiae*、*Glomus verruculosum*、*G. luteum*、*G. versiforme*是能够有效刺激GRSP产生并耐受污染物的AMF（Vivas et al.，2003；Hossain，2021）。Singh等（2023）研究发现，接种*Glomus mosseae*后砷污染土壤中T-GRSP含量增加。然而，不同种类AMF产GRSP的效率存在差异。由于单位生物量或菌丝长度上的优势，一些AMF可产生更多的GRSP（Holátko et al.，2021）。在菌丝捕获中，*Gigaspora rosea*和*Glomus caldonium*的GRSP产量为30%～43%，高于*Glomus intraradices*（Wright et al.，1999）。杨振亚等（2016）研究发现，接种AMF后，与*G. etunicatum*和*G. lamellosum*相比，接种*Glomus mosseae*和*Glomus lamellosum*处理能使土壤中GRSP产量分别提高3.94%～22.50%和1.93%～11.57%。因此，选择合适的AMF是提高土壤中GRSP含量的关键。

阙弘(2015)通过温室盆栽试验,采集旱地黄棕壤作为供试土壤,以紫花苜蓿为宿主植物,选择5种对宿主植物具有较高侵染率的AMF——*Acaulospora scrobculata*(As)、*Glomus mosseae*(Gm)、*Glomus intraradices*(Gi)、*Glomus etunicatum*(Ge)、*Glomus constrictum*(Gc)作为供试AMF,考察了不同种类AMF对PAHs污染土壤中GRSP含量的影响。

接种AMF能够产生大量EE-GRSP和T-GRSP。与空白对照(CK)相比,接种AMF可明显促进土壤中GRSP的产生,且不同AMF产生GRSP的含量有所差异(图6.5)。接种5种不同AMF后土壤中EE-GRSP含量表现为Gi>Ge>Gm>Gc>As>CK。其中,Gi组EE-GRSP含量为1.33mg/g,是对照组含量(0.79mg/g)的1.7倍;As组的含量最低,为0.87mg/g。Ge、Gm、Gc组产生的EE-GRSP相比对照组分别提高了65.82%、53.12%和37.96%,其中Gi组产生的EE-GRSP略高于Ge组。

由图6.5b可知,在培养90天时,T-GRSP和EE-GRSP有相同的趋势,均表现为Gi>Ge>Gc>Gm>As>CK。接种Gi、Ge、Gm、Gc和As产生的T-GRSP含量分别为4.61mg/g、4.07mg/g、3.27mg/g、3.46mg/g和2.90mg/g;对照组T-GRSP含量为2.30mg/g。其中,Gi组T-GRSP含量显著高于对照组和As组,是对照组含量的2倍;As组T-GRSP含量最低,略高于对照组。接种组和对照组EE-GRSP含量范围为0.79~1.33mg/g,T-GRSP含量范围为2.30~4.61mg/g。其中,Gi组T-GRSP含量是EE-GRSP含量的3.47倍(倍数最大),Gm组T-GRSP含量是EE-GRSP含量2.70倍(倍数最小),另外3种AMF(Ge、Gc和As)接种组T-GRSP含量分别为EE-GRSP含量的3.05倍、3.17倍和3.33倍。对照组两者含量关系为2.91倍,略高于Gm组。

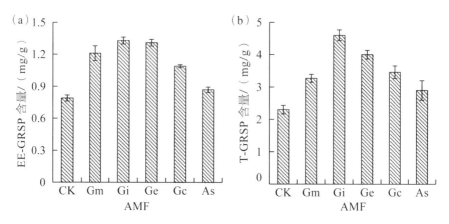

图 6.5　培养 90 天后不同 AMF 接种处理土壤中 T-GRSP 和 EE-GRSP 含量

　　随着培养时间的延长,对照组和 Gi 组的土壤中 EE-GRSP 和 T-GRSP 含量不断增加。由图 6.6 可知,在培养 30 天时,对照组、Gi 组产生的 T-GRSP 含量分别为 0.78mg/g 和 1.04mg/g;EE-GRSP 含量分别为 0.33mg/g 和 0.43mg/g。各处理的 GRSP 含量在培养 90 天时均达到最大值。其中,对照组 EE-GRSP 和 T-GRSP 含量分别为 1.33mg/g 和 0.69mg/g,是 30 天时两者含量的 2.99 倍和 2.96 倍;Gi 组 EE-GRSP 和 T-GRSP 含量分别为 4.13mg/g 和 2.13mg/g,是 30 天时两者含量(分别为 1.00mg/g 和 0.78mg/g)的 3.93 倍和 4.65 倍。随着培养时间的

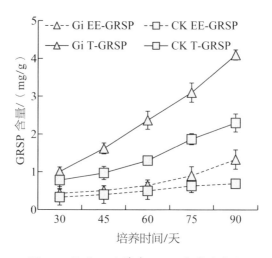

图 6.6　接种 Gi 土壤中 GRSP 含量的变化

延长,Gi组T-GRSP含量的增长速率越来越快,且在60~75天时达到最大。由图6.6可看出,随着培养时间的延长,Gi组T-GRSP含量与对照组含量差异越来越大,说明接种AMF可显著增加土壤中GRSP含量。对照组和Gi组土壤中EE-GRSP含量随时间延长变化不明显。

6.1.5　GRSP与土壤中PAHs残留间的关系

接种AMF可促进植物对污染土壤中PAHs的积累,减低土壤中PAHs含量。GRSP作为AMF分泌的活性物质,是否对土壤中PAHs的去除有一定的贡献?国内外鲜少研究报道。基于前述不同种类AMF的GRSP产量差异,以菲为PAHs代表物,通过温室盆栽试验,研究AMF作用下GRSP对于土壤中菲去除的影响,可为阐释AMF对土壤中有机污染物的去除作用机制提供理论依据。

6.1.5.1　土壤中菲的残留

图6.7为不同处理土壤中菲的降解动态变化。供试土壤菲的初始含量均为52.79mg/kg。随培养时间的延长,各处理土壤中菲持续被降解,残留浓度下降。但不同处理间差异较大。接种Gi对土壤中菲的降解有显著促进作用。

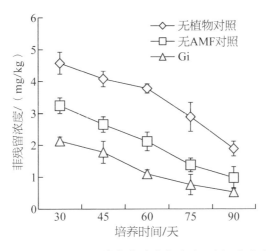

图6.7　不同处理下土壤中菲的残留浓度–时间关系曲线

由图6.7可见,培养30~90天,接种Gi的土壤中菲的残留浓度从2.13mg/kg降至0.53mg/kg,分别比无AMF对照低32%~48%,比无植物对照低53%~73%。培养90天时,无植物、无AMF、Gi处理土壤中的菲残留量分别比30天时下降了58.62%、69.28%、75.41%。

进一步比较相同处理条件下5种AMF对土壤中菲降解的影响,发现接种不同AMF后土壤中菲的降解情况存在差异(图6.8),但其残留浓度均低于无AMF对照(CK),比对照低2.5%~46.1%。在5种AMF处理下,接种Gi和Gc处理的土壤中菲的降解效果最为明显,降解率均在97%以上;接种As处理的土壤中菲的降解效果最差,其残留浓度仅比无AMF对照低2.5%。显然,不同AMF菌种对土壤中有机污染物的修复效果存在差别。因此,筛选得到高效AMF菌种,是利用AMF修复有机污染土壤的关键之一。

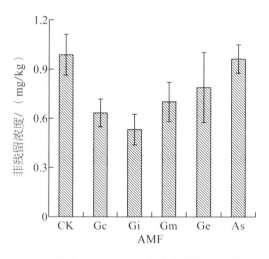

图6.8　接种不同AMF对土壤中菲降解的影响

6.1.5.2　AMF侵染率、T-GRSP、土壤菲残留量之间的相关性分析

为了进一步明确AMF侵染率和T-GRSP含量对土壤中PAHs去除的贡献,对AMF侵染率和T-GRSP含量与土壤中菲残留量进行相关性分析和回归分析。其相关性分析结果如表6.3所示。通过相关性分析发现,AMF侵染率、

T-GRSP和植物体内菲含量与土壤中残留菲含量呈显著负相关。T-GRSP和AMF侵染率间存在正相关关系,相关系数为0.204;T-GRSP与植物中菲含量呈显著正相关。上述结果表明,接种AMF后,污染土壤中T-GRSP含量的增加可能与土壤中PAHs去除率存在一定关联性。

表6.3 GRSP与AMF侵染率、植物中菲含量、土壤中残留菲含量的相关性分析

项目	T-GRSP	AMF侵染率	植物体内菲含量	土壤中残留菲含量
土壤中残留菲含量	−0.398*	−0.515**	−0.713**	1
植物体内菲含量	0.624*	0.839**	1	
AMF侵染率	0.204	1		
T-GRSP	1			

注:**两者之间在0.01水平(双侧)上显著相关;*两者之间在0.05水平(双侧)上显著相关。

6.2 GRSP对土壤中PAHs消减的影响

GRSP是由AMF分泌并释放到土壤中的一种天然有机物质(Wright et al.,1998),其独特的胶水作用把小的颗粒粘成含有泥土、砂石、矿物质、有机质等成分的土壤单位,极大地增加了土壤的渗水性和土壤团聚体的稳定性(Rillig,2004)。研究发现,GRSP在保护外生菌丝被土壤微生物降解,提高土壤团聚性(Jastow et al.,1998),提高微生物活性,固定土壤重金属等方面具有重要作用(Chern et al.,2007)。Gao等(2017b)研究了AMF对根际土壤中PAHs降解的影响,首次发现接种AMF后GRSP含量的增加是AMF促进根际土壤中PAHs去除的主要因素之一。然而,关于GRSP对土壤中PAHs去除作用机制的相关研究还鲜有报道。

从GRSP含量丰富的林地表层土壤中提取获得不同种类的GRSP固体粉末[EE-GRSP、难提取球囊霉素相关土壤蛋白(DE-GRSP)和T-GRSP],采用微宇宙试验方法,分析GRSP对PAHs自然消减和功能微生物降解的影响。研究

发现,施加GRSP可促进土壤中PAHs的自然消减,特别是土壤中可提取态PAHs的消减;不同种类GRSP对PAHs自然消减的影响存在差异,其中EE-GRSP和T-GRSP对土壤中芘的消减作用优于DE-GRSP;土壤中PAHs结合态残留难以被功能微生物菌群去除,添加GRSP可提高功能微生物菌群对土壤中PAHs结合态残留的降解效能,从而促进PAHs结合态残留的降解。

6.2.1 GRSP作用下土壤中PAHs的消减规律

PAHs进入土壤后极易吸附到土壤矿物表面和有机质中,从而降低其生物有效性(Segura et al.,2009)。添加GRSP可促进土壤中芘的消减(图6.9)。随着培养时间的延长,土壤中芘残留量为48.73~60.52mg/kg(土壤中芘的初始含量为114.90mg/kg),与对照(CK)相比降低了21.1%~36.5%。不同种类GRSP对土壤中PAHs消减的影响存在差异。其中,EE-GRSP更容易促进土壤中芘的自然消减。在培养30天时,施加EE-GRSP的污染土壤中芘残留量为48.73mg/kg,低于对照(76.74mg/kg)。

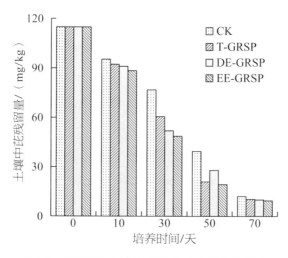

图6.9 GRSP对土壤中芘消减动态变化的影响

采用一级动力学模型对0~70天不同GRSP处理下土壤中芘残留量进行

拟合,结果如表6.4所示。拟合后所得动力学相关系数(R^2)为0.9158~0.9968,表明一级动力学模型可用于描述土壤中芘的消减规律。一级动力学模型拟合结果表明,不同种类GRSP对土壤中PAHs消减的影响存在差异。其中,不同处理组中芘消减速率常数(k)的大小顺序为EE-GRSP>T-GRSP>DE-GRSP>CK,表明EE-GRSP更容易促进土壤中芘的消减。通常,EE-GRSP被认为是新生的GRSP组分,在土壤中不稳定(Koide et al.,2013),其不饱和程度低,极性大、分子量低,且含有较多的糖类物质,更容易被微生物利用并促进其生长繁殖,进而提高土壤微生物对污染物的消减效能。而DE-GRSP和T-GRSP大部分源于EE-GRSP的周转,是一类更老、更稳定的GRSP,这些GRSP经过微生物作用或化学风化作用与抗体的反应性降低,会在土壤中停留很长时间,但难以被微生物利用(Lovelock et al.,2004)。因此,EE-GRSP中存在较多可被微生物直接利用的活性组分,提高土壤中具有降解PAHs功能的微生物活性和数量,进而促进了土壤中PAHs的消减。

表6.4　GRSP作用下PAHs一级动力学模型拟合参数

处理	k/天	R^2
CK	0.0352	0.9158
T-GRSP	0.0415	0.9810
DE-GRSP	0.0402	0.9774
EE-GRSP	0.0417	0.9968

6.2.2　GRSP对土壤中PAHs赋存形态的影响

土壤中PAHs的赋存形态是影响其自然消减的关键因素。利用连续萃取法,对土壤中可提取态芘、腐植酸结合态芘和胡敏素结合态芘进行提取分级,以考察GRSP作用下土壤中芘赋存形态的动态变化,结果如图6.10所示。随着培养时间的延长,各形态芘的含量均有降低。培养70天后,可提取态芘、腐植酸结合态芘和胡敏素结合态芘的含量分别降低了 92.87%、62.21% 和 54.31%。与两种结合态芘相比,土壤中可提取态芘更易发生自然消减,而结合态芘的消减速率较慢,特别是胡敏素结合态芘。这主要与其生物可利用性有关。通常,可提取态 PAHs 生物活性较高,能直接对生物(植物、微生物)产生影响,在环境中降解速度较快;而结合态 PAHs 由于吸附作用、化学键合及物理镶嵌等作用与土壤组分紧密结合,难以萃取及生物利用,在环境中的降解速度较慢(曾跃春等,2009)。

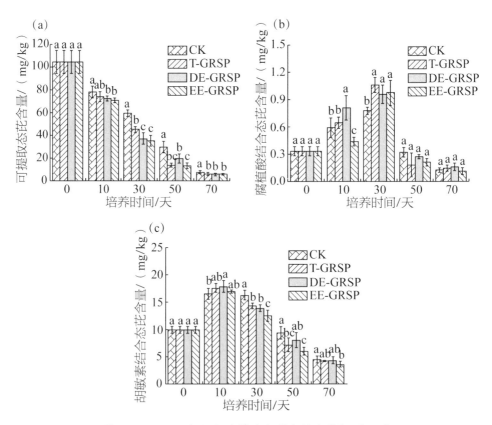

图 6.10　GRSP 处理下,土壤中各形态芘含量($p < 0.05$)

由于结合态残留的形成和生物降解的共同作用,土壤中 PAHs 含量总体表现为下降趋势(Ding et al.,2020)。由图 6.10 可知,土壤中可提取态芘含量随时间的延长而逐渐下降,而腐植酸结合态芘和胡敏素结合态芘的含量随时间的延长呈先上升后下降的趋势。其中,培养第30天,土壤中结合态芘的含量显著高于对照25.64%～35.90%,这与Gao等(2009)的研究结果一致。Gao等(2009)研究发现,微生物参与结合态残留的形成过程,随着土壤老化时间的延长(0～16周),结合态残留的含量呈先增高后降低的趋势。实际上,在生物降解过程中,土壤中污染物形态会相互转化。例如,汪海珍等(2001)研究发现,随着老化时间的延长,土壤中可提取态甲磺隆与结合态甲磺隆之间可相互转化。因此,在0～30天培养过程中,芘结合态残留含量的升高可能是由于可提取态芘转化成腐植酸结合态芘和胡敏素结合态芘。随着培养时间的延长,结合态芘残留的含量下降,这可能是由于结合态芘被有条件地释放到土壤环境中并成为可提取态PAHs的一部分(Ying et al., 2005; Gao et al., 2009),而在此过程中,土壤中可提取态芘含量变化缓慢。

在GRSP作用下,培养0～30天土壤中芘各形态含量与未施加GRSP的对照相比存在显著性差异($p<0.05$),而随着培养时间的延长,它们之间的差异变化不明显。如图6.10a所示,施加GRSP的土壤中可提取态芘含量显著低于未施加GRSP的对照组($p<0.05$)。培养30天,施加GRSP处理中可提取态芘含量比对照组低24.32%～40.97%($p<0.05$)。不同种类GRSP对可提取态芘的消减影响大小顺序为:T-GRSP<DE-GRSP<EE-GRSP。这说明GRSP可以显著促进土壤中可提取态芘的消减,并且EE-GRSP处埋组中可提取态芘的消减速率更快。

如图6.10b所示,腐植酸结合态芘含量随着时间的延长呈先上升后下降的趋势。与对照组相比,施加GRSP培养0～30天,土壤中腐植酸结合态芘含量由0.33mg/kg增加到0.98～1.06mg/kg,显著高于对照组25.64%～35.90%。但不同种类GRSP对土壤中腐植酸结合态芘含量的影响不显著。随着时间的延长,土壤中腐植酸结合态芘含量逐渐下降,各处理组中芘含量趋于一致。

如图6.10c所示,土壤中胡敏素结合态芘含量与腐植酸结合态芘含量的变化趋势相似。在培养第10天,各处理组中胡敏素结合态芘含量最高(16.69~17.73mg/kg),比初始含量提高了65.58%~78.69%。在培养10~70天,胡敏素结合态芘含量随时间的延长而降低。不同种类GRSP的施加会使胡敏素结合态芘的含量存在显著性差异。在0~10天时,施加GRSP处理组中胡敏素结合态芘含量高于对照组,其含量顺序为DE-GRSP>T-GRSP>EE-GRSP>CK。其中,DE-GRSP处理中,胡敏素结合态芘的含量显著高于对照组($p<0.05$)。而随着时间的延长,在培养30~70天时,施加GRSP后胡敏素结合态芘含量显著低于对照组($p<0.05$),其中EE-GRSP的施加显著降低了土壤中胡敏素结合态芘含量($p<0.05$)。综上,EE-GRSP有利于土壤中结合态芘的消减。

6.2.3　GRSP对土壤中PAHs结合态残留降解的影响

微生物降解是PAHs在土壤中自然消减的主要途径。然而,土壤中PAHs结合态残留具有低生物有效性,难以被微生物利用降解。研究表明,添加外源活性物质可活化土壤中PAHs并提高其生物有效性,为微生物提供额外的营养物质并刺激其对PAHs的降解。作为由AMF分泌并释放的天然有机物质(Agnihotri et al.,2022),GRSP对PAHs生物有效性的提高作用已被报道(Gao et al.,2017a)。然而,GRSP是否可提高微生物对PAHs结合态残留的降解效率,目前尚不清楚。Zhou等(2024)利用团队前期筛选的土壤PAHs降解功能微生物菌群(包括 *Azohydromonas*,*Chryseobacterium*,*Bordetella*,*Azospirillum*,*Pseudoxanthomonas*,*Shinella*,*Ensifer*,*Diaborobacter*,*Sphingopyxis*,*Methylophilus* 和 *Pseudomonas*),通过外源添加的方式加入仅含有PAHs结合态残留的土壤中(低环、中环、高环和总PAHs结合态残留初始含量分别为7.73mg/kg、9.21mg/kg、8.90mg/kg和25.84mg/kg),培养32天,研究了不同种类和浓度GRSP对微生物降解土壤中PAHs结合态残留的影响。

6.2.3.1　功能微生物菌群对土壤中PAHs结合态残留的降解

图6.11显示了功能微生物菌群对土壤中PAHs结合态残留降解的规律。

随着培养时间的延长,PAHs结合态残留的含量明显减少。在加入功能菌培养32天后,土壤中低环、中环、高环和总PAHs结合态残留的含量分别从7.73mg/kg、9.21mg/kg、8.90mg/kg和25.84mg/kg降至5.35mg/kg、6.36mg/kg、4.74mg/kg和16.46mg/kg。与对照组相比,加入功能微生物菌群后,未观察到PAHs结合态残留发生显著变化。结果表明,虽然功能微生物菌群可以减低土壤中PAHs结合态残留,但其影响并不明显。PAHs结合态残留具有低生物有效性和毒性,难以被土壤微生物降解而持久地残留在土壤中(Gevao et al.,2000;He et al.,2008)。因此,外源添加功能微生物菌群后,土壤中PAHs结合态残留的降解效能并没有明显提高。

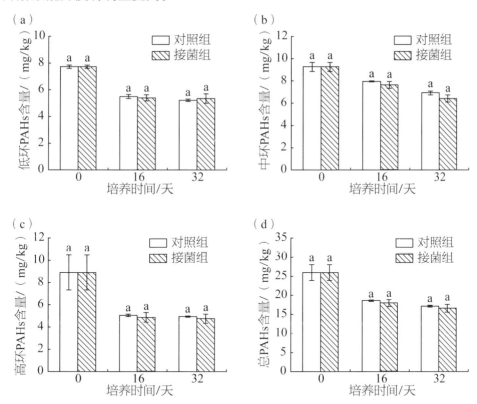

图6.11　接种功能微生物菌群后土壤中PAHs结合态残留的含量变化($p<0.05$)

6.2.3.2 GRSP对功能微生物菌群降解土壤中PAHs结合态残留的影响

图6.12显示了培养32天,GRSP作用下功能微生物菌群对PAHs结合态残留的去除情况。与对照相比,低GRSP浓度下(100~200mg/kg),PAHs结合态残留的去除率没有显著变化。然而,将T-GRSP增加到500mg/kg可显著改善微生物菌群对PAHs结合态残留的去除率。其中,低环、中环、高环和总PAHs结合态残留的去除率分别提高了40.5%、39.3%、54.6%和44.9%。在1000mg/kg的EE-GRSP处理下,微生物对PAHs结合态残留的降解能力显著提高,其中低环、中环、高环和总PAHs结合态残留的去除率分别为45.0%、45.5%、54.2%和48.3%。这些结果表明,添加GRSP显著提高了功能微生物菌群降解PAHs结合态残留的能力。PAHs结合态残留的生物有效性是限制微生物降解的主要因素。大量研究表明,添加溶解有机物可以通过增加PAHs的溶解度和为土壤微生物提供营养物质来促进PAHs的生物降解(Han et al.,2015)。GRSP作为土壤中重要的有机质组分,对土壤污染的生物有效性有显著影响。已有研究表明,GRSP促进PAHs从土壤向溶液的释放(Gao et al.,2017a)。Chen等(2020)也发现GRSP的加入提高了土壤中溶解性有机质浓度,从而抑制了土壤对PAHs的吸附,促进了其在污染土壤中的迁移。因此,高浓度GRSP(500mg/kg和1000mg/kg)对功能微生物菌群降解土壤中PAHs结合态残留的促进作用可能是由于GRSP的加入促进了土壤中PAHs结合态残留的释放,增加了其生物利用度(Zhou et al.,2024)。

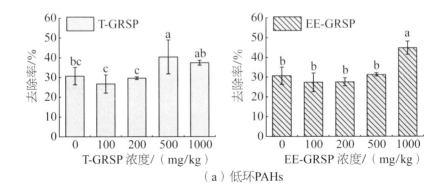

（a）低环PAHs

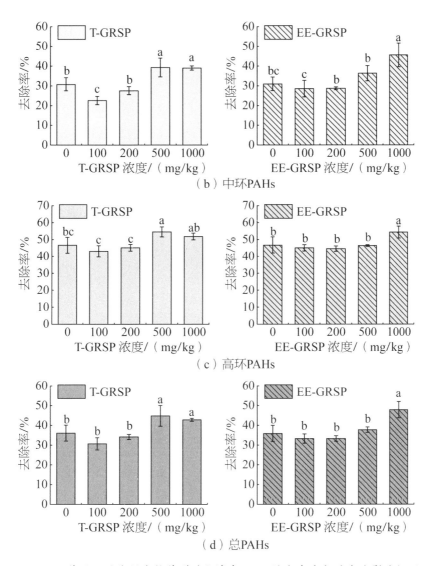

图6.12 GRSP作用下功能微生物菌群对土壤中PAHs结合态残留的去除影响($p < 0.05$)

6.3 GRSP对土壤中PAHs生物有效性的影响

土壤中PAHs生物有效性直接影响其生物吸收行为和污染风险。它不仅能够反映PAHs被生物利用的程度,也能反映PAHs的迁移转化能力和毒性。

相较于污染物总量,生物有效性考虑了PAHs可被生物利用和在食物链中富集的部分,在评价环境风险时更具有参考性。

土壤中PAHs生物有效性受多种因素影响。已有研究表明,土壤中天然有机物会影响PAHs生物有效性。Ling等(2009)研究发现,低分子量有机酸对土壤中菲和芘的生物有效性存在显著影响,可萃取态菲和芘随着柠檬酸和草酸浓度的增加而增加。Wang等(2014)研究发现,土壤中重金属Cd显著降低苯并[a]芘的生物有效性。史晓凯等(2013)利用盆栽试验研究不同改良剂对油菜植株吸收重金属、PAHs量及PAHs在土壤中转化的影响。该研究结果表明,腐植酸和硫黄粉的添加能够显著增加PAHs的生物有效性,提高PAHs的降解率。然而,作为AMF菌丝分泌的一类天然有机物,GRSP对土壤中PAHs的生物有效性有何影响?国内外至今仍少有了解,该研究亟待开拓。

周紫燕(2017)采用微宇宙试验方法向菲和芘污染土壤中加入系列GRSP溶液(以T-GRSP为供试材料),控制含水量为土壤最大含水量的30%,部分灭菌处理,在避光条件下培养0~60天后,取冷冻干燥土壤,过筛(60目),通过正丁醇提取方法获得可萃取态菲和芘含量,分析不同GRSP种类和浓度、老化时间、土壤类型、微生物对土壤中PAHs生物有效性的影响,阐明了GRSP对土壤中PAHs生物有效性的影响规律,为揭示AMF对土壤中PAHs去除和植物吸收PAHs的影响机制提供重要依据。

6.3.1 GRSP种类和浓度对PAHs生物有效性的影响

如图6.13所示,在灭菌条件下,加入GRSP后,土壤中可萃取态菲和芘的含量显著升高,并且当GRSP浓度逐渐增加时,可萃取态菲和芘的含量也相应增大。当GRSP浓度从0增加到25mg/kg时,红壤、黄棕壤和黑土中可萃取态菲含量分别由5.09mg/kg、8.11mg/kg和3.61mg/kg增加到14.72mg/kg、12.35mg/kg和11.01mg/kg,分别增加了189%、52.28%和205%;三种土壤中可萃取态芘分别增加了12.89%、12.40%和106%,说明GRSP可以提高土壤中

PAHs的生物有效性。土壤中PAHs的生物有效性与PAHs的吸附/解吸等环境行为密切相关。Gao等(2017a)研究发现,GRSP可以促进土壤中菲和芘的解吸。因此,在GRSP的作用下,PAHs可从土壤中解吸并迁移至能被微生物利用的区域,导致其生物有效性升高。杨振亚等(2016)研究也表明,接种了AMF的土壤中GRSP的增加量和土壤中菲的去除率存在显著正相关关系。

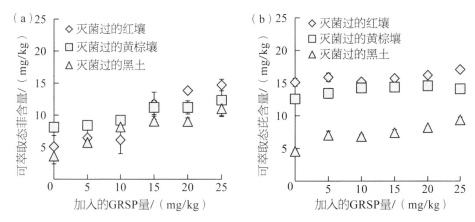

图6.13　老化60天土样中可萃取态PAHs含量随T-GRSP浓度的变化

不同种类GRSP对土壤中可萃取态菲、芘含量的影响存在差异。如图6.14所示,与EE-GRSP相比,T-GRSP作用下土壤中可萃取态菲、芘含量更高(两种GRSP浓度均为20mg/kg)。老化45天后,T-GRSP处理土壤中可萃取态菲含量为17.27mg/kg,高于EE-GRSP处理(7.55mg/kg),说明T-GRSP更容易提高土壤中PAHs的生物有效性。在比较T-GRSP和EE-GRSP对土壤中PAHs解吸影响的实验中,同样发现T-GRSP的解吸能力要高于EE-GRSP(Gao et al.,2017a)。因此,在T-GRSP的作用下,更多的PAHs可从土壤中解吸至能被微生物利用的区域,进而导致T-GRSP处理后的PAHs生物有效性高于EE-GRSP。

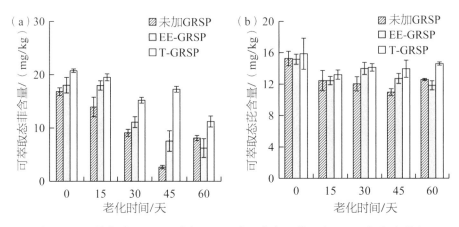

图6.14　灭菌条件下,不同种类GRSP对土壤中可萃取态PAHs含量的影响

6.3.2　老化时间对土壤中PAHs生物有效性的影响

图6.14反映了GRSP作用下土壤中可萃取态菲和芘含量随老化时间(0~60天)的变化情况。由图可见,加入GRSP后,可萃取态菲、芘含量分别由16.84~20.73mg/kg和15.16~15.86mg/kg降低至6.25~11.21mg/kg和11.84~14.60mg/kg。一些研究表明,延长老化时间会降低土壤中PAHs生物有效性。这主要是因为随着老化时间的延长,进入土壤中的PAHs会通过土壤孔隙缓慢扩散到土壤团聚体的微孔中,并与有机质紧密结合形成难以被微生物利用的结合态残留,从而降低其生物可利用性(Bogan et al.,2003;Xing et al.,1997)。这也进一步说明老化对土壤中PAHs生物有效性的重要影响。然而,在加入GRSP后,灭菌土壤中可萃取态PAHs的老化速率降低。以可萃取态菲为例,加入EE-GRSP和T-GRSP后,灭菌土壤中可萃取态菲的老化速率常数由0.0337分别降低至0.0237和0.0102,表明GRSP可降低土壤中PAHs的老化程度,提高PAHs的生物有效性。

6.3.3　土壤类型对土壤中PAHs生物有效性的影响

土壤有机质对土壤中PAHs生物有效性有着不可忽视的影响。研究表明,土壤有机质含量与可萃取态 PAHs 含量存在负相关关系(任丽丽等,2008)。为此,周紫燕(2017)考察了在同一 GRSP 浓度作用下不同有机质含量的三种土壤中 PAHs 生物有效性的变化情况。表 6.5 列出了三种土壤的理化性质。

表6.5　供试土样的理化性质

土壤类型	采集地	pH	有机碳含量/(g/kg)	有机质含量/(g/kg)	黏粒含量/%	砂粒含量/%	粉粒含量/%
红壤	鹰潭	4.64	3.55	6.12	32.7	42.5	24.8
黄棕壤	南京	7.25	6.28	10.83	33.6	51.9	14.5
黑土	哈尔滨	6.05	13.99	24.13	37.3	45.2	17.5

如图 6.13 所示,在同一 GRSP 浓度下,黑土中可萃取态菲、芘含量低于黄棕壤和红壤。例如,加入 25mg/kg GRSP 后,灭菌红壤中可萃取态菲含量为 14.72mg/kg,而黄棕壤和黑土中可萃取态菲含量分别为 12.35 和 11.01mg/kg;相同条件下红壤中可萃取态芘含量为 17.08mg/kg,而黄棕壤和黑土中可萃取态芘含量分别为 14.14mg/kg 和 9.37mg/kg,明显小于红壤。

土壤有机质含量影响 PAHs 在水–土界面的分配,从而影响 PAHs 生物有效性。土壤有机质含量越高,可以吸附越多的 PAHs 并形成结合态 PAHs,将其固定在土壤中;有机质含量高的土壤一般有着高聚合度,吸附其中的 PAHs 会出现解吸滞后现象,导致解吸速率降低。Nam 等(1998)研究有机质含量不同的四种土壤对菲老化的影响,发现有机碳含量<2.0%的土壤螯合 PAHs 量少,PAHs 老化不明显;在有机碳含量>2.0%的土壤中 PAHs 老化较明显。此外,研究发现,有机质的结构不同,对土壤中 PAHs 生物有效性的影响不同。Pan 等(2006)发现一些高度聚合的有机质(黑炭、胡敏酸等)对 PAHs 有较高的 K_{oc} 值,被认为是影响 PAHs 迁移转化和生物有效性最重要的土壤组分。

6.3.4　微生物对土壤中 PAHs 生物有效性的影响

微生物作用可以降低土壤中 PAHs 生物有效性。如图 6.15 所示,老化 60

天后,灭菌处理的供试土样中可萃取态菲和芘含量高于未灭菌的土样。其中,未添加GRSP的灭菌黄棕壤中可萃取态菲和芘含量分别为8.11mg/kg和12.58mg/kg,而未灭菌黄棕壤中可萃取态菲和芘含量仅为1.04和7.23mg/kg。其他处理也显示出灭菌土壤中可萃取态菲、芘含量较未灭菌处理高的趋势,说明微生物降解是土壤中可萃取态PAHs降低的重要原因。研究表明,微生物分解代谢在去除土壤中PAHs等有机污染物过程中起到重要作用,它可以将结构复杂的有机污染物转化为低毒或无毒、结构简单的化合物(Semple et al.,2004)。

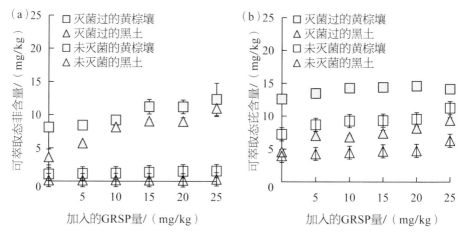

图6.15 微生物对土壤中可萃取态PAHs含量的影响

6.3.5 GRSP对土壤中不同PAHs生物有效性的影响差异

图6.16为老化60天后不同浓度GRSP作用下灭菌土壤中可萃取态PAHs含量的增加率(r)。不同PAHs的变化幅度存在差异,同一GRSP浓度下,可萃取态芘含量的r值显著低于可萃取态菲。当加入25mg/kg GRSP时,在灭菌红壤中可萃取态芘含量的r值为12.9%,而可萃取态菲含量的r值为189%;在黄棕壤和黑土中,可萃取态芘含量的r值分别为12.3%和106%,而可萃取态菲含量的r值为52.2%和204%。PAHs的物理化学性质(如水相溶解度、亨利常数、

K_{ow}等)均会影响其生物有效性。通常,分子量越高或含有越多苯环的PAHs更容易被土壤固定。苯环数越多,有机碳-水分配系数越大,PAHs与土壤有机质结合更紧密,进而形成更多的结合态PAHs残留在土壤中。PAHs是憎水性物质,溶解度越低的有机污染物更不容易从固相迁移到水相,生物有效性越低(周紫燕,2017)。由于芘的溶解度低、分子量高且K_{ow}值高,可萃取态芘含量的增加率低于可萃取态菲。

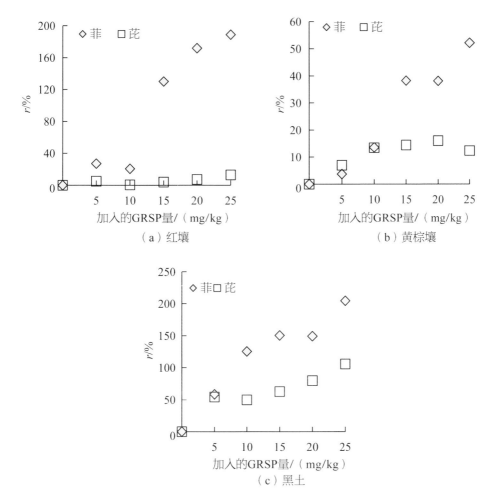

图6.16　老化60天后灭菌土样中可萃取态PAHs含量随GRSP浓度变化的增幅

6.4 GRSP对土-水界面PAHs传质过程的影响

有机污染物进入土壤环境后,首先与有机质、矿物等发生一系列反应,接着被固定在有机多相介质中并重新分配,最终达到平衡(骆永明,2009)。因此,土壤有机质和矿物的存在影响着土壤中有机污染物的形态和含量。Gao等(2006)研究发现,土壤有机质影响着有机污染物在土壤中的吸附/解吸等环境行为。GRSP已被证实是AMF侵染宿主植物后分泌出的天然有机质,是土壤有机质的重要组成部分(Rillig et al.,2003)。然而,在AMF修复PAHs污染土壤过程中,GRSP对土-水界面PAHs传质过程的影响如何,国内外鲜有报道。对此,本节分析了GRSP对土壤吸附/解吸PAHs的影响,系统阐明了GRSP影响土-水界面PAHs传质过程的规律及作用机制。

6.4.1 GRSP对土壤吸附PAHs的影响

土壤对PAHs的吸附是影响PAHs在土壤中迁移转化和生物效应的重要因素(Chung et al.,1998)。近年来,研究者开始关注天然有机物对土壤吸附PAHs的影响。熊巍等(2007)研究发现,低浓度的溶解性有机质(DOM)可以增强土壤吸附菲的能力,而高浓度的DOM则抑制土壤对菲的吸附。Gao等(2010)研究发现,低分子量有机酸(LMWOA)明显抑制土壤对菲的吸附,并且随着LMWOA浓度的增加,抑制作用增强。目前,有关GRSP对土壤中PAHs环境行为的影响仍不明确。为此,Chen等(2020)选择三种差异明显的地带性土壤(红壤、黄棕壤和黑土)作为吸附剂(其理化性质见表6.5),选用污染土壤中检出率较高的菲为供试PAHs,采用批平衡法,研究了GRSP作用下三种土壤对菲的吸附作用,分析了土壤中内源和外源GRSP对土壤吸附PAHs的影响,进一步揭示了GRSP对土壤吸附PAHs的重要作用和潜在机制。

6.4.1.1 外源添加GRSP对土壤吸附菲的影响

不同种类和浓度GRSP作用下,土壤对菲的吸附等温线如图6.17所示。

采用线性模型或Freundlich模型评价GRSP存在时土壤对菲的吸附作用。如表6.6所示，Freundlich模型（R^2=0.956~0.998）和线性模型（R^2=0.957~0.999）对菲的吸附具有较好的拟合性。加入0~50mg/L的T-GRSP和EE-GRSP后，土壤吸附菲的K_F和K_d值均降低。随着GRSP浓度升高，K_F和K_d值呈降低趋势。这表明GRSP对土壤吸附菲有抑制作用，并且GRSP对土壤吸附菲的影响与GRSP浓度有关。

不同类型GRSP对菲在土壤中环境行为的影响不同。与EE-GRSP相比，T-GRSP处理下红壤吸附菲的n值更低。非线性系数（n）是表征土壤表面异质性的指标。n值越低，表明表面越不均匀（Godlewska et al.，2019）。这表明T-GRSP使红壤吸附菲的位点变化更大。此外，EE-GRSP处理后3种土壤对菲吸附的K_F和K_d值均显著高于T-GRSP处理，这表明T-GRSP对土壤中菲吸附的抑制作用远大于EE-GRSP。

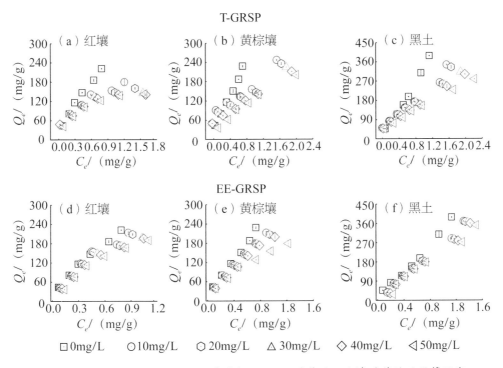

图6.17　不同T-GRSP和EE-GRSP浓度（0~50mg/L）作用下土壤对菲的吸附等温线

表6.6　土壤吸附菲的相关参数

土壤类型	GRSP/(mg/L)	Freundlich 模型		
		$K_F(L^n \cdot mg^{1-n}/kg)$	n	R^2
红壤	T-GRSP			
	0	254.49	0.666	0.998
	10	158.17	0.355	0.979
	20	146.32	0.390	0.993
	30	138.45	0.371	0.969
	40	131.01	0.276	0.956
	50	129.25	0.451	0.976
	EE-GRSP			
	0	254.49	0.666	0.998
	10	236.64	0.667	0.984
	20	227.98	0.688	0.981
	30	210.17	0.671	0.981
	40	203.38	0.701	0.981
	50	196.62	0.778	0.962

土壤类型	GRSP/(mg/L)	线性模型	
		$K_d(L/kg)$	R^2
黄棕壤	T-GRSP		
	0	270.31	0.993
	10	112.98	0.957
	20	101.57	0.963
	30	92.19	0.983
	40	87.75	0.977
	50	84.59	0.998
	EE-GRSP		
	0	270.31	0.993
	10	205.66	0.997
	20	197.53	0.996
	30	199.65	0.996
	40	181.94	0.988
	50	124.26	0.975

续表

土壤类型	GRSP/(mg/L)	线性模型	
		K_d(L/kg)	R^2
黑土	T-GRSP		
	0	320.42	0.987
	10	174.06	0.975
	20	158.29	0.982
	30	136.72	0.998
	40	126.87	0.999
	50	106.38	0.996
	EE-GRSP		
	0	320.42	0.987
	10	265.13	0.993
	20	252.91	0.988
	30	252.87	0.990
	40	240.23	0.984
	50	222.54	0.976

6.4.1.2 内源GRSP对土壤吸附菲的影响

通过去除土壤中固有的T-GRSP,发现内源GRSP同样抑制土壤对菲的吸附。研究发现,去除内源T-GRSP的土壤对菲的吸附等温线符合线性模型,$R^2 > 0.946$(表6.7)。在原供试土样和去除内源T-GRSP的土壤中,K_d值随着有机碳含量的增加而增加,这表明土壤中大多数有机质组分对菲的吸附方式主要为疏水分配。去除内源T-GRSP后,各土壤中SOC含量和DOC浓度降低,K_d和K_{oc}值升高。这也表明,土壤中固有的GRSP显著抑制了菲的吸附。研究还发现,原供试土壤和去除内源T-GRSP土壤的K_{oc}值与有机碳含量(g/kg)存在负相关关系。这表明除了有机碳含量外,菲的吸附也会受到有机碳性质的影响(Mudhoo et al.,2011;Nemeth-Konda et al.,2002),即土壤有机质的结构和组成等其他因素可能会影响有机质对菲的吸附能力(Ukalska-Jaruga et al.,2019)。

表6.7　供试土样吸附菲的相关参数

供试土样	土壤类型	SOC含量/ (g/kg)	DOC浓度/ (mg/L)	K_d/ (L/kg)	K_{oc}/ (L/kg)	R^2
原土	红壤	5.37	9.76	254.49	47391	0.998
	黄棕壤	7.78	18.39	270.31	34744	0.993
	黑土	13.38	32.89	320.42	23948	0.987
去除内源GRSP土样	红壤	3.09	5.63	331.10	107152	0.964
	黄棕壤	6.69	8.05	363.73	54369	0.946
	黑土	11.51	17.64	405.78	35254	0.982

注:根据线性模型,K_d为菲的土壤-水分配系数;K_{oc}为对应的碳归一化分布常数,即K_d值与SOC含量之比。

正如Cornelissen等(2005)和Koelmans等(2006)在"双模式"吸附模型理论中所阐述的那样,有机碳吸附有机污染物的机制与土壤有机质(SOM)类型有关。即"软碳"或"橡胶态"有机质对有机污染物的吸附以线性和非竞争性吸附为主;而"硬碳"或者"玻璃态"有机质对有机污染物的吸附则表现为非线性和竞争吸附(Cornelissen et al.,2006)。Chen等(2020)利用傅里叶变换红外光谱对GRSP的官能团结构进行表征,结果显示,GRSP主要由O—H、C—H、C=C、C=O和C—O官能团组成,这些官能团可能在SOM上占据一系列具有不同吸附能力的吸附位点。随着土壤中GRSP的去除,这些非均相吸附位点被释放出来,并吸附土壤中的菲。此外,GRSP是一种疏水性糖蛋白,具有超高黏附性,有助于土壤团聚体的形成和稳定(Fokom et al.,2012;Spohn et al.,2010)。因此,沉积物和土壤中的GRSP可以作为生物絮凝剂和团聚体黏合剂。当GRSP与SOM或土壤团聚体结合时,SOM的结构或构象可能发生改变。它可能会降低有效有机物的含量以及菲的结合位点的数量,即抑制了SOM对菲的吸附(Mitchell et al.,2013)。

尽管去除内源T-GRSP后土壤有机碳含量降低,但三种土壤对菲吸附的K_{oc}值与原生土壤相比分别增加了126%、56.5%和47.2%。这是因为去除内源T-GRSP后,土壤中吸附活性有机质或高度缩合有机质含量提高,进而提高了对菲的吸附。另外,当土壤水稳性团聚体被破坏时,土壤有机质数量和质量的变化可能对去除内源GRSP土壤中的菲进行了再调节和再分配(Chen et al.,2020)。

6.4.1.3 GRSP对土壤吸附菲的抑制机制

GRSP对土壤吸附菲的影响是由菲在水、土壤、GRSP和DOM中的分布能力不同导致的。研究表明,疏水性有机污染物易与溶液中DOM结合,提高污染物在溶液中的溶解,抑制有机污染物在固相(土壤/沉积物)上的吸附(熊巍等,2007)。图6.18为吸附平衡后土壤溶液中DOM浓度(C_{DOC},mg/L)变化。在GRSP作用下,平衡溶液中C_{DOC}随GRSP浓度的增加而增高。例如,在T-GRSP作用下,随着T-GRSP浓度升高(0~50mg/L),吸附平衡后红壤、黄棕壤、黑土的C_{DOC}值分别由9.75mg/L、18.38mg/L和32.89mg/L增加至78.83mg/L、79.93mg/L和81.37mg/L。研究还发现,在0~50mg/L GRSP作用下,吸附平衡后土壤中DOC的浓度远高于对应浓度的GRSP溶液(无土壤)中DOC浓度。此外,从图6.18c和d中看出,吸附平衡后,溶液中仍残留有较多的GRSP。C_{DOC}变化趋势与溶液中残留的GRSP浓度显著相关,表明GRSP能够促使土壤内在DOM释放进入土壤溶液,从而导致水溶液中DOC的变化(Gao et al.,2017a)。

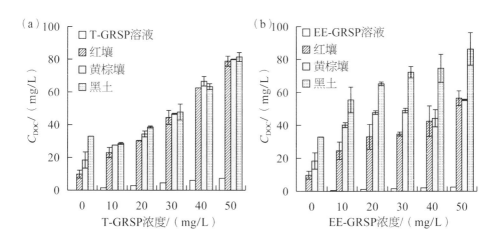

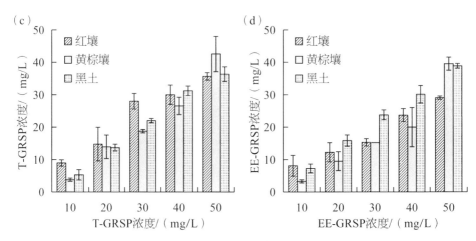

图6.18 GRSP作用下土壤吸附菲平衡溶液中溶解有机碳(DOC)浓度及GRSP残留浓度变化

DOC浓度与土壤吸附菲的K_d和K_{oc}值的关系如图6.19所示。$\lg K_d$和$\lg K_{oc}$值与DOC浓度存在负相关关系,R^2为0.8667~0.9777。也就是说,GRSP浓度越高,土壤对菲的吸附量越少。

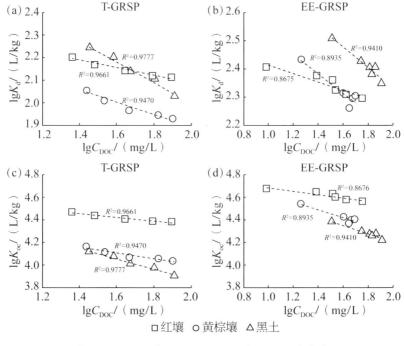

图6.19 GRSP作用下$\lg K_d$、$\lg K_{oc}$与$\lg C_{DOC}$的关系

此外,Chen 等(2020)计算了 GRSP 减少的菲吸附量(ΔK_d 和 ΔK_{oc})与溶液中 GRSP 增加的 C_{DOC}(ΔC_{DOC}),并研究了两者间的关系。其中,GRSP 减少的菲吸附量及 GRSP 增加的 C_{DOC} 计算公式如下:

$$\Delta K_d = K_{d/ck} - K_d \tag{6-1}$$

$$\Delta K_{oc} = K_{oc/ck} - K_{oc} \tag{6-2}$$

$$\Delta C_{Doc} = C_{Doc} - C_{Doc/ck} \tag{6-3}$$

式中,$K_{d/ck}$ 和 $K_{oc/ck}$ 分别为未添加 GRSP 时,菲在土壤与水溶液之间的分配系数及对应的碳归一化分布常数。C_{DOC} 和 $C_{DOC/ck}$(mg/L)为存在和不存在 GRSP 的土壤吸附平衡溶液中的 DOC 浓度。

如图 6.20 所示,ΔK_d 与 ΔK_{oc} 和 ΔC_{DOC} 存在显著正相关关系,表明土壤对菲

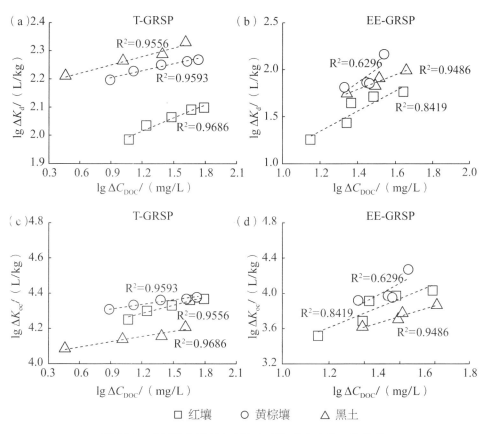

图 6.20　GRSP 作用下 $\lg\Delta K_d$、$\lg\Delta K_{oc}$ 与 $\lg\Delta C_{DOC}$ 的关系

吸附量的减少与溶液中DOC浓度的增加有关。上述结果进一步表明,由于GRSP的添加,土壤中部分SOM从土壤中释放出来,成为溶液中的DOM组分,并且GRSP添加量越大,C_{DOC}越高。Yang等(2014)也报道了松针凋落物产生的DOM大大降低了土壤对菲和荧蒽的吸附。因此,DOC的增加被认为是GRSP抑制土壤对菲吸附的主要机制。

添加GRSP后土壤对菲吸附的K_d和K_{oc}值的减少率(D_{K_d}和$D_{K_{oc}}$)计算公式如下:

$$D_{K_d} = \frac{\Delta K_d}{K_{d/ck}} \times 100\% \tag{6-4}$$

$$D_{K_{oc}} = \frac{\Delta K_{oc}}{K_{oc/ck}} \times 100\% \tag{6-5}$$

三种土壤对菲吸附的D_{K_d}和$D_{K_{oc}}$值随GRSP浓度的增加而增加。T-GRSP处理组中的D_{K_d}和$D_{K_{oc}}$值均高于EE-GRSP处理组,表明T-GRSP对菲吸附的抑制作用高于EE-GRSP。EE-GRSP被认为是新产生的或相对不稳定的GRSP组分(Koide et al.,2013),因此对土壤吸附菲的抑制作用较弱。

另外,研究发现,吸附平衡后土壤溶液中残留有大量的DOC和GRSP。Chen等(2020)通过Freundlich模型进一步分析了菲与GRSP间的结合作用,发现溶液中的GRSP对菲的结合能力较强,其结合常数($K_{phe/GRSP}$)为75249L^n·mg^{1-n}/kg(图6.21)。菲在DOM与水间的分配能力已被广泛报道。其中,Yang等(2011)发现DOM与菲的结合常数可达$1.3\times10^4 \sim 2.5\times10^4$L/kg。如表6.7所示,菲在黑土和去除内源T-GRSP的黑土中的K_d分别为320.42L/kg和405.78L/kg,远小于菲与GRSP、DOM的分布系数2~3个数量级,说明相较于土壤,菲更容易与溶液中的GRSP和DOM结合。由此,加入GRSP后,从土壤中溶出的DOM、GRSP与土壤有机质竞争吸附菲,而菲更易与溶液中DOM和GRSP的结合,从而抑制土壤对菲的吸附。并且添加GRSP后,这一抑制作用随溶液中DOM和GRSP含量增加而增强。这是GRSP抑制土壤吸附菲的主要机制。

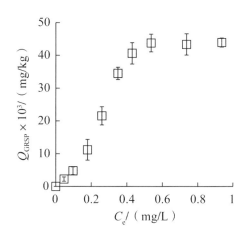

图 6.21　GRSP 对菲的吸附等温线(Q_{GRSP} 为 GRSP 与菲的结合量)

6.4.2　GRSP对土壤中PAHs解吸的影响

PAHs进入土壤后,大部分被土壤有机质吸附固定,成为土壤骨架的一部分(Bogan et al.,2003)。这部分PAHs性质稳定,如果未受到强烈外来干扰作用,很难再次从土壤中解吸并迁移至与微生物接触的区域。因此,如何促进土壤中PAHs解吸成为近年来关注的热点问题。研究发现,溶解性有机质、表面活性剂等均能有效促进土壤中PAHs的解吸。Gao等(2010)发现,根系分泌物(ARE)显著影响土壤中菲和芘的解吸,ARE浓度、老化时间和土壤性质都是影响PAHs解吸的重要因素。Wang等(2007)研究发现,猪粪和猪粪堆肥中的DOM均促进土壤–水体系中菲和芘的解吸,猪粪堆肥源DOM对PAHs解吸的促进能力强于猪粪源。GRSP是AMF分泌的天然有机物,富含多种有机化学基团。然而,GRSP是否可以影响土壤中PAHs的解吸,仍有待研究。

6.4.2.1　GRSP浓度和种类对土壤中菲和芘解吸的影响

周紫燕(2017)以菲和芘为供试PAHs,采用批平衡法研究不同浓度GRSP(0~60mg/L)溶液对土壤中菲、芘解吸的影响。由图6.22可知,加入GRSP增加了土壤中菲和芘的解吸量,且解吸量随着GRSP浓度的增大而升高。以未老化土壤为例(土样培养0天),当T-GRSP浓度为20mg/L时,土壤中菲和芘的解吸量分别为5.92mg/kg和3.96mg/kg,比对照组(T-GRSP浓度为0mg/L)分别增加了11.07%和60.97%;当T-GRSP浓度为60mg/L时,土壤中菲和芘的解吸量分别增加至7.64mg/kg和7.07mg/kg,比对照组分别增加了43.33%和187%,说明GRSP可以促进土壤中多环芳烃的解吸,并且具有一定的浓度效应。

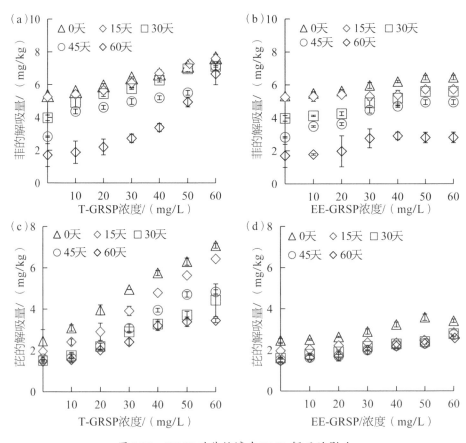

图6.22　GRSP对黄棕壤中PAHs解吸的影响

不同种类GRSP对土壤中菲和芘的解吸量存在差异。与EE-GRSP相比,T-GRSP对土壤中菲、芘的解吸影响更强。由图6.22可知,当加入50mg/L

T-GRSP溶液后,未老化土壤中菲、芘的解吸量分别为7.13mg/kg和5.63mg/kg,而在50mg/L EE-GRSP浓度下,菲、芘的解吸量分别为6.44mg/kg和3.58mg/kg,相当于T-GRSP作用下解吸量的90.3%和63.5%,其他老化时间下也呈现类似趋势。上述结果表明,T-GRSP更易促进土壤中PAHs的解吸。因此,GRSP的浓度和种类均是影响土壤中菲和芘解吸的重要因素。

6.4.2.2 老化时间对土壤中菲和芘解吸的影响

老化对土壤中PAHs的解吸有着重要的影响。由图6.22可知,无论GRSP存在与否,未老化土壤中菲和芘的解吸量均最高。例如,未老化的土壤中芘的解吸量为2.46~7.07mg/kg,而老化60天后土壤中芘的解吸量仅为1.46~3.44mg/kg,这表明随着老化时间的增加,土壤中菲和芘的解吸量逐渐降低。老化对PAHs解吸的影响与土壤有机质有关,PAHs通过与土壤有机质间的化学反应和表面吸附作用形成结合态PAHs,结合态PAHs很难从吸附位点解吸。随着时间的增加,结合态PAHs含量增加,PAHs解吸难度加大。但即使存在这样的过程,老化60天后,加入GRSP 仍然可以从土壤中解吸出部分结合态PAHs。

6.4.2.3 土壤类型对土壤中菲和芘解吸的影响

土壤有机质含量是影响土壤中PAHs解吸的重要因素。由图6.23可见,虽然加入GRSP增加了所有类型土壤中菲和芘的解吸量,但是黑土中菲和芘解吸量明显低于黄棕壤和红壤,加入GRSP处理后趋势亦是如此。大量研究已证实,黑土中有机质含量远远高于黄棕壤和红壤。这表明PAHs的解吸量与土壤有机质含量成反比,土壤有机质含量越低,PAHs解吸量越高。这可能是由于PAHs被土壤有机质吸附并"锁定"在土壤中,并且有机质含量越高,被"锁定"的PAHs越多(Cornelissen et al.,2005)。因此与黄棕壤和红壤相比,有机质含量较高的黑土中多环芳烃解吸量相对较低。

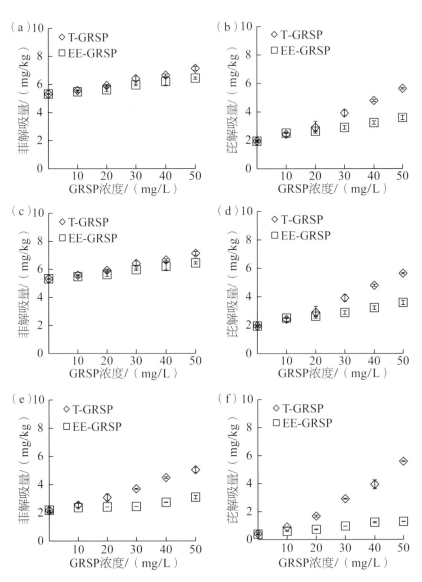

图 6.23 GRSP 作用下土壤中 PAHs 解吸的变化幅度(a,b 为红壤;c,d 为黄棕壤;e,f 为黑土)

6.4.2.4 GRSP 对土壤中 DOM 释放的影响

由于实验对土壤进行了灭菌处理(土壤中加入了 0.2% NaN₃),因此菲和芘解吸量的变化与微生物降解作用无关。溶液中 DOM 是影响土壤中菲和芘解吸的重要因素。DOM 具有疏水基团,易与疏水性有机污染物 PAHs 结合,进而影响其在环境中的迁移转化。为了证明 GRSP 通过影响土壤中 DOM 的含量进而调控 PAHs 的解吸这一假设,对不同 GRSP 处理下平衡溶液中 DOM 含量(C_{DOC})进行测定。如图 6.24 所示,GRSP 的加入增加了平衡溶液中 DOM 的含量,且其随着 GRSP 浓度的升高而增加。随着 T-GRSP 浓度的增加,三种土壤平衡溶液中 DOM 的含量分别由 40.23~114.63mg/kg 升高至 194.44~209.17mg/kg;EE-GRSP 处理条件下,其变化趋势亦如此。以上结果表明,加入 GRSP 能够溶出部分土壤内源有机质,增加 DOM 含量,进而促进 PAHs 的解吸。

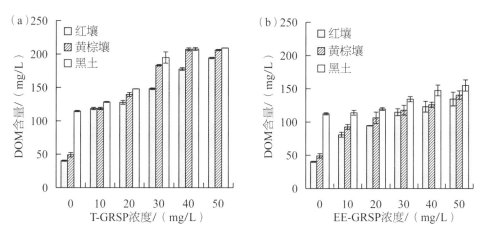

图 6.24 GRSP 对土壤中 DOM 释放的影响

为了阐明 GRSP 影响土壤中 PAHs 解吸的主导机制,进一步分析了溶液中 DOM 含量与土壤中 PAHs 解吸量的关系。计算加入 GRSP 后 PAHs 解吸量的变化(ΔD,mg/kg)公式如下:

$$\Delta D = \Delta D_{GRSP} - D_0 \tag{6-6}$$

式中,D_{GRSP} 是加入 GRSP 后 PAHs 的解吸量,D_0 是未加入 GRSP 时 PAHs 的解吸量。加入 GRSP 后溶液中 C_{DOC} 的变化(ΔC_{DOC},mg/L):

$$\Delta C_{DOC} = C_{DOC-GRSP} - C_{DOC-0} \tag{6-7}$$

式中,$C_{DOC-GRSP}$ 是加入 GRSP 后平衡溶液中的 DOM 含量,C_{DOC-0} 是不加 GRSP

时平衡溶液中的DOM含量。

由图6.25可以看出，ΔD和ΔC_{DOC}存在显著正相关关系（$R^2 > 0.88$），这表明平衡溶液中DOM含量的增加是GRSP促进土壤中PAHs解吸的重要因素。

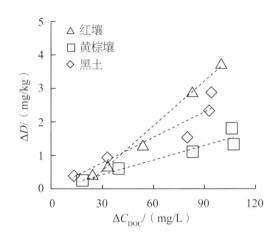

图6.25　GRSP作用下平衡溶液中DOM含量与土壤中PAHs解吸量的关系

土壤有机质是土壤吸附PAHs的主要载体。土壤有机质含量的减少是否会促进土壤中PAHs的解吸？为了验证这一假设，分析了土壤有机质含量的减少对PAHs解吸的影响。假设加入GRSP后平衡溶液中DOM浓度变化及其对土壤解吸PAHs影响很小，计算加入GRSP后解吸量的变化百分比（E_D,%）：

$$E_D = \Delta D / D_0 \times 100\% \tag{6-8}$$

加入GRSP土壤有机质的减少含量（$f_{oc-release}$,g/kg）：

$$f_{oc-release} = \frac{\Delta C_{DOC} \times V_{solution}}{M_{soil}} \tag{6-9}$$

式中，$V_{solution}$为PAHs解吸的溶液体积；M_{soil}为土壤的质量。

计算加入GRSP土壤中SOM含量降低的百分比（E_{foc},%）：

$$E_{foc} = \frac{f_{oc-release}}{f_{oc}} \times 100\% \tag{6-10}$$

菲解吸实验中加入0~50mg/L GRSP溶液后，E_{foc}含量为2.9%~28.3%，E_D为8.5%~181.7%。E_{foc}远小于E_D，说明GRSP促进土壤中PAHs解吸的主要原

因并不是土壤有机质含量的降低。

GRSP的加入促使DOM从土壤释放到溶液中,其与菲和芘的结合能够减少土壤中菲和芘的含量,从而促进PAHs的解吸。虽然土壤有机质含量的降低和溶液中DOM含量的增加均可导致菲和芘的解吸量增加,但PAHs更易与DOM结合。DOM含量与菲、芘的解吸量呈正相关关系,说明加入GRSP引起的DOM变化是导致菲、芘解吸量变化的主要原因。

6.4.3　GRSP对土壤中PAHs结合态残留释放的影响

PAHs进入土壤后,随着老化时间的延长会与土壤有机质紧密结合并形成结合态残留,降低其生物有效性。因此,之前的研究一直将结合态残留形成作为土壤解毒过程(冷港华等,2024)。然而,近年来,越来越多研究表明,部分PAHs结合态残留仍具有可逆性,可通过土壤有机碳的持续周转和外界环境条件的改变,释放到土壤环境中,被动植物吸收利用,从而对生态安全和人类健康造成威胁。因此,了解PAHs结合态残留在土壤中的释放规律,对于评估PAHs在土壤中的归趋和风险至关重要。GRSP作为土壤有机质的重要组成部分,会影响土壤中有机污染物的迁移转化行为。先前的研究已经证实,GRSP可促进土壤中PAHs的解吸,然而关于GRSP对土壤中PAHs结合态残留释放的影响尚不清楚。为了探究GRSP影响土壤中PAHs结合态残留释放的基本规律及其潜在机制,冷港华等(2024)通过批平衡法结合固相微萃取法研究了GRSP影响土壤中PAHs结合态残留释放的规律及机制。结果显示,GRSP可显著促进土壤中PAHs结合态残留释放,且随着GRSP浓度的增加,中环和高环PAHs结合态残留释放量增加。与未添加GRSP的对照组相比,土壤中总PAHs释放量提高了18.7%～54.2%,并且T-GRSP对PAHs结合态残留释放的提升率始终高于EE-GRSP。因此,土壤中DOM浓度的提高及其与PAHs的结合能力是GRSP影响PAHs结合态残留释放的重要因素。

6.4.3.1 GRSP影响土壤中PAHs结合态残留的释放

如图6.26所示,与未添加GRSP的对照相比(GRSP浓度为0mg/L时),在供试GRSP浓度(20~500mg/L)下,GRSP的加入显著增加了土壤中总PAHs的释放,其释放量为4.76~12.26mg/kg,说明GRSP可促进土壤中PAHs结合态残留的释放。

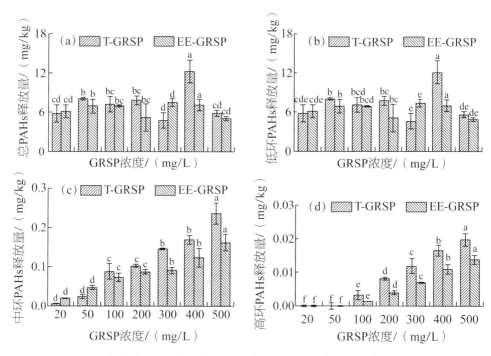

图6.26　土壤中PAHs结合态残留释放量与GRSP浓度的关系($p < 0.05$)

但不同环数PAHs结合态残留释放量对GRSP响应不同。其中,中环和高环PAHs结合态残留释放量具有GRSP浓度依赖性,高浓度GRSP的加入导致更多PAHs结合态残留释放。随着T-GRSP浓度的提高(20~500mg/L),土壤中低环PAHs结合态残留释放量从5.6mg/kg增加至12.26mg/kg,中环PAHs结合态残留释放量从0.0052mg/kg增加到0.24mg/kg,高环PAHs结合态残留释放量从0增加至0.020mg/kg。研究发现,土壤中低环PAHs结合态残留的释放量高于中高环PAHs,这是因为土壤中低环PAHs的溶解度高于中高环PAHs,更容易从土壤中释放。而芘的疏水性高于菲,更易牢固地吸附在土壤有机质上,发生解吸滞后现象。然而,在GRSP作用下,土壤中低环PAHs结合态残留释放量的增加率要远远低于中高环PAHs。先前的研究表明,GRSP更易与疏水性较高的中高环PAHs发生结合作用,增加其在溶液中的溶解度,而GRSP与菲的结合作用较弱(Zhou et al.,2023a)。此外,不同类型GRSP对土壤中PAHs结合态残留释放的影响也不同。在供试浓度(20～500mg/L)下,与EE-GRSP相比,T-GRSP对土壤中PAHs结合态残留释放的促进作用更强。

6.4.3.2　GRSP影响土壤中PAHs结合态残留释放的机制

溶解性有机质(DOM)是影响有机污染物毒性、生物有效性、移动性的重要因素之一。先前的研究发现,加入GRSP引起的DOM变化是导致菲、芘解吸量变化的主要原因。为了确定GRSP对土壤中PAHs结合态残留释放的促进作用是否与溶液中DOM变化有关,研究添加外源GRSP对土壤中DOM含量的影响。如图6.27所示,随着GRSP浓度的增加,溶液中DOM浓度增加。当T-GRSP浓度为500mg/L时,与未施加GRSP的对照组相比,DOM的浓度增加了37.42mg/L;而在相同浓度EE-GRSP的影响下,与未施加GRSP的对照组相比,DOM的浓度增加了35.04mg/L。这说明GRSP的添加能增加溶液中DOM浓度。

通过相关性分析发现,溶液中DOM浓度与中高环PAHs结合态残留释放量间存在正相关关系,R^2为0.8434～0.8532,表明DOM浓度是影响土壤中PAHs结合态残留释放的一个重要因素。Cheng等(2006)研究发现,向土壤中添加有机物会增加DOM含量,从而增加土壤中PAHs的溶解度。Gao等(2017a)研究发现,GRSP的加入导致SOM减少,而DOM浓度增加是GRSP影响土壤中菲释放的主要机制。

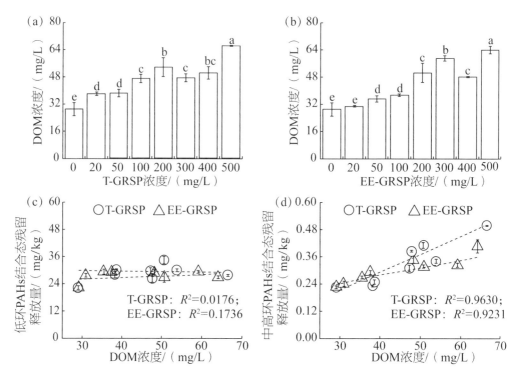

图6.27　GRSP作用下土壤中DOM浓度的变化及其与PAHs结合态残留释放量的关系($p<0.05$)

　　GRSP不仅会影响溶液中DOM的溶出量,而且会对DOM的结构特征产生影响。添加GRSP后溶液中DOM的紫外光谱变化如图6.28所示。结果表明,随着GRSP浓度的增加,$SUVA_{254}$和$SUVA_{260}$的数值显著增加,而$SUVA_{254}$和$SUVA_{260}$通常用于表征DOM的芳香性和疏水性。在T-GRSP作用下,$SUVA_{254}$和$SUVA_{260}$的数值分别从0.091和0.084升高至0.784和0.754。而在EE-GRSP作用下,$SUVA_{254}$和$SUVA_{260}$的数值分别从0.091和0.084升高至0.657和0.629。因此,向土壤中施加GRSP后,DOM的芳香性和疏水性增加。且中高环PAHs结合态残留释放量与GRSP浓度正相关(表6.8),其相关系数大于0.64,表明DOM芳香性和疏水性是影响土壤中PAHs结合态残留释放的一个重要因素。因此,GRSP促进溶液中DOM芳香性和疏水性组分的增加,是其促进土壤中PAHs结合态残留释放的主要因素。

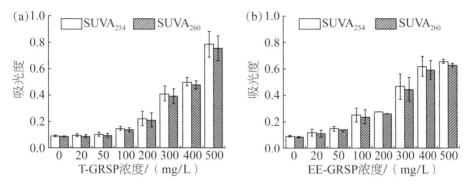

图 6.28　GRSP 影响下土样中 DOM 紫外光谱特征

表 6.8　DOM 紫外光谱特征值与 PAHs 结合态残留释放量的相关性系数(R^2)

特征值	T-GRSP		EE-GRSP	
	SUVA$_{254}$	SUVA$_{260}$	SUVA$_{254}$	SUVA$_{260}$
低环 PAHs 结合态残留释放量	0.882	0.882	0.794	0.789
中高环 PAHs 结合态残留释放量	0.964	0.963	0.641	0.638

6.5　GRSP 作用下 PAHs 污染土壤的生物学特征

　　GRSP 对土壤微生物及酶活性的影响可能间接影响土壤中 PAHs 的迁移转化行为。研究表明,GRSP 可显著提高根际土壤中多酚氧化酶(PPO)、过氧化物酶(POD)、β-葡萄糖苷酶、过氧化氢酶(CAT)以及酸性和碱性磷酸酶的活性(Singh et al.,2018)。Wu 等(2015)研究发现,施加外源 GRSP 可提高土壤中 β-葡萄糖苷酶、CAT、POD 和磷酸酶的活性。Singh 等(2018)报道了 GRSP 与酸性磷酸酶、β-葡萄糖苷酶、脱氢酶和荧光素双乙酸酶活性的正相关关系。POD 和 CAT 等土壤酶不仅可清除多余的活性氧,保护植物膜脂和 DNA 免受氧化损伤,同时,它们也参与了土壤中有机污染物的降解转化(Gao et al.,2012)。例如,土壤磷酸酶活性升高可以降低蔬菜和土壤中有机磷农药辛硫磷的残留量(Wang et al.,2019a)。Gao 等(2012)证实了氧化还原酶(如 PPO、POD、CAT 等)活性对土壤中 PAHs 的去除有重要作用。因此,GRSP 可通过调节土壤酶系活性来促进土壤中PAHs的去除。土壤微生物的代谢降解是影响PAHs自然消减的关键因素之一,外源有机质(胡敏酸、根系分泌物等)的添加可改变PAHs污染土壤微生物群落结构,影响土壤PAHs的消减效率。然而,关于GRSP作用下土壤微生物群落结构变化与PAHs消减关系的研究几无报道,有待进一步拓展和深化。因此,本小节采用微宇宙试验方法,借助荧光定量PCR和高通量测序等技术,分析了施加GRSP对土壤中PAHs降解相关功能微生物及降解基因丰度的影响,探讨了GRSP作用下微生物群落和降解基因丰度的变化与PAHs消减的关系,阐明GRSP作用下土壤中PAHs迁移转化的生物学机制,为利用AMF调控PAHs污染土壤修复提供理论依据。

6.5.1　生物种群及丰度

6.5.1.1　GRSP对土壤细菌群落多样性和结构的影响

（1）土壤细菌群落α多样性

为探究GRSP对PAHs污染土壤中细菌群落结构的影响,从6.2节各处理组中选取了第10、30和50天共36个土壤样品进行高通量测序。通过随机抽取一定数量的土壤样本序列,统计这些序列对应样本的α多样性指数。如图6.29所示,Shannon、Sobs、Chao、Coverage指数的稀释曲线均趋向平缓,表明本次测序数据量足够,满足分析所需要求,能体现土壤样本中绝大多数微生物的多样性信息,总体上样品中所有物种的测序深度已被覆盖。

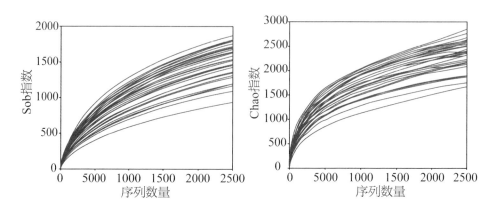

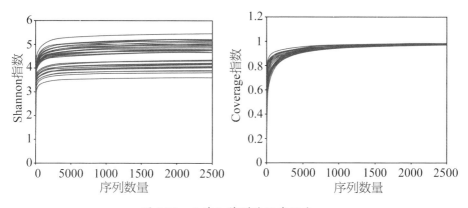

图 6.29　土壤细菌群落测序深度

进一步对 GRSP 作用下 α 多样性指数变化情况进行分析。随着培养时间的延长,土壤微生物群落的 Shannon 和 Chao 指数均逐渐升高,其中第 30 天和第 50 天的土壤微生物群落指数(Shannon 和 Chao 指数)均显著高于第 10 天。而第 30 天和第 50 天的土壤微生物群落指数在统计学水平上并不显著,这表明培养 30 天后,土壤中微生物群落的丰富度趋于平稳(图 6.30)。然而,添加GRSP 后,土壤微生物群落丰富度降低。以第 10 天为例,GRSP 作用下土壤微生物群落的 Shannon 和 Chao 指数分别由 4.28 和 2170.85 降低至 3.77 和1802.33。其中,T-GRSP 作用下 Shannon 和 Chao 指数显著低于对照处理组(p <0.05),这表明施加 GRSP 降低了土壤微生物群落丰富度。Rentz 等(2004)研究表明,外源有机碳加入土壤后会打破土壤微生物原有的生存模式,土壤微生物需要一定的缓冲时间去适应外源有机碳给土壤微生物群落带来的变化。在此过程中,耐受能力低或敏感性菌群被选择性淘汰。李玉双等(2020)研究表明,当外源有机质添加量过高时,对土壤 C/N 影响较大,从而偏离土壤微生物的最适生长条件,降低微生物活性。GRSP 中木质素类化合物的占比较高,而木质素会对土壤微生物性状和生化功能产生抑制作用,不利于土壤微生物的繁殖和代谢(张杰,2015;孙敬文等,2021)。因此,GRSP 对土壤细菌群落多样性的抑制可能是施加过量的 GRSP 导致的。

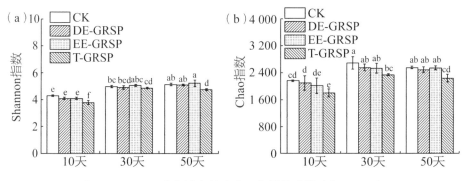

图6.30　GRSP对土壤中微生物α多样性的影响($p<0.05$)

（2）土壤细菌群落结构β多样性分析

为了分析不同种类GRSP对土壤微生物群落结构的影响差异，基于Bray-Curtis距离坐标分析（PCoA）对β多样性进行评估，结果如图6.31所示。通过ANOSIM组间差异分析，发现各处理间相关系数为0.78（$p=0.001<0.01$）。这表明本次构建的空间坐标能够很好地描述各处理间的差异，在同一处理下，各样本点相对聚集。在第一主成分（PCoA1）上，第10天的各处理样本与第30

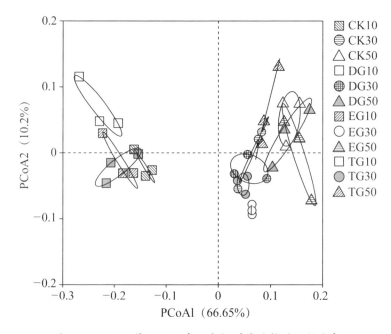

图6.31　GRSP作用下土壤微生物群落结构的比较分析

天和第50天处理样本明显分离,并且T-GRSP、EE-GRSP与对照组的微生物群落沿第二主成分分离。这说明T-GRSP和EE-GRSP的添加会改变土壤微生物群落结构。

6.5.1.2　GRSP对土壤微生物群落组成的影响

根据聚类分析,12个处理组中共获得3999个OTU,其中有894个OTU是各样品中共同拥有的微生物物种(图6.32)。在12个处理组中,对照组中OTU最丰富。随着培养时间的延长,对照组中OTU逐渐增加,由908个逐渐增加到918个。而GRSP作用下在同一时间点的土壤中微生物物种数量低于对照组。例如,在第10天时,EE-GRSP、DE-GRSP和T-GRSP处理组中土壤微生物物种数量分别为901、901和899个,低于对照组,表明GRSP作用下土壤中微生物物种数量降低。该结果与先前α多样性分析结果一致。

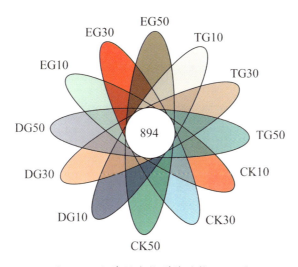

图6.32　土壤微生物群落结构Venn图

将所获得的OTU与RDP(Ribosomal Database Project,核糖体数据库计划)进行比对和注释分析,获得了41个细菌门类和837个细菌菌属的微生物信息。选取前10个细菌门类分析GRSP作用下土壤细菌群落组成的变化情况。如图6.33所示,Proteobacteria、Firmicutes、Actinobacteria是土壤中的优势菌门,总相对丰度高达95%以上。随着培养时间的延长,土壤中Proteobacteria相对丰度降低,而其余9种优势菌门的相对丰度逐渐增加。在相同培养时间,施加GRSP后土壤中微生物菌门相对丰度发生变化。施加GRSP的处理组中Proteobacteria的相对丰度要高于未施加GRSP的对照组(CK),其余两种优势菌门在GRSP处理土壤中相对丰度较对照组低。其中,在培养第10天,T-GRSP处理组中Proteobacteria相对丰度显著高于对照组($p<0.05$)。随着培养时间的延长,在培养第30天时,GRSP的施加显著提高了Gemmatimonadetes和Bacteroidota两个菌门的相对丰度($p<0.05$),其分别是对照的1.32~1.56倍和1.27~1.62倍。其中,DE-GRSP处理组中Gemmatimonadetes相对丰度最高,其值为2.62%;而在施加EE-GRSP和T-GRSP的处理组中Bacteroidota相对丰度最高,其值分别为1.39%和1.36%。这两种菌门均被报道具有PAHs降解能力(廖启杭,2020),说明GRSP促进了PAHs降解菌门水平上的相对丰度。而当培养50天时,除GRSP处理组中Gemmatimonadetes相对丰度显著高于对照外,其他土壤细菌在门水平的相对丰度变化与对照在统计学上无显著差异。因此,上述现象表明,施加GRSP可显著提高降解菌门Gemmatimonadetes

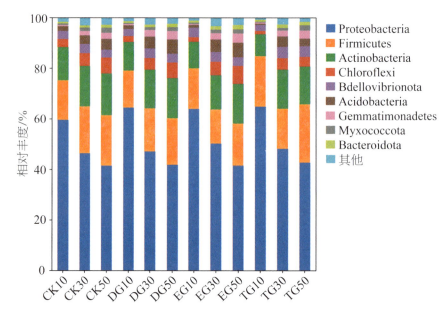

图6.33 GRSP处理土壤中主要细菌门类的相对丰度

和 Bacteroidota 的相对丰度($p < 0.05$),且这种提高受培养时间的影响。

多组间差异性分析发现,GRSP 作用下土壤中共有 20 个相对丰度 > 1% 的细菌菌属具有显著性差异($p < 0.05$)。如图 6.34 所示,在第 10 天,土壤中具有显著性差异的细菌菌属有 14 个;培养第 30 天和 50 天时分别有 12 和 6 个,这些具有显著性差异的细菌菌属数量随培养时间的延长而减少。这说明 GRSP 对土壤细菌群落的作用随培养时间的延长而减弱。随着培养时间的延长,添加 GRSP 显著影响部分细菌菌属在土壤中的相对丰度。例如 *Gemmatimonas*、*Micromonospora*、*Arthrobacter* 和 *Paenibacillus* 在培养 30 天时受到 GRSP 的显著影响,在第 50 天时 *Cupriavidus* 相对丰度受到 GRSP 的显著影响。上述结果表明,培养时间的变化会影响 GRSP 对土壤中细菌菌属间相对丰度的差异性。在同一时间点,不同处理组间的细菌菌属存在显著性差异。以第 30 天为例,GRSP 提高了土壤中 *Peredibacter*、*Phenylobacterium*、*Gemmatimonas*、*Lysobacter*、*Paenibacillus*、*Ensifer* 的相对丰度。与未施加 GRSP 的对照组相比,这些菌属的相对丰度提高了 1.10～2.42 倍。不同种类 GRSP 处理下,土壤中细菌菌属的相对丰度存在差异。在第 30 天时,EE-GRSP 处理显著提高了超

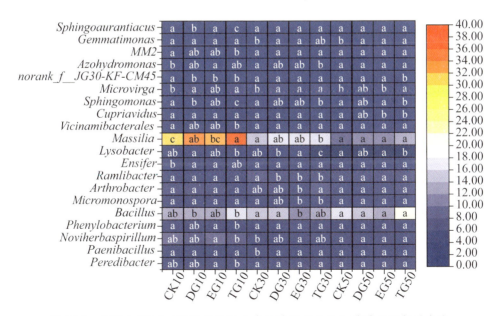

图 6.34　土壤中 CK 和 GRSP 处理间具有显著性差异的细菌菌属的相对丰度

过40%的差异菌属的相对丰度,如 *Paenibacillus*、*Noviherbaspirillum*、*Microvirga* 和 *Gemmatimonas*、*Lysobacter* 的相对丰度;DE-GRSP处理显著提高了 *Paenibacillus*、*Microvirga* 的相对丰度,而 T-GRSP 处理仅显著增加了 *Paenibacillus* 相对丰度且有5种土壤细菌菌属相对丰度降低。因此,EE-GRSP更易增加土壤中细菌菌属的相对丰度。

6.5.1.3　GRSP对土壤中PAHs降解微生物丰度的影响

如表6.9所示,在供试污染土壤中共有20种潜在的PAHs降解微生物(挑选了相对丰度＞0.1%的降解微生物),它们大多来自 Proteobacteria 和 Actinobacteriota 菌门,表明 Proteobacteria 和 Actinobacteriota 在土壤PAHs去除中起关键作用。采用GRSP和对照之间潜在PAHs降解微生物相对丰度的累积净差来检验富集程度,发现在GRSP作用下这些潜在降解微生物的累积富集程度在土壤中存在很大的差异。如图6.35所示,土壤中潜在降解微生物的总相对丰度随培养时间的延长呈先降低后平稳的趋势。在第30天时,土壤中潜在降解微生物的总相对丰度降低到41.77%～46.54%;且随着时间的延长,第50天时土壤中降解微生物的总相对丰度变化不大。在相同培养时间内,不同处理间的土壤微生物总相对丰度存在差异。在第10天时,GRSP作用下土壤中潜在降解微生物的总相对丰度显著高于对照,比对照提高了5.35%～19.69%。其中,T-GRSP 处理后降解微生物的总相对丰度比对照提高了19.69%,高于EE-GRSP和DE-GRSP处理。这表明GRSP,特别是T-GRSP能够促进土壤中潜在PAHs降解微生物的生长。

表6.9　土壤中潜在的PAHs降解微生物

门	菌属	参考文献
Proteobacteria	*Pseudoxanthomonas*	Patel et al.,2012
	Pseudomonas	Lu et al.,2019
	Phenylobacterium	Sun et al.,2010
	Novosphingobium	Segura et al.,2017

续表

门	菌属	参考文献
Proteobacteria	*Brevundimonas*	Chaudhary et al.,2015
	Lysobacter	Du et al.,2022
	Massilia	Gu et al.,2017
	Burkholderiales	Chaudhary et al.,2015
	Sphingomonas	Lu et al.,2019
	Caulobacteraceae	Sun et al.,2010
	MM2	Lu et al.,2019
Firmicutes	*Paenibacillus*	Haritash et al.,2009
	Bacillus	Haritash et al.,2009
Actinobacteria	*Streptomyces*	Chaudhary et al.,2015
	Rhodococcus	Lu et al.,2019a
	Arthrobacter	Lu et al.,2019a
	Nocardioides	Lu et al.,2019a
	Mycobacterium	Lu et al.,2019a
Bacteroidota	*Ohtaekwangia*	Li et al.,2021
Gemmatimonadetes	*Gemmatimonas*	Li et al.,2021

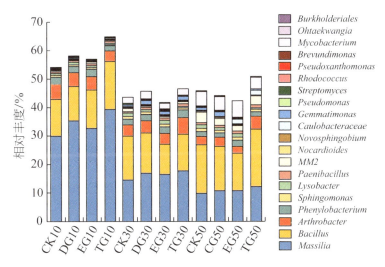

图 6.35　GRSP 处理土壤中潜在 PAHs 降解微生物的相对丰度总和(从土壤降解微生物中选择相对丰度超过 0.1% 的潜在降解微生物)

对于土壤中潜在PAHs降解微生物来说，GRSP的作用显著提高了部分降解细菌菌属的相对丰度（$p<0.05$）。例如，在第10天时，GRSP作用提高了20%潜在降解细菌菌属的相对丰度，包括 *Pseudomonas*、*Bacillus*、*Brevundimonas*、*Massilia*，其相对丰度分别由0.08%、12.97%、0.05%和30.02%分别增加到0.4%、16.83%、0.13%和39.36%；在第30天时，GRSP作用下土壤中35%降解细菌菌属的相对丰度显著高于对照，在GRSP作用下，相对丰度是对照的1.17~2.0倍；而在第50天时，GRSP作用下仅提高了 *Brevundimonas* 和 *Gemmatimonas* 相对丰度。因此，添加GRSP有利于培养中期土壤中降解微生物的生长繁殖。

在相同培养时间下，不同种类GRSP对降解细菌菌属相对丰度的影响存在差异。在10天、30天和50天培养过程中，T-GRSP作用分别使2、4和1种PAHs降解细菌菌属的相对丰度显著增加，EE-GRSP作用使1、4和2种PAHs降解细菌菌属的相对丰度显著增加；DE-GRSP作用使3、2和1种PAHs降解细菌菌属的相对丰度显著增加。因此，T-GRSP和EE-GRSP更有利于土壤中潜在PAHs降解微生物的生长繁殖。

6.5.1.4 各形态PAHs含量与土壤中细菌菌属相对丰度的相关关系

通过对第30天土壤细菌菌属的相对丰度与PAHs含量变化进行相关性分析，发现土壤中细菌菌属相对丰度与PAHs含量变化多呈负相关（图6.36）。其中，*Gemmatimonas*、*Bryobacter*、*Microvirga*、*Ensifer*等与可提取态菲、芘以及土壤中菲、芘总量的变化呈显著负相关关系（$p<0.05$）；*Lysobacter*、*Micromonospora*、*Ramlibacter*等与腐植酸结合态芘呈显著负相关（$p<0.05$）；*Ramlibacter* 与腐植酸结合态菲呈显著负相关（$p<0.05$）；*Ensifer*、*Noviherbaspirillum*和*Paenibacillus*与胡敏素结合态芘呈显著负相关（$p<0.05$）。同时，在第30天时，GRSP作用使 *Gemmatimonas*、*Massilia*、*Paenibacillus* 等菌属的相对丰度显著增加，而使 *Bacillus* 的相对丰度显著降低。由此推测，GRSP可能通过影响土壤PAHs降解细菌生长繁殖影响了土壤中PAHs的消减。

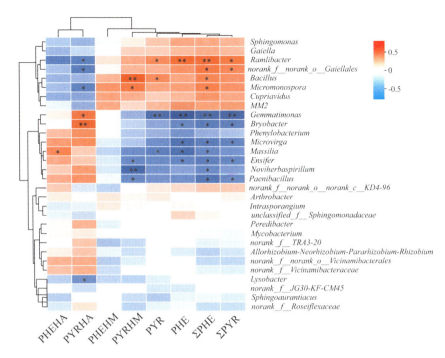

图6.36　培养30天,各形态PAHs含量与土壤中细菌菌属相对丰度的相关关系

注:PHEHA、PYRHA、PHEHM、PYRHM、PYR、PHE、ΣPHE、ΣPYR分别表示腐植酸结合态菲、腐植酸结合态芘、胡敏素结合态菲、胡敏素结合态芘、可提取态芘、可提取态菲、总菲和总芘。

　　尽管GRSP在一定程度上降低了土壤细菌的丰富度和多样性,但其为土壤中部分微生物提供营养和能量物质,提高了土壤中部分降解细菌菌群的数量和代谢活性,进而提高土著微生物对土壤中PAHs的降解效能。例如,GRSP的施加显著提高了 *Peredibacter*、*Phenylobacterium*、*Gemmatimonas*、*Lysobacter*、*Paenibacillus*、*Ensifer*、*Flavisolibacter*、*Brevundimonas*、*Roseisolibacter* 等菌属的相对丰度($p < 0.05$),并且这些菌属丰度的提高程度与各形态PAHs含量呈显著负相关($p < 0.05$)。 Wang 等(2012)将水稻土和红壤混合,发现 *Gemmatimonas*、*Lysobacter* 等菌属可降解土壤中PAHs。*Lysobacter* 被证实可以促进土壤碳转化和增强PAHs的降解(Fan et al.,2014;Zhou et al.,2020)。*Gemmatimonas* 与土壤中芳香烃降解有关(Yi et al.,2022)。另外,GRSP处理下 *Phenylobacterium*、*Brevundimonas*、*Ensifer*、*Flavisolibacter* 等相对丰度提高

的细菌菌属均为已报道的与PAHs降解相关的细菌菌属(Wang et al.,2021)。因此,土壤中部分与PAHs降解相关的细菌菌属丰度的提高是GRSP促进PAHs消减的重要因素之一。

6.5.2　PAHs降解基因

土壤微生物群落变化是GRSP影响PAHs消减的一个重要因素,而PAHs降解基因拷贝数可作为衡量土壤微生物降解能力的一个关键指标。微生物作为降解基因的载体,两者之间存在紧密的联系。研究表明,*nidA*和*phe*基因拷贝数影响了PAHs的消减,且这两种基因已被广泛作为目标基因来描述在各种环境下PAHs的降解潜能(Wang et al.,2012)。

通过荧光定量PCR技术检测GRSP作用下土壤中*nidA*和*phe*基因的拷贝数,以探究GRSP处理对土壤中PAHs降解相关基因丰度的影响。结果发现,GRSP处理可以增加土壤中PAHs降解基因拷贝数。如图6.37所示,与未添加GRSP相比,添加GRSP可以显著增加*nidA*和*phe*基因的拷贝数,表明GRSP可以显著促进土壤中携带这两种降解基因的细菌的生长繁殖。在第30天时,EE-GRSP、DE-GRSP和T-GRSP处理的土壤中*nidA*基因拷贝数分别是对照的3.04、2.10和1.93倍,而*phe*基因拷贝数分别是对照的2.45、1.41和1.83倍,表明EE-GRSP更有利于促进土壤中携带*nidA*和*phe*基因的细菌的生长繁殖。

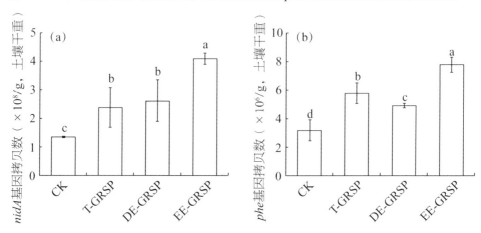

图6.37　培养30天,GRSP处理土壤中*nidA*和*phe*基因拷贝数

通过对第30天土壤PAHs降解基因拷贝数与PAHs含量变化进行相关性分析，发现土壤中PAHs降解基因拷贝数变化会影响土壤各形态PAHs含量变化。如表6.10所示，培养30天，PAHs降解基因(nidA和phe基因)拷贝数与可提取态PAHs及胡敏素结合态PAHs存在负相关关系，而与腐植酸结合态PAHs存在正相关关系。因此，GRSP，特别是EE-GRSP，对携带PAHs降解基因(nidA和phe基因)的细菌的生长繁殖的促进作用是土壤中PAHs消减的重要因素。

表6.10　培养第30天，土壤中PAHs含量与PAHs降解基因拷贝数间的相关关系

	nidA	phe
可提取态菲	−0.60*	−0.73**
可提取态芘	−0.71**	−0.78**
腐植酸结合态菲	0.38	0.42
腐植酸结合态芘	0.55	0.54
胡敏素结合态菲	−0.52	−0.47
胡敏素结合态芘	−0.87**	−0.79**

注：*$p<0.05$；**$p<0.01$。

6.5.3　PAHs消减与土壤微生物群落和降解基因的关系

土壤中PAHs降解基因拷贝数增加可能是因为携带nidA和phe基因的细菌活性增加，从而促进了土壤中PAHs的消减(王慧敏，2021)。目前，Mycobacterium、Arthrobacter、Terrabacter、Rhodococcus和Nocardioides等细菌菌属被报道携带有nidA基因片段(Zhou et al.，2006；Peng et al.，2010；Liao et al.，2021)。这些细菌可能是在nidA基因表达后直接受到PAHs刺激的关键物种，并在该系统中负责PAHs的消减。通过冗余分析(RDA)法对第30天PAHs残留量与特定微生物(相对丰度前10的菌属)和PAHs土壤降解基因进行关联分析(图6.38)，发现Mycobacterium、Arthrobacter与nidA呈正相关关系，而nidA与PAHs残留量呈显著负相关($p<0.05$)。由此推测，GRSP作用提高了携带nidA和phe基因的细菌活性，从而促进土壤中可提取态和胡敏素结

合态PAHs的降解。

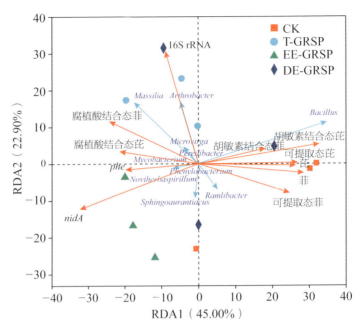

图6.38　土壤微生物菌属(相对丰度前10的菌属)相对丰度、PAHs降解基因拷贝数与PAHs残留量间的冗余分析

6.6　GRSP对PAHs植物可利用性的影响

利用植物修复有机污染土壤是目前最有前景的生物修复技术之一。然而,限制修复植物吸收的最大因素是污染物的生物可利用性。PAHs通常溶解度较低,又易与有机质紧密结合。近年来,一些研究结果表明,AMF能够促进植物吸收包括PAHs在内的有机污染物(Rajtor et al.,2016),但其影响机制尚待研究。GRSP是AMF分泌、脱落产生的一类糖蛋白,是土壤有机质的重要组成部分。虽然有研究表明,GRSP可以络合重金属,减低其生物毒性(Cornejo et al.,2008;Vodnik et al.,2008;Aguilera et al.,2011),但对于GRSP的分泌和释放是否会影响植物积累有机污染物的过程,目前知之甚少。

以往的研究表明,在PAHs污染的土壤中,种植接种AMF的紫花苜蓿可以提升土壤中GRSP的含量(Gao et al.,2017b),并且GRSP促进了土壤中PAHs的释放,提高了PAHs的生物有效性(Gao et al.,2017a)。这些研究为GRSP影响PAHs植物可利用性提供了理论基础。

6.6.1　GRSP对植物吸收积累PAHs的影响

Chen等(2018)选用黑麦草为供试植物,以萘、苊、菲、荧蒽和芘为代表PAHs(其理化性质如表6.11所示)。通过水培试验,探讨了GRSP对植物吸收、积累PAHs的影响。

表6.11　供试PAHs基本理化性质

PAHs种类	M_w/(g/mol)	S_w/(mg/L)	$\lg K_{ow}$	C_o/(mg/L)
萘	128	31.0	3.37	5.0
苊	154	3.8	3.92	3.0
菲	178	1.1	4.57	1.0
荧蒽	202	0.26	5.22	0.2
芘	202	0.13	5.18	0.1

注:M_w指PAHs的相对分子质量,S_w指PAHs在25℃水中的溶解度,K_{ow}指PAHs的辛醇-水分配系数,C_o指溶液中PAHs的初始浓度。

不同类型和浓度GRSP对黑麦草吸收积累PAHs的影响如图6.39所示。添加T-GRSP和EE-GRSP均促进了黑麦草根对PAHs的积累。与未施加GRSP的对照组相比,T-GRSP和EE-GRSP处理组中总PAHs积累浓度分别增加了40.6%和76.3%。如图6.39a所示,随着T-GRSP和EE-GRSP浓度的增加,黑麦草根内积累的总PAHs浓度呈先增加后降低的趋势。其中,T-GRSP和EE-GRSP浓度分别为40mg/L和80mg/L时,黑麦草根中总PAHs积累量最大,并且EE-GRSP处理组根积累总PAHs浓度要高于T-GRSP处理组。图6.39b~f为GRSP对植物吸收积累不同类型PAHs(包括萘、苊、菲、荧蒽和芘)的影响,其积累趋势同样随GRSP浓度的增加而先增加后降低。例如,在0~

120mg/L浓度内T-GRSP和EE-GRSP均促进了萘的积累,其最大积累浓度分别为174.8mg/kg和150.4mg/kg,积累增量分别达到71.9%和66.1%。萘在黑麦草根内积累浓度最高,这可能与萘具有较高的溶解度和较低的分子量,易于被植物吸收有关。芘的溶解度最低,其在黑麦草根内的积累浓度也最低。在T-GRSP和EE-GRSP施加浓度下,芘积累浓度分别为8.88~18.50mg/kg和9.41~22.65mg/kg,与对照相比分别增加约108.3%和140.7%。

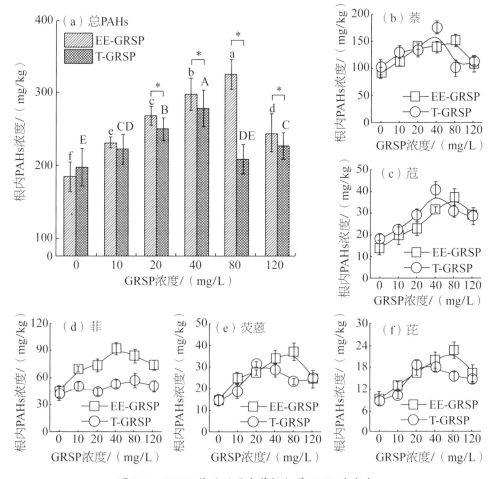

图6.39 GRSP作用下黑麦草根积累PAHs的浓度

注:小写和大写字母分别代表EE-GRSP和T-GRSP不同浓度处理组间在$p < 0.05$水平上的显著性差异。*表示EE-GRSP和T-GRSP处理组间在$p < 0.05$水平上的显著性差异。

图6.40反映了黑麦草根积累PAHs的植物根系富集系数(RCF)。在0~120mg/L GRSP浓度下,根积累总PAHs的RCF值同样呈先增加后降低趋势,这表明所施加GRSP对植物吸收积累PAHs的影响具有一定的浓度效应。

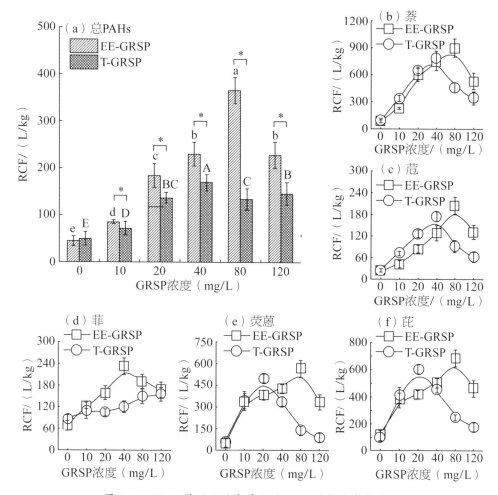

图6.40　GRSP作用下黑麦草积累PAHs的根系富集系数

注:小写和大写字母分别代表EE-GRSP和T-GRSP不同浓度处理组间在$p<0.05$水平上的显著性差异。*表示EE-GRSP和T-GRSP处理组间在$p<0.05$水平上的显著性差异。

6.6.2 植物积累PAHs的微观定位

传统的PAHs测定方法仅能反映整个植株或某一植物组织内PAHs的总浓度,无法原位观察研究植物体内PAHs空间分布情况。由于PAHs具有较高水平的自发荧光,可利用PAHs的这一特性原位观测其在植物体内的空间分布情况。

利用激光共聚焦显微镜(CLSM)原位观察GRSP作用下植物体内PAHs的变化情况。将黑麦草根切成1~2cm小段,放置在载玻片上,盖上盖玻片,在激光共聚焦显微镜(激发波长和发射波长分别为450~490nm和500~550nm)下直接观察并用徕卡共聚焦显微镜软件处理图片,用荧光密度来表征PAHs含量。GRSP作用下,黑麦草根积累PAHs的情况如图6.41所示。图中的绿色斑点为PAHs自发绿色荧光,其主要积累在主根的外皮层和根毛内。与图6.41a对照相比,图6.41c~f中绿色斑点增加,说明施加T-GRSP和EE-GRSP增加了绿色亮斑的聚集,即增加了PAHs在黑麦草根部的积累。

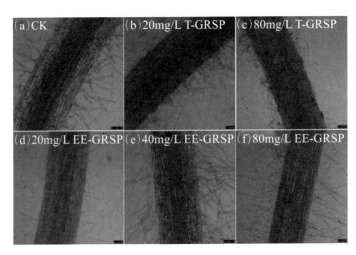

图6.41 GRSP作用下黑麦草根积累PAHs的激光共聚焦图(比例尺为100μm)

6.6.3　植物积累PAHs的形态分级

对于大部分植物来说,根部积累是植物吸收PAHs的主要途径。通常情况下,在测定根积累PAHs含量时,并没有区分吸附在根表的吸附态PAHs和吸收到根内的吸收态PAHs(Li et al.,2016)。根表吸附是污染物进入植物体内的重要过程。根对PAHs的吸收通常可分为两种途径:外质体途径和共质体途径(Wild et al.,2005)。为了考察GRSP对植物根积累的PAHs的形态分布的影响,参考Wu等(2009)连续提取法将植物根部PAHs形态分为弱吸附态、强吸附态和吸收态。其中,弱吸附态和强吸附态PAHs($CaCl_2$和甲醇提取)即是吸附于根表的PAHs,计为总吸附态,以此来区别植物根组织所吸收的吸收态PAHs(正己烷/二氯甲烷提取)。从图6.42可以看出,吸收态PAHs对根中总PAHs含量的贡献较小,并且随着GRSP浓度的增加,根内吸收态PAHs浓度变化不大。

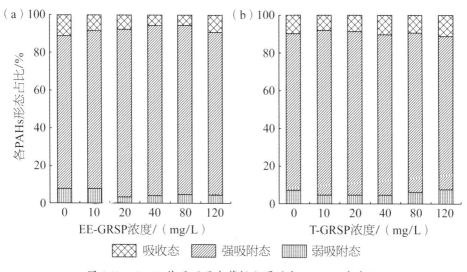

图6.42　GRSP作用下黑麦草根积累的各PAHs形态占比

相比之下,弱吸附态和强吸附态PAHs占根中PAHs总积累量的88.8%～94.4%,且随着GRSP浓度的增加,总吸附态PAHs呈先增加后减少的趋势,这与根中多环芳烃积累的趋势一致(图6.42)。这些结果证明了施加GRSP增强了根对PAHs的吸附能力。Binet等(2000)的研究发现也支持这一观点。此外,根系表面积越大,GRSP对PAHs吸附的促进作用就越强。因此,施加GRSP处理增大了植物根系吸附容量和总面积,从而增强了根部对PAHs的吸收积累。

6.6.4 GRSP作用下PAHs的水-根界面过程

上述研究结果显示,根部积累的PAHs形态以吸附态PAHs为主。而施加不同浓度GRSP处理引起的植物根内PAHs积累含量的变化,可能与PAHs在根-水界面的吸附过程受到影响有关,也可能与PAHs在GRSP溶液中存在的形态有关。植物从溶液中吸收有机化合物的过程可以描述为连续的分配过程,包括溶液与植物根之间的分配、植物根和蒸腾流之间的分配、蒸腾流和植物茎叶之间的分配(Collins et al.,2006)。采用批平衡法进一步考察GRSP作用下黑麦草根对PAHs的吸附。具体操作如下:称取50mg黑麦草根(干重)于30mL离心管中,加入20mL含有0.05% NaN_3 的系列浓度为0、10mg/L、20mg/L、40mg/L、80mg/L、120mg/L的T-GRSP和EE-GRSP溶液。再用微量进样器加入一定量的PAHs母液。混匀样品后,将离心管放置在25℃、避光条件下200r/min旋转振荡24h。振荡平衡后,在3000r/min条件下离心15min,收集上清液用于PAHs和GRSP检测。每一试验设置3个平行(n=3),同时设置没有添加根的空白对照组,计算可能存在的PAHs损失。

GRSP作用下黑麦草根表吸附PAHs的吸附等温线如图6.43所示。根对PAHs吸附行为可以描述为线性吸附,即PAHs在根和溶液间以线性分配为主,并且GRSP的施加极大地促进了黑麦草根对PAHs的吸附作用。利用线性回归方程对PAHs吸附行为进行线性拟合,计算出PAHs在根和溶液之间的分配系数(K_d)。如图6.44所示,总PAHs的分配系数随GRSP浓度的增加呈先增加后降低的趋势(120mg/L EE-GRSP处理下除外)。这一变化趋势与黑麦草根表吸附态PAHs含量变化趋势一致。在T-GRSP和EE-GRSP处理下,根表吸附总PAHs的分配系数分别为254.1~591.7L/kg和647.6~1271.2L/kg。与没有施加GRSP对照组相比,分别增加了36.3%~217.4%和247.4%~581.9%。这些结果表明,GRSP极大地促进PAHs在黑麦草根和溶液之间的分配作用。

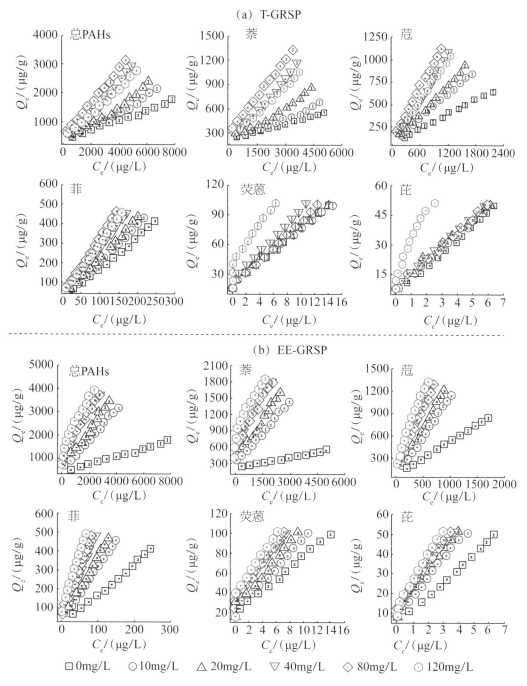

图6.43 GRSP作用下黑麦草根表吸附PAHs的吸附等温线

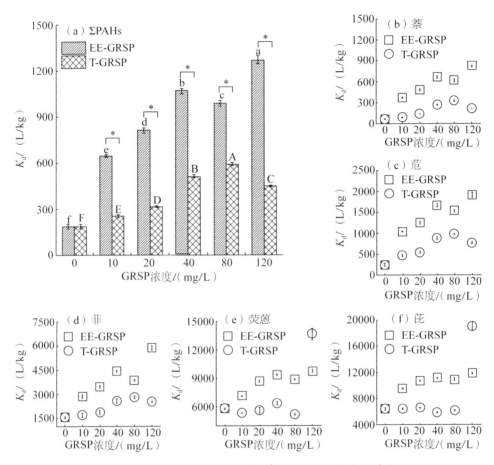

图6.44　GRSP作用下黑麦草根表吸附PAHs的分配系数

注：小写和大写字母分别代表EE-GRSP和T-GRSP不同处理间在$p<0.05$水平上的显著性差异。*表示EE-GRSP和T-GRSP处理组间在$p<0.05$水平上的显著性差异。

　　GRSP促进了PAHs在黑麦草根上的吸附和分配。GRSP的这种作用可以描述为"累积吸附"和"竞争吸附"（Gao et al.，2007；Haham et al.，2012）。GRSP作用下黑麦草根表吸附PAHs的过程模式如图6.45所示。

　　PAHs在根表的吸附是植物根积累PAHs的第一步，也是关键一步。当施加较低浓度的GRSP时，这些GRSP基本上都会被根吸附，从而为PAHs在根表吸附提供了新的吸附位点。这种"累积吸附"过程可以吸附较多的PAHs，从而增加了黑麦草根表吸附态PAHs的含量。

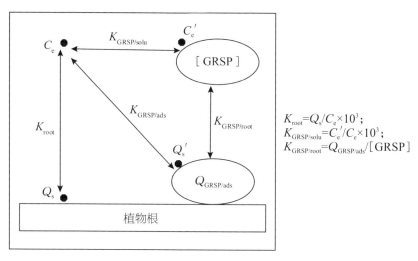

$$K_{root}=Q_s/C_e\times10^3;$$
$$K_{GRSP/solu}=C_e'/C_e\times10^3;$$
$$K_{GRSP/root}=Q_{GRSP/ads}/[GRSP]$$

图6.45　GRSP作用下黑麦草吸附PAHs的模式图

GRSP在黑麦草根表的吸附量（$Q_{GRSP/ads}$, mg/kg）结果显示，GRSP的吸附量与施加浓度呈正相关关系，数值高达$3\times10^3\sim3.4\times10^4$mg/kg。进一步计算吸持于根表的GRSP对PAHs的吸附能力，计算公式如下：

$$K_d=\frac{Q_s+Q_s'Q_{GRSP/ads}\times10^{-6}}{C_e+C_e'[GRSP]\times10^{-3}}\times10^3 \tag{6-11}$$

式中，K_d（L/kg）表示GRSP作用下PAHs在根和溶液之间的分配系数；C_e为水中自由溶解PAHs（mg/L）；C_e'为GRSP-PAHs复合体含量（mg/L）；Q_s为被根吸附的PAHs（mg/g）；Q_s'为被GRSP吸附的PAHs（mg/g）；[GRSP]为GRSP浓度（mg/L）。根据图6.45中的相关参数，代入公式（6-11），转化为公式（6-12）和（6-13）。

$$K_d=\frac{Q_s+C_eK_{GRSP/ads}Q_{GRSP/ads}\times10^{-9}}{C_e+C_eK_{GRSP/solu}[GRSP]\times10^{-6}}\times10^3 \tag{6-12}$$

$$K_d=\frac{K_{root}+K_{GRSP/ads}Q_{GRSP/ads}\times10^{-6}}{1+K_{GRSP/solu}[GRSP]\times10^{-6}} \tag{6-13}$$

式中，$K_{GRSP/ads}$（L/kg）表示PAHs在水和吸持于根表GRSP之间的分配系数，

$K_{GRSP/solu}$（L/kg）表示 PAHs 在水和溶解态 GRSP 之间的分配系数。因此，$K_{GRSP/ads}$ 计算如下：

$$K_{GRSP/ads} = \frac{K_d(1 + K_{GRSP/solu}[GRSP] \times 10^{-6}) - K_{root}}{Q_{GRSP/ads}} \times 10^6 \quad (6\text{-}14)$$

为更清楚地阐述吸持于根表的 GRSP 对 PAHs 的吸附作用，排除溶液中 GRSP 和 PAHs 的相互结合作用（$K_{GRSP/solu}[GRSP]$）。将公式（6-14）进一步简化：

$$K_{GRSP/ads} = \frac{K_d - K_{root}}{Q_{GRSP/ads}} \times 10^6 \quad (6\text{-}15)$$

式中，K_{root}（L/kg）为不施加 GRSP 时 PAHs 在根和水之间的分配系数。

施加 GRSP 处理下，黑麦草吸附菲的相关参数如表 6.12 所示。在 T-GRSP 和 EE-GRSP 处理下，K_d 分别为 1725～2810L/kg 和 2874～5856L/kg，而 $K_{GRSP/ads}$ 分别为 3.7×10^4～7.9×10^4L/kg 和 8×10^4～3.2×10^5L/kg。显然，$K_{GRSP/ads}$ 值要远远大于 K_d 值。这说明吸持于根表的 GRSP 对菲的吸附能力要远大于根的吸附能力，这也是 GRSP 增强根对 PAHs 吸附和积累的主要因素。GRSP 在根表的逐渐累积促使与 GRSP 结合的 PAHs 不断扩散进入根内。同时，如图 6.46 所示，黑麦草根中吸附态 PAHs 含量（C_{Ads}）与 K_d 之间存在正相关关系（R^2 为 0.9908 和 0.8905）；根积累吸附态 PAHs 含量（C_{Accum}）与 K_d 之间同样存在正相关关系（R^2 为 0.9257 和 0.9053）。该结果也表明，GRSP 的施加促进了 PAHs 在外质体的运输和 PAHs 的吸附过程，从而增强了根对 PAHs 的积累过程。

表6.12　GRSP作用下黑麦草根吸附菲的相关参数

GRSP 浓度/(mg/L)		K_d/(L/kg)	[GRSP]/(mg/L)	$Q_{GRSP/ads}$/(mg/kg)	$K_{GRSP/ads}$/(L/kg)
CK	0	1567			
T-GRSP	10	1725	1.00	3600	43889
	20	1884	4.95	6019	52667
	40	2575	8.44	12623	79854
	80	2810	28.91	20437	60821
	120	2534	54.18	26329	36727

续表

GRSP浓度/(mg/L)		K_d/(L/kg)	[GRSP]/(mg/L)	$Q_{GRSP/ads}$/(mg/kg)	$K_{GRSP/ads}$/(L/kg)
CK	0	1567			
EE-GRSP	10	2874	0.00	4000	326750
	20	3482	0.00	8000	239375
	40	4433	4.97	14011	204553
	80	3867	13.72	26511	86756
	120	5856	34.05	34381	124749

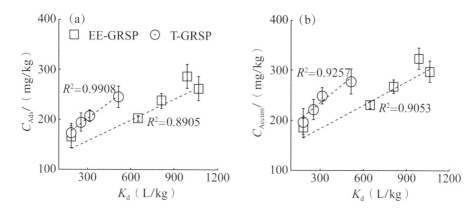

图6.46　黑麦草根吸附PAHs分配系数(K_d)与吸附态PAHs含量和积累量的关系

然而,当施加GRSP浓度过高时,吸持于根表的GRSP量处于饱和状态,溶液中还剩余大量GRSP。GRSP与PAHs也有较强的结合能力,菲和GRSP结合系数为75249L/kg,其值同样也远大于根对PAHs的分配系数(K_d)。这意味着,当溶液中还剩余大量GRSP时,剩余的GRSP和PAHs形成GRSP-PAHs络合物,从而降低PAHs的植物可利用性。同时,GRSP与PAHs的络合和根表吸附存在竞争作用,从而形成竞争吸附。因此,在施加较高浓度的GRSP时,溶液中存在的竞争吸附作用使吸附态PAHs含量降低,削减了根部PAHs的积累。

总之,GRSP可促进黑麦草根部对PAHs的积累,且存在浓度依赖性。GRSP对黑麦草根部的积累作用以吸附作用为主,大量吸持于根表的GRSP显著促进了黑麦草根对PAHs的吸附,这是GRSP影响根积累PAHs的主要机制。因此,AMF分泌的GRSP是促进PAHs在植物根部积累的主要因素之一。

参考文献

Adame, M. F., Wright, S. F., Grinham, A., Lobb, K., Reymond, C. E., Lovelock, C. E., 2012. Terrestrial-marine connectivity: Patterns of terrestrial soil carbon deposition in coastal sediments determined by analysis of glomalin related soil protein. Limnology and Oceanography, 57(5): 1492-1502.

Agnihotri, R., Sharma, M. P., Prakash, A., Ramesh, A., Bhattacharjya, S., Patra, A. K., Manna, M. C., Kurganova, I., Kuzyakov, Y., 2022. Glycoproteins of arbuscular mycorrhiza for soil carbon sequestration: Review of mechanisms and controls. Science of the Total Environment, 806: 150571.

Aguilera, P., Borie, F., Seguel, A., Cornejo, P., 2011. Fluorescence detection of aluminum in arbuscular mycorrhizal fungal structures and glomalin using confocal laser scanning microscopy. Soil Biology and Biochemistry, 43(12): 2427-2431.

Bogan, B. W., Trbovic, V., 2003. Effect of sequestration on PAH degradability with Fenton's reagent: Roles of total organic carbon, humin, and soil porosity. Journal of Hazardous Materials, 100(1-3): 285-300.

Boutasknit, A., Baslam, M., Ait-El-Mokhtar, M., Anli, M., Ben-Laouane, R., Douira, A., Modafar, C. E., Mitsui, T., Wanbi, S., Meddich, A., 2020. Arbuscular mycorrhizal fungi mediate drought tolerance and recovery in two contrasting carob(Ceratonia siliqua L.) ecotypes by regulating stomatal, water relations, and(in) organic adjustments. Plants, 9(1): 80.

Bradford, M. M., 1976. A rapid sensitive method for the quantification of microgram quantities of protein utilising the principle of proteindye binding.

Anal Biochemistry, 72(7):248-254.

Brady, N. C., Wei, R. R., 1996. Organism and ecology of the soil. The Nature and Properties of Soil, 36(7):328-360.

Chaudhary, P., Sahay, H., Sharma, R., Pandey, A. K., Singh, S. B., Saxena, A. K., Nain, L., 2015. Identification and analysis of polyaromatic hydrocarbons(PAHs)-biodegrading bacterial strains from refinery soil of India. Environmental Monitoring and Assessment, 187(391):1-9.

Chen, S., Wang, J., Waigi, M. G., Gao, Y., 2018. Glomalin-related soil protein influences the accumulation of polycyclic aromatic hydrocarbons by plant roots. Science of the Total Environment, 644:465-473.

Chen, S., Zhou, Z., Tsang, D. C., Wang, J., Odinga, E. S., Gao, Y., 2020. Glomalin-related soil protein reduces the sorption of polycyclic aromatic hydrocarbons by soils. Chemosphere, 260:127603.

Cheng, K. Y., Wong, J. W. C., 2006. Combined effect of nonionic surfactant Tween 80 and DOM on the behaviors of PAHs in soil-water system. Chemosphere, 62 (11):1907-1916.

Chern, E. C., Tsai, D. W., Ogunseitan, O. A., 2007. Deposition of glomalin-related soil protein and sequestered toxic metals into watersheds. Environmental Science & Technology, 41(10):3566-3572.

Chung, N., Alexander, M., 1998. Differences in sequestration and bioavailability of organic compounds aged in dissimilar soils. Environmental Science & Technology, 32(7):855-860.

Collins, C., Fryer, M., Grosso, A., 2006. Plant uptake of non-ionic organic chemicals. Environmental Science & Technology, 40(1):45-52.

Cornejo, P., Meier, S., Borie, G., Rillig, M. C., Borie, F., 2008. Glomalin-related soil protein in a Mediterranean ecosystem affected by a copper smelter and its contribution to Cu and Zn sequestration. Science of the Total Environment, 406

（1-2）：154-160.

Cornelissen, G., Breedveld, G. D., Kalaitzidis, S., Christanis, K., Kibsgaard, A., Oen, A. M., 2006. Strong sorption of native PAHs to pyrogenic and unburned carbonaceous geosorbents in sediments. Environmental Science & Technology, 40(4):1197-1203.

Cornelissen, G., Gustafsson, Ö., Bucheli, T. D., Jonker, M. T., Koelmans, A. A., Van Noort, P. C., 2005. Extensive sorption of organic compounds to black carbon, coal, and kerogen in sediments and soils: Mechanisms and consequences for distribution, bioaccumulation, and biodegradation. Environmental Science & Technology, 39(18):6881-6895.

Ding, Y., Li, L., Wania, F., Zhang, Y., Huang, H., Liao, T., Liu, J., Qi, S., 2020. Formation of non-extractable residues as a potentially dominant process in the fate of PAHs in soil: Insights from a combined field and modeling study on the eastern Tibetan Plateau. Environmental Pollution, 267:115383.

Driver, J. D., Holben, W. E., Rillig, M. C., 2005. Characterization of glomalin as a hyphal wall component of arbuscular mycorrhizal fungi. Soil Biology and Biochemistry, 37(1):101-106.

Du, J., Liu, J., Jia, T., Chai, B., 2022. The relationships between soil physicochemical properties, bacterial communities and polycyclic aromatic hydrocarbon concentrations in soils proximal to coking plants. Environmental Pollution, 298: 118823.

Etcheverria, P., Huygens, D., Godoy, R., Borie, F., Boeckx, P., 2009. Arbuscular mycorrhizal fungi contribute to ^{13}C and ^{15}N enrichment of soil organic matter in forest soils. Soil Biology and Biochemistry, 41(4):858-861.

Fan, F., Yin, C., Tang, Y., Li, Z., Song, A., Wakelin, S. A., Zou, J., Liang, Y., 2014. Probing potential microbial coupling of carbon and nitrogen cycling during decomposition of maize residue by ^{13}C-DNA-SIP. Soil Biology and

Biochemistry, 70: 12-21.

Fokom, R., Adamou, S., Teugwa, M. C., Boyogueno, A. B., Nana, W. L., Ngonkeu, M. E. L., Tchameni, N. S., Nwaga, D., Ndzomo, G. T., Zollo, P. A., 2012. Glomalin related soil protein, carbon, nitrogen and soil aggregate stability as affected by land use variation in the humid forest zone of south Cameroon. Soil and Tillage Research, 120: 69-75.

Gao, W. Q., Wang, P., Wu, Q. S., 2019. Functions and application of glomalin-related soil proteins: A review. Sains Malaysiana, 48(1): 111-119.

Gao, Y., Li, H., Gong, S., 2012. Ascorbic acid enhances the accumulation of polycyclic aromatic hydrocarbons (PAHs) in roots of tall fescue (*Festuca arundinacea* Schreb.). PLoS One, 7(11): e50467.

Gao, Y., Xiong, W., Ling, W., Wang, X., Li, Q., 2007. Impact of exotic and inherent dissolved organic matter on sorption of phenanthrene by soils. Journal of Hazardous Materials, 140(1-2): 138-144.

Gao, Y., Xiong, W., Ling, W., Xu, J., 2006. Sorption of phenanthrene by soils contaminated with heavy metals. Chemosphere, 65(8): 1355-1361.

Gao, Y., Zeng, Y., Shen, Q., Ling, W., Han, J., 2009. Fractionation of polycyclic aromatic hydrocarbon residues in soils. Journal of Hazardous Materials, 172(2-3): 897-903.

Gao, Y., Zhou, Z., Ling, W., Hu, X., Chen, S., 2017a. Glomalin-related soil protein enhances the availability of polycyclic aromatic hydrocarbons in soil. Soil Biology and Biochemistry, 107: 129-132.

Gao, Y., Zong, J., Que, H., Zhou, Z., Xiao, M., Chen, S., 2017b. Inoculation with arbuscular mycorrhizal fungi increases glomalin-related soil protein content and PAH removal in soils planted with *Medicago sativa* L. Soil Biology and Biochemistry, 115: 148-151.

Gevao, B., Semple, K. T., Jones, K. C., 2000. Bound pesticide residues in soils: A review. Environmental Pollution, 108(1):3-14.

Gillespie, A. W., Farrell, R. E., Walley, F. L., Ross, A. R., Leinweber, P., Eckhardt, K. U., Regier, T. Z., Blyth, R. I., 2011. Glomalin-related soil protein contains non-mycorrhizal-related heat-stable proteins, lipids and humic materials. Soil Biology and Biochemistry, 43(4):766-777.

Godlewska, P., Siatecka, A., Kończak, M., Oleszczuk, P., 2019. Adsorption capacity of phenanthrene and pyrene to engineered carbon-based adsorbents produced from sewage sludge or sewage sludge-biomass mixture in various gaseous conditions. Bioresource Technology, 280:421-429.

González-Chávez, M. C., Carrillo-Gonzalez, R., Wright, S. F., Nichols, K. A., 2004. The role of glomalin, a protein produced by arbuscular mycorrhizal fungi, in sequestering potentially toxic elements. Environmental Pollution, 130(3):317-323.

Gu, H., Chen, Y., Liu, X., Wang, H., Tu, J. S., Wu, L., Zeng, L., Xu, J., 2017. The effective migration of *Massilia* sp. WF1 by *Phanerochaete chrysosporium* and its phenanthrene biodegradation in soil. Science of the Total Environment, 593:695-703.

Haham, H., Oren, A., Chefetz, B., 2012. Insight into the role of dissolved organic matter in sorption of sulfapyridine by semiarid soils. Environmental Science & Technology, 46(21):11870-11877.

Han, X. M., Liu, Y. R., Zhang, L. M., He, J. Z., 2015. Insight into the modulation of dissolved organic matter on microbial remediation of PAH-contaminated soils. Microbial Ecology, 70:400-410.

Haritash, A. K., Kaushik, C. P., 2009. Biodegradation aspects of polycyclic aromatic hydrocarbons(PAHs): A review. Journal of Hazardous Materials, 169(1-3):1-15.

Harner, M. J., Ramsey, P. W., Rillig, M. C., 2004. Protein accumulation and distribution in floodplain soils and river foam. Ecology Letters, 7(9):829-836.

He, J. D., Chi, G. G., Zou, Y. N., Shu, B., Wu, Q. S., Srivastava, A. K., Kuča, K., 2020. Contribution of glomalin-related soil proteins to soil organic carbon in trifoliate orange. Applied Soil Ecology, 154: 103592.

He, L., Song, J., 2008. Characterization of extractable and non-extractable polycyclic aromatic hydrocarbons in soils and sediments from the Pearl River Delta, China. Environmental Pollution, 156(3): 769-774.

Holátko, J., Brtnický, M., Kučerík, J., Kotianová, M., Elbl, J., Kintl, A., Kynický, J., Benada, O., Datta, R., Jansa, J., 2021. Glomalin-Truths, myths, and the future of this elusive soil glycoprotein. Soil Biology and Biochemistry, 153: 108116.

Irving, T. B., Alptekin, B., Kleven, B., Ané, J. M., 2021. A critical review of 25 years of glomalin research: A better mechanical understanding and robust quantification techniques are required. New Phytologist, 232(4): 1572-1581.

Koelmans, A. A., Jonker, M. T., Cornelissen, G., Bucheli, T. D., Van Noort, P. C., Gustafsson, Ö., 2006. Black carbon: The reverse of its dark side. Chemosphere, 63(3): 365-377.

Koide, R. T., Peoples, M. S., 2013. Behavior of Bradford-reactive substances is consistent with predictions for glomalin. Applied Soil Ecology, 63: 8-14.

Lenoir, I., Lounes-Hadj Sahraoui, A., Fontaine, J., 2016. Arbuscular mycorrhizal fungal-assisted phytoremediation of soil contaminated with persistent organic pollutants: A review. European Journal of Soil Science, 67(5): 624-640.

Li, G., Wang, Z., Lv, Y., Jia, S., Chen, F., Liu, Y., Huang, L., 2021. Effect of culturing ryegrass(Lolium perenne L.) on Cd and pyrenc removal and bacteria variations in co-contaminated soil. Environmental Technology & Innovation, 24: 101963.

Li, H., Ma, Y., 2016. Field study on the uptake, accumulation, translocation and risk assessment of PAHs in a soil-wheat system with amendments of sewage sludge. Science of the Total Environment, 560: 55-61.

Liao, Q., Liu, H., Lu, C., Liu, J., Waigi, M. G., Ling, W., 2021. Root exudates enhance the PAH degradation and degrading gene abundance in soils. Science of the Total Environment, 764: 144436.

Ling, W., Ren, L., Gao, Y., Zhu, X., Sun, B., 2009. Impact of low-molecular-weight organic acids on the availability of phenanthrene and pyrene in soil. Soil Biology and Biochemistry, 41(10): 2187-2195.

Lovelock, C. E., Wright, S. F., Clark, D. A., Ruess, R. W., 2004. Soil stocks of glomalin produced by arbuscular mycorrhizal fungi across a tropical rain forest landscape. Journal of Ecology, 92(2): 278-287.

Lu, C., Hong, Y., Liu, J., Gao, Y., Ma, Z., Yang, B., Ling, W., Waigi, M. G., 2019. A PAH-degrading bacterial community enriched with contaminated agricultural soil and its utility for microbial bioremediation. Environmental Pollution, 251: 773-782.

Luo, L., Zhang, S., Ma, Y., Christie, P., Huang, H., 2008. Facilitating effects of metal cations on phenanthrene sorption in soils. Environmental Science & Technology, 42(7): 2414-2419.

Mitchell, P. J., Simpson, M. J., 2013. High affinity sorption domains in soil are blocked by polar soil organic matter components. Environmental Science & Technology, 47(1): 412-419.

Mudhoo, A., Garg, V. K., 2011. Sorption, transport and transformation of atrazine in soils, minerals and composts: A review. Pedosphere, 21(1): 11-25.

Nam, K., Chung, N., Alexander, M., 1998. Relationship between organic matter content of soil and the sequestration of phenanthrene. Environmental Science & Technology, 32(23): 3785-3788.

Nemeth-Konda, L., Füleky, G., Morovjan, G., Csokan, P., 2002. Sorption behaviour of acetochlor, atrazine, carbendazim, diazinon, imidacloprid and isoproturon on Hungarian agricultural soil. Chemosphere, 48(5): 545-552.

Pan, B., Xing, B. S., Liu, W. X., Tao, S., Lin, X. M., Zhang, X. M., Zhang, Y. X.,

Xiao, Y., Dai, H. C., Yuan, H. S., 2006. Distribution of sorbed phenanthrene and pyrene in different humic fractions of soils and importance of humin. Environmental Pollution, 143(1):24-33.

Patel, V., Cheturvedula, S., Madamwar, D., 2012. Phenanthrene degradation by *Pseudoxanthomonas* sp. DMVP2 isolated from hydrocarbon contaminated sediment of Amlakhadi canal, Gujarat, India. Journal of Hazardous Materials, 201:43-51.

Peng, J. J., Cai, C., Qiao, M., Li, H., Zhu, Y. G., 2010. Dynamic changes in functional gene copy numbers and microbial communities during degradation of pyrene in soils. Environmental Pollution, 158(9):2872-2879.

Preger, A. C., Rillig, M. C., Johns, A. R., Du Preez, C. C., Lobe, I., Amelung, W., 2007. Losses of glomalin-related soil protein under prolonged arable cropping: A chronosequence study in sandy soils of the South African Highveld. Soil Biology and Biochemistry, 39(2):445-453.

Quiquampoix, H., Burns, R. G., 2007. Interactions between proteins and soilmineral surfaces: environmental and health consequences. Elements, 3(6):401-406.

Rajtor, M., Piotrowska-Seget, Z., 2016. Prospects for arbuscular mycorrhizal fungi (AMF) to assist in phytoremediation of soil hydrocarbon contaminants. Chemosphere, 162:105-116.

Rausch, C., Daram, P., Brunner, S., Jansa, J., Laloi, M., Leggewie, G., Amrhein, N., Bucher, M., 2001. A phosphate transporter expressed in arbuscule-containing cells in potato. Nature, 414:462-465.

Rentz, J. A., Alvarez, P. J., Schnoor, J. L., 2004. Repression of *Pseudomonas putida* phenanthrene-degrading activity by plant root extracts and exudates. Environmental Microbiology, 6(6):574-583.

Rillig, M. C., 2004. Arbuscular mycorrhizae and terrestrial ecosystem processes. Ecology Letters, 7(8):740-754.

Rillig, M. C., Ramsey, P. W., Morris, S., Paul, E. A., 2003. Glomalin, an arbuscular-mycorrhizal fungal soil protein, responds to land-use change. Plant and Soil, 253:293-299.

Rillig, M. C., Wright, S. F., Nichols, K. A., Schmidt, W. F., Torn, M. S., 2001. Large contribution of arbuscular mycorrhizal fungi to soil carbon pools in tropical forest soils. Plant and Soil, 233(2):167-177.

Rosier, C. L., Piotrowski, J. S., Hoye, A. T., Rillig, M. C., 2008. Intraradical protein and glomalin as a tool for quantifying arbuscular mycorrhizal root colonization. Pedobiologia, 52(1):41-50.

Schindler, F. V., Mercer, E. J., Rice, J. A., 2007. Chemical characteristics of glomalin-related soil protein(GRSP) extracted from soils of varying organic matter content. Soil Biology and Biochemistry, 39(1):320-329.

Segura, A., Hernández-Sánchez, V., Marqués, S., Molina, L., 2017. Insights in the regulation of the degradation of PAHs in *Novosphingobium* sp. HR1a and utilization of this regulatory system as a tool for the detection of PAHs. Science of the Total Environment, 590:381-393.

Segura, A., Rodríguez-Conde, S., Ramos, C., Ramos, J. L., 2009. Bacterial responses and interactions with plants during rhizoremediation. Microbial Biotechnology, 2(4):452-464.

Semple, K. T., Doick, K. J., Jones, K. C., Burauel, P., Craven, A., Harms, H., 2004. Peer reviewed:Defining bioavailability and bioaccessibility of contaminated soil and sediment is complicated. Environmental Science & Technology, 38(12):228A-231A.

Singh, G., Bhattacharyya, R., Das, T. K., Sharma, A. R., Ghosh, A., Das, S., Jha, P., 2018. Crop rotation and residue management effects on soil enzyme activities, glomalin and aggregate stability under zero tillage in the Indo-Gangetic Plains. Soil and Tillage Research, 184:291-300.

Singh, M., chakraborty, D., Mandal, J., Chaudhary, D. K., Jha, A. K., 2023. Inoculation with *Glomus mosseae*: An efficient biological management strategy for arsenic mitigation in wheat (*Triticum Aestivum* L.) under arsenic-contaminated soil. Communications in Soil Science and Plant Analysis, 54(19): 2645-2656.

Spohn, M., Giani, L., 2010. Water-stable aggregates, glomalin-related soil protein, and carbohydrates in a chronosequence of sandy hydromorphic soils. Soil Biology and Biochemistry, 42(9): 1505-1511.

Sun, J., Pan, L., Tsang, D. C., Zhan, Y., Zhu, L., Li, X., 2018. Organic contamination and remediation in the agricultural soils of China: A critical review. Science of the Total Environment, 615: 724-740.

Sun, R., Jin, J., Sun, G., Liu, Y., Liu, Z., 2010. Screening and degrading characteristics and community structure of a high molecular weight polycyclic aromatic hydrocarbon-degrading bacterial consortium from contaminated soil. Journal of Environmental Sciences, 22(10): 1576-1585.

Treseder, K. K., Turner, K. M., 2007. Glomalin in ecosystems. Soil Science Society of America Journal, 71(4): 1257-1266.

Ukalska-Jaruga, A., Smreczak, B., Klimkowicz-Pawlas, A., 2019. Soil organic matter composition as a factor affecting the accumulation of polycyclic aromatic hydrocarbons. Journal of Soils and Sediments, 19: 1890-1900.

Vodnik, D., Grčman, H., Maček, I., Van Elteren, J. T., Kovačevič, M., 2008. The contribution of glomalin-related soil protein to Pb and Zn sequestration in polluted soil. Science of the Total Environment, 392(1): 130-136.

Wang, F., Adams, C. A., Yang, W., Sun, Y., Shi, Z., 2020a. Benefits of arbuscular mycorrhizal fungi in reducing organic contaminant residues in crops: Implications for cleaner agricultural production. Critical Reviews in Environmental Science & Technology, 50(15): 1580-1612.

Wang, F., Sun, Y., Shi, Z., 2019a. Arbuscular mycorrhiza enhances biomass production and salt tolerance of sweet sorghum. Microorganisms, 7(9):289.

Wang, K., Chen, X. X., Zhu, Z. Q., Huang, H. G., Li, T. Q., Yang, X. E., 2014. Dissipation of available benzo[a]pyrene in aging soil co-contaminated with cadmium and pyrene. Environmental Science and Pollution Research, 21: 962-971.

Wang, Q., Chen, J., Chen, S., Qian, L., Yuan, B., Tian, Y., Wang, Y., Liu, J., Yan, C., Lu, H., 2020b. Terrestrial-derived soil protein in coastal water: Metal sequestration mechanism and ecological function. Journal of Hazardous Materials, 386:121655.

Wang, X., Teng, Y., Ren, W., Han, Y., Wang, X., Li, X., 2021. Soil bacterial diversity and functionality are driven by plant species for enhancing polycyclic aromatic hydrocarbons dissipation in soils. Science of the Total Environment, 797: 149204.

Wang, Y., Sheng, H. F., He, Y., Wu, J. Y., Jiang, Y. X., Tam, N. F. Y., Zhou, H. W., 2012. Comparison of the levels of bacterial diversity in freshwater, intertidal wetland, and marine sediments by using millions of illumina tags. Applied and Environmental Microbiology, 78(23):8264-8271.

Wild, E., Dent, J., Thomas, G. O., Jones, K. C., 2005. Direct observation of organic contaminant uptake, storage, and metabolism within plant roots. Environmental Science & Technology, 39(10):3695-3702.

Wright, S. F., Franke-Snyder, M., Morton, J. B., Upadhyaya, A., 1996. Time-course study and partial characterization of a protein on hyphae of arbuscular mycorrhizal fungi during active colonization of roots. Plant and Soil, 181: 193-203.

Wright, S. F., Upadhyaya, A., 1998. A survey of soils for aggregate stability and glomalin, a glycoprotein produced by hyphae of arbuscular mycorrhizal fungi.

Plant and Soil, 198(1):97-107.

Wright, S. F., Upadhyaya, A., 1999. Quantification of arbuscular mycorrhizal fungi activity by the glomalin concentration on hyphal traps. Mycorrhiza, 8:283-285.

Wright, S. F., Upadhyaya, A., Buyer, J. S., 1998. Comparison of N-linked oligosaccharides of glomalin from arbuscular mycorrhizal fungi and soils by capillary electrophoresis. Soil Biology and Biochemistry, 30(13):1853-1857.

Wu, N., Huang, H., Zhang, S., Zhu, Y. G., Christie, P., Zhang, Y., 2009. Phenanthrene uptake by *Medicago sativa* L. under the influence of an arbuscular mycorrhizal fungus. Environmental Pollution, 157(5):1613-1618.

Wu, Q. S., Li, Y., Zou, Y. N., He, X. H., 2015. Arbuscular mycorrhiza mediates glomalin-related soil protein production and soil enzyme activities in the rhizosphere of trifoliate orange grown under different P levels. Mycorrhiza, 25: 121-130.

Xing, B., Pignatello, J. J., 1997. Dual-mode sorption of low-polarity compounds in glassy poly(vinyl chloride) and soil organic matter. Environmental Science & Technology, 31(3):792-799.

Yang, X., Garnier, P., Shi-Zhong, W. A. N. G., Bergheaud, V., Huang, X. F., Rong-Liang, Q. I. U., 2014. PAHs sorption and desorption on soil influenced by pine needle litter-derived dissolved organic matter. Pedosphere, 24(5):575-584.

Yang, Y., Shu, L., Wang, X., Xing, B., Tao, S., 2011. Impact of de-ashing humic acid and humin on organic matter structural properties and sorption mechanisms of phenanthrene. Environmental Science & Technology, 45(9):3996-4002.

Yi, M., Zhang, L., Li, Y., Qian, Y., 2022. Structural, metabolic, and functional characteristics of soil microbial communities in response to benzo[a]pyrene stress. Journal of Hazardous Materials, 431:128632.

Ying, G. G., Kookana, R. S., Mallavarpu, M., 2005. Release behavior of triazine residues in stabilised contaminated soils. Environmental Pollution, 134(1):71-77.

Zhang, Y., Ran, Y., Mao, J., 2013. Role of extractable and residual organic matter fractions on sorption of phenanthrene in sediments. Chemosphere, 90(6): 1973-1979.

Zhou, H. W., Guo, C. L., Wong, Y. S., Tam, N. F. Y., 2006. Genetic diversity of dioxygenase genes in polycyclic aromatic hydrocarbon-degrading bacteria isolated from mangrove sediments. FEMS Microbiology Letters, 262(2): 148-157.

Zhou, L., Wang, X., Ren, W., Xu, Y., Zhao, L., Zhang, Y., Teng, Y., 2020. Contribution of autochthonous diazotrophs to polycyclic aromatic hydrocarbon dissipation in contaminated soils. Science of the Total Environment, 719: 137410.

Zhou, X., Jiang, Y., Leng, G., Ling, W., Wang, J., 2024. The addition of glomalin-related soil protein and functional microbial consortium increased bound PAH residue degradation in soil. Applied Soil Ecology, 193: 105158.

Zhou, X., Wang, J., Jiang, Y., Wang, H., Mosa, A., Ling, W., 2023a. Potential interaction mechanisms between PAHs and glomalin related-soil protein (GRSP). Chemosphere, 337: 139287.

Zhou, X., Wang, T., Wang, J., Chen, S., Ling, W., 2023b. Research progress and prospect of glomalin -related soil protein in the remediation of slightly contaminated soil. Chemosphere, 344: 140394.

贺学礼, 白春明, 赵丽莉, 2008. 毛乌素沙地沙打旺根围 AM 真菌的空间分布. 应用生态学报, 19(2): 2711-2716.

冷港华, 周贤, 凌婉婷, 王建, 2024. 球囊霉素相关土壤蛋白影响土壤中 PAHs 结合态残留的规律及机制. 环境科学学报, 44(2): 396-405.

李玉双, 刘厶瑶, 赵晓旭, 宋雪英, 侯永侠, 魏建兵, 徐硕, 2020. 胡敏酸和富里酸对土壤中 DnBP 降解及微生物数量的影响规律. 沈阳大学学报(自然科学版), 32(5): 381-386.

廖启杭, 2020. 根系分泌物对土壤中 PAHs 降解及其降解基因和细菌群落结构的影响.南京:南京农业大学.

骆永明,2009.污染土壤修复技术研究现状与趋势.化学进展,21(Z1):558-565.

阙弘,2015.球囊霉素相关土壤蛋白在土壤中的分布及与PAHs的结合作用.南京:南京农业大学.

任丽丽,凌婉婷,高彦征,2008.外源有机质对土壤中菲的增强固定作用.应用生态学报,19(3):647-652.

史晓凯,刘利军,党晋华,马娟娟,向云,赵颖,张丽,2013.改良剂对土壤修复及油菜吸收复合污染的影响研究.灌溉排水学报,32(6):104-107.

孙敬文,尹晗,安雪晖,何世钦,孙月,陈禹竹,2021.外源添加木质素对农田土壤微生物的影响.安徽农业科学,49(18):156-160.

谭艳,吴承祯,洪伟,陈建忠,肖应忠,陈灿,2012.邓恩桉林地土壤pH空间变异分析.植物资源与环境学报,21(1):14-19.

唐宏亮,刘龙,王莉,巴超杰,2009.土地利用方式对球囊霉素土层分布的影响.中国生态农业学报,17(6):1137-1142.

汪海珍,徐建民,谢正苗,叶庆富,2001.土壤中^{14}C-甲磺隆存在形态的动态研究.土壤学报,38(4):547-557.

王慧敏,2021.碳纳米管对紫花苜蓿根际修复PAHs污染土壤的影响及机制初探.包头:内蒙古科技大学.

王建,周紫燕,凌婉婷,2016,球囊霉素相关土壤蛋白的分布及环境功能研究进展.应用生态学报,27(2):634-642.

熊巍,凌婉婷,高彦征,李秋玲,代静玉,2007.水溶性有机质对土壤吸附菲的影响.应用生态学报,18(2):431-435.

杨振亚,阙弘,朱雪竹,周紫燕,陈爽,凌婉婷,2016.几种丛枝菌根真菌对菲污染土壤中球囊霉素含量的影响.农业环境科学学报,35(7):1338-1343.

宇万太,姜子绍,李新宇,丁怀香,2007.不同土地利用方式对潮棕壤有机碳含量的影响.应用生态学报,18(12):2760-2764.

曾跃春,高彦征,凌婉婷,李秋玲,韩进,2009.土壤中有机污染物的形态及植物可利用性.土壤通报,40(6):1479-1484.

张杰,2015.秸秆、木质素及生物炭对土壤有机碳氮和微生物多样性的影响.北京:中国农业科学院.

周紫燕,2017.球囊霉素相关土壤蛋白对土壤中多环芳烃吸附、解吸和有效性的影响.南京:南京农业大学.